Gakken

きめる! KIMERU SERIES M1

[きめる! 共通テスト]

数学I・A 改訂版

Mathematics I・A

著＝迫田昂輝（河合塾・数学のトリセツ）／田井智暁（研伸館）

introduction

はじめに

「頑張って勉強しているのに，共通テストになると点数が取れません (> <)」という相談が毎年多くの受験生から寄せられています。多くの問題をただ解き続けるだけでは，共通テストでは高得点を狙えません。共通テストの点数を取るためには「確かな基礎学力をつける」「共通テストの形式に慣れる」という２つのアプローチが必要になります。本書は，まさにその２つの点に徹底的にこだわって作りました。

数学の基礎学力をつけるだけではなく，共通テストで高得点を取るために必要な「問題の解き方」，言い換えれば「得点の取り方」も惜しみなく本書に詰め込みました。きっと，ページを進めていけば「こうすれば高得点が取れるようになるのか！」という発見が得られると思います。ちょっとボリュームが多いかもしれませんが，これでも必要最低限にしたつもりです笑。あとは気合いと根性で本書を隅々まで読んでいきましょう！

数学の基礎学力について，少しだけ補足をします。もしあなたが「簡単な問題＝基礎」と思っているならば，それは大きな間違いです。例えばスポーツでハイレベルなパフォーマンスを発揮するためには，体力・筋力が必要になります。しかし，それらは一朝一夕には身につきません。数学においても「なぜこの定理が成り立つんだろうか？」「なぜこのように考えるんだろうか？」という，素朴なwhyが学習の出発点になります。それらに１つずつ答えを出していけば，あなたの基礎は盤石のものとなるでしょう。「パターンを暗記して当てはめる」という学習では，ある一定の点数までは辿りつきますが，それ以上の点数は期待できません。真摯に謙虚に1ページずつ取り組み，基礎とはどういうものなのかを実感してほしいと思います。

本書では，共通テストで必要となる力を細かく分析し，言語化しました。過去に行われた共通テスト，センター試験，試行調査，試作問題すべてに目を通し，必要となる力が身につく問題を厳選しています。また，過去問がない項目に関しては，オリジナルの問題を作成しました。皆さんが本書としっかり格闘することで，共通テスト数学で高得点が取れることを確信しています。

あとはやるだけだ。テーマは１つだけ。
俺達には合格しかない。

迫田昂輝　田井智暁

how to use this book

本書の特長と使い方

本書は，ひと通り数学Ⅰ・Aの学習を終えた段階の受験生を対象としています。まずは問題に取り組んで，解説をじっくり読んでみてください！

1 問題を通して，必要事項を整理する

本書では，必要な力を項目・問題ごとに分けています。各THEMEの『ここできめる！』をチェックし，ゴールを確認してください。1問ずつ取り組むことで自分の課題が発見できるでしょう。課題を発見したら必要に応じて，他の問題集や過去問で弱点を克服していきましょう。

2 共通テストの形式を攻略する

共通テスト数学は，誘導に乗るという力が必要です。行間を読むことや式の流れの意図を汲み取るなど，いわゆる「数学的読解力」が必要となります。キャラクターの吹き出しもしっかりと確認していきましょう。

3 別冊付録で，試験直前に最終チェック！

試験で高得点を取るために必要な知識や，ちょっとしたテクニックを別冊付録にまとめました。本冊に取り組むときの参考にしてください。別冊単体でも使えるようにしてあるので，試験会場に持って行って，最終確認にも使ってください。

contents

もくじ

数学A

共通テスト 特徴と対策はこれだ！

おさえておきたい共通テストのあれこれ

まずは，共通テストがどんな試験なのかを確認しておこう。

マークシート形式の試験ということは知っています！

数学の試験のマークシート方式は経験があるかな？　解答方法が独特だから，事前に慣れておくようにしたいね。

独特？　答えの選択肢を解答用紙にマークするだけじゃないんですか？

問題文の穴埋めが，「$a=$ アイ 」とか，「$x=\frac{\text{ウ}}{\text{エ}}$となる」みたいになっていて，**数字や符号を選択肢から1つずつ選んでマークしていくやり方**なんだ。

ただ数字を書くよりも手間がかかりそうですね。

そう，しかも分数の場合，空欄にあてられる五十音は分子のほうが早い。例えば，答えが「$\frac{2}{3}$」だとしたら，答えをマークする順は2→3になるわけだ。

頭では「3分の2」と考えているから，逆になるんですね。

そう。時間との戦いでは，この方式に混乱して焦ってしまうこともある。**マークシート方式の数学の試験には十分に慣れておきたい**ね。

	解答欄										
	−	0	1	2	3	4	5	6	7	8	9
ア	⊖	⓪	①	②	③	④	⑤	⑥	⑦	⑧	⑨
イ	⊖	⓪	①	②	③	④	⑤	⑥	⑦	⑧	⑨
ウ	⊖	⓪	①	②	③	④	⑤	⑥	⑦	⑧	⑨

試験日は何時ですか？

2024年度試験では，「数学Ⅰ，数学A」は**2日目の11：20〜12：30**で実施された。朝イチで行われた理科の次となる2コマ目だ。

配点を教えてください。

「数学Ⅰ，数学A」の配点は100点満点だ。大問は全部で4問になるだろう。試験時間は70分になる。

問題を選択することはできますか？

できない。「数学Ⅰ，数学A」では，**すべてが必答問題だから，すべての領域をしっかりカバーして勉強しておこう**。「全部の単元が出るつもりで準備すべし」だ。

えー！　せめてどんな問題が出やすいかくらいはわかりませんか。

気持ちはわかるけど，ヤマを張るのはオススメしない。共通テストを作っている独立行政法人 大学入試センターでは，これまでの方針を踏まえつつ，「不断の改善」をしていくとしているからね。前年までのパターンでは読み切れない部分も多い。予断や決めつけは危険だよ。

そんな……。

少なくとも言えるのは，**第1問は基礎的な計算中心の問題**になるだろうということ。方程式を解いたり，図形を用いた計算だったりね。

確実に得点しておきたい部分ですね。

Yes！　そして第2問以降は，おそらく文章題になる。問題を解いていく過程の文章が穴埋めになっているタイプのね。

共通テスト	数学Ⅰ，数学A
問題選択	なし
日程	2日目の11：20〜12：30 ※2024年度
時間	70分
配点	100点（第1問30点，第2問30点，第3問20点，第4問20点）

ただし大問の順番が変わるかもしれないし，ピックアップされる単元が変わるかもしれない。過去にも大問構成が変わったり，出題範囲が変わることはあったから，苦手な単元がある人は必ず本書でフォローしてほしい。

共通テストの傾向と対策

対策としては，どんな勉強をしていればいいでしょうか？

これが難しい……。実は現段階では「これが出る！」「ここを重点的に勉強せよ！」というのが言いづらいのが現状なんだ。2025年度入試から新課程の内容になる。しかも，共通テスト自体，まだ歴史が浅くて，傾向が定まっていない部分があるんだ。

どうしたらいいんですか？

今の段階で言えるのは，**「正しい数学力を身につけましょう」**だね。

正しい数学力……。どういうことでしょうか??

共通テストの問題は時間制限がなければ良問が多い。数学をきちんと理解していれば解けるが，定義や公式の意味があやふやだと難しい。**基礎をきちんと理解して，「どの公式を使うのか？」「なぜその公式を使うのか？」をひとつひとつ，きちんと押さえる勉強を積み重ねてほしい。**
定義や公式は，人に説明できるくらいになってほしいね。

答えを出す計算の手順を覚えているだけではダメってことですね！

That's right!（そのとおり） 学校の試験では，例えば三角比の場合，「こういう三角形がある。この辺の長さを求めよ」「この角度の大きさは？」みたいに公式をそのまま使えば答えが出せるような問題が多いと思う。

確かに。計算方法を暗記しておけば，なんとかなる問題も多いです。

共通テストでそれは通用しない。公式をそのまま使って答えが出せるような問題は数少ない。「こういう地図があってA地点，B地点，C地点はこんな関係である。BC間の距離は？」みたいに常に変化球なんだ。

どの単元の問題なのかにも気づかなければならないんですね。

そういうこと。日常の場面を設定した問題文を読んで，「これは三角比を使う問題だな？」と気づく必要がある。そこで初めて「公式を使おう」と考えられる。つまり，**問題文の状況を数学的に読み解く力が問われているんだ**。

POINT

各単元の基礎を正しく理解。
定義や公式は意味と役割を人に説明できるまでになろう。

時間制限なしで過去問を解いて実力を診断

自分の数学力を把握するにはどうしたらいいのでしょうか？

過去問を１年分，時間制限なしで解いてみよう。それで7割得点できるなら数学の基礎力はあるとみていいだろう。

7割とれない人は，基礎がまだ足りないということですね。

そう。受験生を見ていると，共通テスト「ならでは」の問題に慣れていなくて点数がとれないのは１割程度。**そもそも基礎を理解していないから問題が解けない，という人が9割**という印象だ。
本番で役立つテクニックやコツは確かにあるし，本書でも紹介している。だけどそれらが役立つのは，あくまで単元ごとの基礎をよく理解したうえでのこと。「ラクに点を取りたい」という気持ちは捨ててほしい。
共通テストの真の攻略法は，**基礎を真正面から固める**ことなんだ。

この本では，そのあたりがしっかりカバーされているんですね！

察しがいいね！　さまざまな問題を通して基礎学力を培っていけるように設計しているよ。

POINT

時間制限なしで過去問を解いてみよう。
7割得点できない人は，数学の基礎力に難アリ！

「数学力」とは計算力・構想力・表現力のこと

「正しい数学力」について，もう少し教えてもらえませんか。

数学で大事な力を三つ挙げるなら**「計算力」「構想力」「表現力」**だね。共通テストの場合，これに**「時間配分」**がプラスされる。

「計算力」というのは，計算を素早く正確に行う力のことですね。

そう。高校数学では計算力はますます重要になってくるんだけど，おろそかにしている人が多い。3桁の数同士，小数第二位まである数同士のかけ算やわり算は問題の中にしょっちゅう出てくるから，**細かい計算をいかに素早くこなせるかは，時間配分に大きく影響する重要なスキル**なんだ。

答えを見てやり方がわかったから，自分で計算したりせず，ついそのまま次に進んでしまいます。めんどくさい計算が多そうで。

いけないねえ。**わからない問題や間違えた問題は，答えを見ながら最初から計算をして答えまで辿り着くこと。答えが合うまで，何度でも。**自分がどんなケアレスミスをしやすいかがわかるし，「この程度の計算なら2分で終わる」みたいに計算にかかる時間の感覚を身につけることができるから。

ミスを減らす上手なやり方はありますか？

ミスノートを自分で作るといい。**自分のやらかしたミスだけをまとめるノートを作って整理すると，自分のミスの傾向がわかる。**「移項のときに符合を間違えやすい」「カッコを外すときに，計算し忘れが多い」とかね。認識すれば，やがて同じミスをすることは減っていくよ。

「構想力」というのは？

数学の理屈の部分を正しく理解して答えを求めるために，いつ，どの定理が使えるのか？　なぜその定理が使えるのか？　ということがわかる力のことだ。

問題文を読みながら「あの定理が使える」みたいにピンとくる力ですね。

その通り！　共通テストでは，数学における「何が？」「なぜ？」「どのように？」を正しく理解しているかどうかをしっかり問うてくる。

定理の形を暗記しているだけではダメってことですね！

うん。逆に，**定義の意味を正しく知ってさえいれば，それだけ点数が取れる問題も共通テストにはよく出てくる**よ。「分散とは何か」を説明する文章が穴埋めになっていたりとかね。

数学力における「表現力」とは何でしょうか？

端的に言えば，記述式の問題で解法をわかりやすく説明する力のことだ。

えっ，共通テストはマークシートですよ？　必要ないのでは？

問題文に従って解き進めるには，出題者がどんな流れで解法を展開しようとしているのかを感じながら，それに合わせて計算を進める必要がある。だから，**いろんな解法を書き表せるようになっておくことが重要**なんだ。

好きな解法で解けるわけではない，ということですね。

複数の解き方がある問題でも，問題文の誘導に従う必要があるので，得意な解法を使えるとは限らない。「ああ，この出題者はこの流れで問題を解きたいんだな」と，問題文から書き手の意図を読み取る必要がある。様々な解法に触れていない人は，問題文を読みながら「なぜここの値を求めるの？」「どうしてこんな式の変形をするの？」がわからず，そこで手が止まってしまうんだ。

解法のバリエーションをできるだけ押さえる必要があるわけですね。

そう。だから，**演習で答えが合っていたとしても，解き方のルートが正しかったかどうかは，よく確認するようにしてほしい。別解があるなら，そちらの解説もよく読んで，他の解き方や考え方がないかどうかをいつも検討すること。**

数学の視野が広がりそうですね。

数学が苦手な人ほど「この方法で解けるなら，これだけできればいいや」と考えがちだけど，問題文が自分の得意な解法で展開していなかったとき，マークシートではまったく手が出ず，大惨事になってしまう。

POINT
「正しい数学力」を磨くために……
①面倒な計算もサボらずに行い，計算力を磨く
②定義や公式の理解を完璧にして，構想力を磨く
③問題文の解き方に対応できるように，表現力を磨く

点数アップには問題文の行間を意識する

正しい数学力を磨きながら，共通テストならではの対策も行い，得点力を上げていこう。まず中期的な対策としては，**「問題文の長さと計算の長さは違う」**を意識して問題を解くようにすることだ。

どういうことでしょうか？

問題文では次の行に書かれているけれど，次の行に進むには，実際には膨大な計算が必要になる，という場合がよくあるんだ。つまり問題文に書かれているのは，解答までの道のりのほんの一部にすぎないことがしばしばある。これを想定していないと，問題文でいきなり次の行に「よって，○○は××となる」なんてさらっと出てきたとき，「えっ，なんでこんな展開になるの？」と驚いてしまう。

次の行に進むためには，式を変形させたりする必要があるけれど，それが書かれていない……ってことですね。

その**行間を読むこと自体が数学力の試験になっている**わけだね。共通テストでは問題文をざっと見て，「この問題は，こんな流れで解くんだな」というのを把握してから進めないと，迷子になってしまう。**「出題者はどの方法でこの問題を解きたがっているのか？」を察知して，問題文の短さと，実際の解法の長さのズレを感じる力が必要**なんだ。

なるほど，パターンを暗記するだけでは通用しないというのは，そういうことでもあるんですね。

過去問などの演習を通して，常に解法を先回りして考える訓練が必要なんだよ。

POINT
文章問題は，解法の流れの大枠をつかむ感覚を磨く！
過去問の演習を通して身につけていこう。

「きれいにかく」を意識して10点アップ！

でも，数学で感覚を磨くって難しいなあ……。やっぱりできる人はセンスがあるんですね。

それは誤解だよ。共通テストのレベルなら，**誰でも正しい積み重ねによって７割以上の得点は可能**だ。いま説明した「問題文の行間を感じる」力を磨くには，次の３つをやるといい。
①記述をきちんと書く，②図をきれいにかく，③情報を取捨選択するだ。

順に教えてください。①記述をきちんと書く，というのは？

読んで字の如く，計算問題の過程をきれいに書くということだよ。共通テストのようなマークシート方式だと，問題文の横の余白や問題に付いてくる「下書き用紙」に，必要な計算だけをその都度書いている人が多いけど，これは絶対にやめた方がいい。

そうなんですか？　時間がないからついやっちゃいます。

それがかえって時間のロスになりやすい。**計算式は，問題文に書かれている部分もきちんと書き表して解き進めるのが正解**だ。対策勉強を通して習慣化することで，問題の間に隠れたステップがどんなものかを学ぶことができるからね。

なるほど。解法の流れを正しく把握するためなんですね。

ちょっとした計算ミスや処理の仕方の違いで，自分の答えがマークシートの空欄と合わないこともあるからね。行き当たりばったりの計算メモだと，こんなときの対応に時間がかかってしまう。

計算式を書いておけば，間違いに気づきやすくなるわけですね。そのほうが時間のロスを防げるというのは知りませんでした。

計算処理の仕方が違うせいで答えの形が違っていたという場合も，計算式を遡ればその箇所を見つけやすい。結果，得点アップにつながるんだ。

②図をきれいにかくというのも，同じような考え方なのでしょうか。

そうだね。**図はきれいに，必要に応じて何個でもかくこと**が大切だ。問題が進み，**状況が変わったら何個でもかき直すこと**。

時間が気になって，つい１つの図に補助線や角度のマークなどをいくつもかいてしまいます……。

結果，図がぐちゃぐちゃになって，かえってわかりにくくなるよね？数学が得意な人ほど，問題を解きながら図をきれいに何個もかくものだよ。相似の図形を扱うときは，ちゃんと向きを揃えてかき出すし。

③情報を取捨選択するとは？

問題文には，解くうえで必要のない余計な情報も散りばめられていることが多いからね。**いらない情報を無視して読み進めることにも慣れておく必要がある**んだ。

必要のない情報ってどういうものですか？

例えば，データ分析の問題で「太郎君と花子さんは学校で身体検査をして……」なんて部分をじっくり読む必要はない。しかし，「何人で」「平均は何cmで」みたいな情報はしっかり押さえる必要がある。

計算に必要な情報とそうでない情報を仕分けながら読む，ということですね。

これは「問題文の長さと計算の長さは違う」の逆パターンとも言えるね。問題文は長々と書かれているが，答えを出すのに必要な情報は実はひと握りだけ。「ここは読み飛ばしてOK」の判断力をしっかり養おう。

POINT
得点力アップのために……
①計算式はきちんと書き出す（記述をきちんと書く）
②図は何個でも必要なだけかく（図をきれいにかく）
③不要な情報は読み飛ばす（情報を取捨選択する）

直前対策で5点アップ！

直前対策でさらに点数アップできる方法はありませんか？

欲張りだね。だが嫌いじゃない。重要なポイントを挙げるなら，**①賢い時間配分，②ミスを最小化するアプローチ**だといえるかな。

時間配分にはどんなコツがあるんですか？

これはズバリ，**それぞれの大問にかける時間を決めておく**こと。あらかじめプランを立てていかないと，本番で「この問題はいけそう」と思いながらドハマリして時間を食い潰すという致命的なミスを犯しかねない。**大問1つごとに何分使うのか，ルールを決めておく**んだ。

それ以上に時間がかかりそうなら，諦めて先に進む，ということですね。

普段の勉強では，本番での時間短縮・効率化するという観点から，解法の解説をよく確認しよう。**無駄な計算をしていなかったかを吟味するクセ**をつけてほしい。

やってみます。②ミスを最小化するアプローチというのは？

消しゴムを使うな。

えっ。使っちゃダメなんですか？

つまり書いたものは残しておけ，ということだね。**間違えた式は消しゴムで消さず，取り消し線を引いて下に新しく書き直す**のがいい。さらに進めるうちに，「さっきの方が合っていた！」なんてことはザラだから。

計算のやり直しをしなくて済むわけですね。

プラスαのコツとして**「解けない問題は塗り逃げせよ」**も教えておくよ。解けない問題にぶつかったとき，「後でやろう」と後まわしにする人がいるけれど，ハッキリ言ってそんな時間あるわけがない。それなら，**適当にあたりを付けて何かにマークして先に進むべき**なんだ。

時間をもっとも有効活用するためですね。

後まわしで進むと，「あの問題を塗っていない」という心理が生まれ，ミスが生まれやすくなる。何か塗っておいて「わかんなかったけど，当たっているかもしれない」という気持ちの方が進めやすいだろう？

わからない問題にひっかかりすぎることなく，とりあえず最後まで問題に触れて，時間配分とスピード感を知っておくということですね。

共通テストの配点は，小問１の空欄「ア」「イ」「ウ」……と小問３の空欄「ナ」「二」「ヌ」……は，同じように配点が小さいままだから。記述式のように後の問題ほど配点が大きいわけではないので，**とにかく塗りながら，次の大問に進んで少しでも確かな答えをマークしていく方が戦略的に正解**というわけだね。

POINT

テスト本番で慌てず効率よく得点するために
①賢い時間配分 ⇒ 大問それぞれに使う時間を決めておく
②ミスの最小化 ⇒ 消しゴムは使わない
プラスα　戦略的な得点法 ⇒ 解けない問題は塗り逃げして進む

公式や定理の確認には，別冊の要点公式集を活用してほしい。要点をシンプルにまとめてあるので，本番直前の勉強の助けになるよ。

活用します。始めは見ながら問題を解いてもいいんですよね？

もちろん。この本を隅々まで読めば，実力がつくようにつくってある。夏から始める人も，冬から始める人も，できる限りやり込んでほしい。
必ず結果はついてくるはずだ！

SECTION 1
数と式

THEME

SECTION 1 で学ぶこと

第1問〔1〕で扱われる可能性が非常に高い単元で，15点ほどの配点になると思われる。70点獲得をねらうなら10分の時間配分で完答，もしくは最低でも1問ミスで済ませたいところ。90点を目指すなら，後半の問題に時間を回せるように，より短時間で満点がとれる実力をつけよう。高校数学における基礎中の基礎だけに「もう全部わかっている」という人もいるかもしれないが，計算力を高め，速答力を高めることで，試験全体の攻略に余裕を生み出すことが可能だ。

難易度はもともと高くない。用語の定義を抑えるだけで点数アップも

全体を通し，難問はほぼ登場しない。素早く確実に解ききって得点源にしよう。「実数」って何？　「有理数」「整数」「自然数」って？「絶対値」「平方根」って？　集合で登場する「必要条件」と「十分条件」とは？　こういう言葉の定義があやふやな人は，人に説明できるくらいに再確認。それだけで問題を解きやすくなり，点数アップにつながるぞ。

計算力の向上は必須！式をきちんと書く習慣を定着させよう

式の展開，因数分解，方程式の計算など，ここはとにかく**計算処理の戦い**だ。abc，xyz と文字が多く含まれる見慣れない形の数式が出てきても，ビビらず怯まずサクサクと解いていけるくらいに

計算力を鍛えよう。出やすいのは，式の展開や因数分解と絡めて無理数の整数部分や小数部分を計算する問題や，対称式の変換をさせる問題。基本に忠実に手を動かしていれば，決して解けない問題はないよ。

絶対値の処理では符号のつけ忘れに要注意！

絶対値を含む不等式，方程式も頻出だ。絶対値の処理の仕方を改めて確認しておこう。絶対値の中に文字を含むときは，場合分けをして絶対値を外す。このときマイナス符号をつけ忘れる人が多く，失点になりやすい。本編でよく確認しておこう！

集合では包含関係を表すために不等式を使う。これは独特の頭の使い方でもあるので，まだ慣れていない人は，ここでマスターしよう。集合の問題では，こまめに手を動かし，ベン図や数直線をきちんと書くこと。「必要十分条件」と「反例」の意味を正確に理解し，真偽判定を確実にできるようにしよう。

目標時間を意識して解く習慣をつけよう。
難しくはないはずだから，得点源にしてね！

THEME

1 計算の基本

ここで 決める！

- 展開の計算を素早くできるようになろう。
- 文字式の誘導にうまく乗ろう。
- 対称式について理解を深めておこう。

1 式の変形と因数分解

過去問にチャレンジ

(1) xを実数とし

$$A=x(x+1)(x+2)(5-x)(6-x)(7-x)$$

とおく。整数nに対して

$$(x+n)(n+5-x)=x(5-x)+n^2+\boxed{\text{ア}}\,n$$

であり，したがって，$X=x(5-x)$とおくと

$$A=X(X+\boxed{\text{イ}})(X+\boxed{\text{ウエ}})$$

と表せる。

$x=\dfrac{5+\sqrt{17}}{2}$のとき，$X=\boxed{\text{オ}}$であり，$A=2^{\boxed{\text{カ}}}$である。

(2) 実数xが$(x+1)(x+2)(6-x)(7-x)=-16$を満たすとき，

$x(5-x)=\boxed{\text{キクケ}}$である。

したがって，このとき$x=\dfrac{\boxed{\text{コ}}\pm\sqrt{\boxed{\text{サシ}}}}{\boxed{\text{ス}}}$である。

(2018年度センター本試験・改)

解き始める前に，まず問題を確認しよう。
6行目を見ると，A を X で表していることがわかるね。この問題を解くための**誘導**になっていることに気づいたかな？

(1)　$(x+n)(n+5-x)=x(5-x)+n^2+\boxed{\text{ア}}\,n$

は，単に展開をしているだけだね。

$(5-x)$ を1つのカタマリとみて展開をすると，

$$\begin{aligned}(x+n)(n+5-x)&=nx+x(5-x)+n^2+n(5-x)\\&=x(5-x)+nx+n^2+5n-nx\\&=x(5-x)+n^2+5n\quad\cdots\cdots①\end{aligned}$$

と変形できる。

答え ア：5

さて，この問いの意味を考えてみよう。

$(x+n)(n+5-x)$

この $x+n$，$n+5-x$ のような形のセットを含む2つの式は，A の式から見つけることができるね。A の式の x を $(x+0)$ とすると，

$A=(x+0)(x+1)(x+2)(5-x)(6-x)(7-x)$

ここで，$(x+n)(n+5-x)$ を意識してうまくペアをつくると，次のようになっていることがわかる。

$(x+0)(5-x)$ は①に $n=0$ を代入したもの

$(x+1)(6-x)$ は①に $n=1$ を代入したもの

$(x+2)(7-x)$ は①に $n=2$ を代入したもの

誘導にしたがって，$X=x(5-x)$ とおき，①を利用すると，

$(x+0)(5-x)=x(5-x)+0^2+5\cdot0=X$

$(x+1)(6-x)=x(5-x)+1^2+5\cdot1=X+6\quad\cdots\cdots②$

$(x+2)(7-x)=x(5-x)+2^2+5\cdot2=X+14\quad\cdots\cdots③$

となるね。よって，

$$\begin{aligned}A&=(x+0)(x+1)(x+2)(5-x)(6-x)(7-x)\\&=(x+0)(5-x)(x+1)(6-x)(x+2)(7-x)\\&=X(X+6)(X+14)\end{aligned}$$

答え イ：6　ウエ：14

SECTION 1 数と式

続きを見ていこう。

$x=\dfrac{5+\sqrt{17}}{2}$ のとき,

$$\begin{aligned} X&=x(5-x)\\ &=\frac{5+\sqrt{17}}{2}\left(5-\frac{5+\sqrt{17}}{2}\right)\\ &=\frac{5+\sqrt{17}}{2}\cdot\frac{5-\sqrt{17}}{2}\\ &=\frac{5^2-(\sqrt{17})^2}{2^2}\\ &=\frac{25-17}{4}\\ &=2 \end{aligned}$$

答え　オ：2

よって,

$$\begin{aligned} A&=X(X+6)(X+14)\\ &=2\cdot 8\cdot 16\\ &=2\cdot 2^3\cdot 2^4\\ &=2^8 \end{aligned}$$

答え　カ：8

$(x+n)(n+5-x)$ という見慣れない式が出てきてビックリしましたけど，やっている計算自体は，展開の基本的な計算だったんですね！

(2)　実数 x が $(x+1)(x+2)(6-x)(7-x)=-16$ を満たすときに，$x(5-x)$ の値を求めるという問題だけど，うまく(1)の誘導に乗って考えてみよう。

$X=x(5-x)$ とおくと，②，③より，

$$(x+1)(x+2)(6-x)(7-x)=-16$$

$$(x+1)(6-x)(x+2)(7-x)=-16$$

$$(X+6)(X+14)=-16 \quad \cdots\cdots④$$

となる。求めたい $x(5-x)$ の値は X の値のことだから，④から X

1 計算の基本

の値を求めれば良いね。

④の左辺を展開すると，

$$X^2+20X+84=-16$$
$$X^2+20X+100=0$$
$$(X+10)^2=0$$

よって，$X=-10$ が得られるから，$x(5-x)=-10$ だね！

答え キクケ：-10

このとき，

$$x(5-x)=-10$$
$$-x^2+5x=-10$$
$$x^2-5x-10=0$$

となるから，**2次方程式の解の公式**を用いて，

$$x=\frac{-(-5)\pm\sqrt{(-5)^2-4\cdot1\cdot(-10)}}{2\cdot1}$$
$$=\frac{5\pm\sqrt{25+40}}{2}$$
$$=\frac{5\pm\sqrt{65}}{2}$$

2次方程式の解の公式

$ax^2+bx+c=0\ (a\neq0)$ の解は

$$x=\frac{-b\pm\sqrt{b^2-4ac}}{2a}$$

答え $\dfrac{\text{コ}\pm\sqrt{\text{サシ}}}{\text{ス}}$：$\dfrac{5\pm\sqrt{65}}{2}$

さぁ，どうだったかな？
共通テストは一見して見慣れない問題が出題されているように見えるけど，しっかり誘導に乗っていくことができれば，見慣れた問題に帰着できることが多いんだ。

なるほど……。問題文で与えられた文字の置きかえや，前後の計算の指示を意識して問題を解くようにします！

2 対称式（2文字，3文字）

過去問にチャレンジ

実数a，b，cが

$$a+b+c=1 \quad \cdots\cdots ①$$

および，

$$a^2+b^2+c^2=13 \quad \cdots\cdots ②$$

を満たしているとする。

(1) $(a+b+c)^2$を展開した式において，①と②を用いると

$$ab+bc+ca=\boxed{アイ}$$

であることがわかる。よって

$$(a-b)^2+(b-c)^2+(c-a)^2=\boxed{ウエ}$$

である。

(2) $a-b=2\sqrt{5}$の場合に，$(a-b)(b-c)(c-a)$の値を求めてみよう。

$b-c=x$，$c-a=y$とおくと

$$x+y=\boxed{オカ}\sqrt{5}$$

である。また，(1)の計算から

$$x^2+y^2=\boxed{キク}$$

が成り立つ。

これらより，

$$(a-b)(b-c)(c-a)=\boxed{ケ}\sqrt{5}$$

である。（2022年度共通テスト本試験）

この問題は**対称式**がテーマになっている。対称式というのは，**文字を入れ替えても式の値が変わらない式**のことだ。
さて，対称式にはとても重要な性質があるから，簡単にまとめておくね！

2文字(x, y)の対称式

2つの式$x+y$, xyのみで表すことができる。

【例】$x^2+y^2=(x+y)^2-2xy$

$x^3+y^3=(x+y)^3-3xy(x+y)$

3文字(x, y, z)の対称式

3つの式$x+y+z$, $xy+yx+zx$, xyzのみで表すことができる。

【例】$x^2+y^2+z^2=(x+y+z)^2-2(xy+yz+zx)$

$x^3+y^3+z^3=(x+y+z)(x^2+y^2+z^2-xy-yz-zx)+3xyz$*

＊この変形は，正確には$x+y+z$, $xy+yx+zx$, xyzのみで表されていないが，式中にある$x^2+y^2+z^2$は1つ目の例を用いることで解決できる。

(1) **$(a+b+c)^2$を展開した式**とあるので，まずは展開してみよう。

ちなみに，この展開式は有名なので覚えておこうね。

$$(a+b+c)^2=a^2+b^2+c^2+2ab+2bc+2ca$$

この式から,

$$2ab+2bc+2ca=(a+b+c)^2-(a^2+b^2+c^2)$$

となるから，①，②を用いて,

$$2ab+2bc+2ca=1^2-13$$
$$=-12$$

両辺を2で割ると,

$$ab+bc+ca=-6 \quad \cdots\cdots③$$

であることがわかるね！

答え アイ：-6

続きを見ていこう。

$(a-b)^2+(b-c)^2+(c-a)^2$の値を求めるんだね。展開してみよう。

$$(a-b)^2+(b-c)^2+(c-a)^2$$
$$=a^2-2ab+b^2+b^2-2bc+c^2+c^2-2ca+a^2$$

$=2(a^2+b^2+c^2)-2(ab+bc+ca)$

②，③を用いると，

$$(a-b)^2+(b-c)^2+(c-a)^2=2(a^2+b^2+c^2)-2(ab+bc+ca)$$
$$=2\cdot13-2\cdot(-6)$$
$$=26+12$$
$$=38$$

答え **ウエ：38**

(2)　$a-b=2\sqrt{5}$ の場合に，$(a-b)(b-c)(c-a)$ の値を求めるというのがゴールだね。

さて，誘導で **$b-c=x$，$c-a=y$ とおく**とあるから，

$$x+y=(b-c)+(c-a)$$
$$=b-a$$
$$=-(a-b)$$

$a-b=2\sqrt{5}$ だから，

$$x+y=-2\sqrt{5} \quad \cdots\cdots④$$

答え **オカ：−2**

さて，誘導で(1)**の計算から，$x^2+y^2=$ [キク] が成り立つ**とされている。

(1)で出てきた文字は，a，b，c で，最終的に

$$(a-b)^2+(b-c)^2+(c-a)^2=38 \quad \cdots\cdots⑤$$

という値を求めたんだったね。ここでは x^2+y^2 の値を求めたいわけだから，条件の **$a-b=2\sqrt{5}$** と誘導の **$b-c=x$，$c-a=y$ とおく**を用いてみよう。

$$(a-b)^2+(b-c)^2+(c-a)^2=38$$
$$(2\sqrt{5})^2+x^2+y^2=38$$

よって，

$$x^2+y^2=38-(2\sqrt{5})^2=18 \quad \cdots\cdots⑥$$

が求められたね。

答え **キク：18**

最後は，$(a-b)(b-c)(c-a)$の値を求める問題だ。

これも，x，yを用いて変形すると，

$$(a-b)(b-c)(c-a)=2\sqrt{5}\,xy \quad \cdots\cdots ⑦$$

となるから，xyの値がわかれば，⑦の値は求められる。

ところで，いま，④，⑥より

$$\begin{cases} x+y=-2\sqrt{5} & \cdots\cdots ④ \\ x^2+y^2=18 & \cdots\cdots ⑥ \end{cases}$$

であることがわかっている。

⑥を$x+y$，xyを用いて表すと，

$$(x+y)^2-2xy=18$$

となるから，これに④を代入しよう。

$$(-2\sqrt{5})^2-2xy=18$$

$$-2xy=-2$$

$$xy=1$$

これで，xyの値が求められたね。

では，⑦から最後の答えを求めよう！

$$(a-b)(b-c)(c-a)=2\sqrt{5}\,xy=2\sqrt{5}$$

答え　ケ：2

POINT

- **展開の公式と因数分解の公式**を復習しよう！
  特に，$(a+b+c)^2$の展開公式は間違えやすいから自分で導出しておこう。
- 対称式の式変形の仕方を押さえておこう！

THEME

2 方程式と実数

ここで固める!

- たすきがけや２次方程式を素早く解けるようにしよう。
- 整数部分を求めることができるようになろう。
- 場合分けを利用して絶対値を外せるようになろう。
- 絶対値を含む方程式を解けるようになろう。

1 2次方程式

過去問にチャレンジ

cを正の整数とする。xの2次方程式

$$2x^2+(4c-3)x+2c^2-c-11=0 \quad \cdots\cdots①$$

について考える。

(1)　$c=1$のとき，①の左辺を因数分解すると

$$(\boxed{\text{ア}}x+\boxed{\text{イ}})(x-\boxed{\text{ウ}})$$

であるから，①の解は

$$x=-\frac{\boxed{\text{イ}}}{\boxed{\text{ア}}},\ \boxed{\text{ウ}}$$

である。

(2)　$c=2$のとき，①の解は

$$x=\frac{-\boxed{\text{エ}}\pm\sqrt{\boxed{\text{オカ}}}}{\boxed{\text{キ}}}$$

であり，大きいほうの解をαとすると

$$\frac{5}{\alpha}=\frac{\boxed{\text{ク}}+\sqrt{\boxed{\text{ケコ}}}}{\boxed{\text{サ}}}$$

である。また，$m<\dfrac{5}{\alpha}<m+1$を満たす整数mは$\boxed{\text{シ}}$である。

(3)　太郎さんと花子さんは，①の解について考察している。

太郎：①の解はcの値によって，ともに有理数である場合もあれば，ともに無理数である場合もあるね。cがどのような値のときに，解は有理数になるのかな。

花子：2次方程式の解の公式の根号の中に着目すればいいんじゃないかな。

①の解が異なる二つの有理数であるような正の整数cの個数は［ス］個である。

（2021年度共通テスト本試験）

(1)　①に$c=1$を代入すると，

$$2x^2+x-10=0$$

$$(2x+5)(x-2)=0$$

2	5 →	5
1	−2 →	−4
2	−10	1

したがって，

$$x=-\frac{5}{2},\ 2$$

答え　ア：2　イ：5　ウ：2

(2)　次に，①に$c=2$を代入すると，

$$2x^2+5x-5=0$$

解の公式を用いると，

$$x=\frac{-5\pm\sqrt{5^2-4\cdot 2\cdot(-5)}}{2\cdot 2}$$

$$=\frac{-5\pm\sqrt{65}}{4}$$

答え　$\frac{-\text{エ}\pm\sqrt{\text{オカ}}}{\text{キ}}$：$\frac{-5\pm\sqrt{65}}{4}$

大きいほうをαとするから，　$\alpha=\frac{-5+\sqrt{65}}{4}$だね！

したがって，

$$\frac{5}{\alpha}=5\cdot\frac{4}{-5+\sqrt{65}}$$

$$=\frac{20(\sqrt{65}+5)}{(\sqrt{65}-5)(\sqrt{65}+5)}$$
$$=\frac{20(\sqrt{65}+5)}{40}$$
$$=\frac{5+\sqrt{65}}{2}$$

答え $\frac{ク+\sqrt{ケコ}}{サ}$: $\frac{5+\sqrt{65}}{2}$

【別解】

方程式の解は代入できることを利用して，$\frac{5}{\alpha}$の値を求めることができるよ。

$\alpha=\frac{-5+\sqrt{65}}{4}$は$2x^2+5x-5=0$の解だから，　$2\alpha^2+5\alpha-5=0$

両辺$\alpha(\neq 0)$で割ると，

$$2\alpha+5-\frac{5}{\alpha}=0$$
$$\frac{5}{\alpha}=2\alpha+5$$
$$=2\cdot\frac{-5+\sqrt{65}}{4}+5$$
$$=\frac{5+\sqrt{65}}{2}$$

続けて，$m<\frac{5}{\alpha}<m+1$を満たす整数mを求めていくよ。

mを求める上で大事なキーワードは**整数部分**だ！

$m<\frac{5}{\alpha}<m+1$を満たす整数mを求めるということは，**$\frac{5}{\alpha}$の整数部分mを求める**ということになるよ。

(実数)＝(整数部分)＋(小数部分)

円周率$\pi=3.141592\cdots$の場合を例に考えてみよう。

$$\pi=3+0.141592\cdots$$

だから，整数部分は3だね。
さらに，小数部分は
(小数部分)＝(もとの数)－(整数部分)
だから$\pi-3$と表せるよ！

たとえば，$5<x<6$のとき，xは5.○○…という数になるから，xの整数部分は5になるってことですね。

例題 $\sqrt{31}$の整数部分を求めてみよう。

ルートを含む実数の整数部分を求めるときはまず**ルートの中身を2乗ではさむ**ことから始めよう。

$5^2<31<6^2$だから，$5<\sqrt{31}<6$

$\sqrt{31}=5.$○○…　となるから，整数部分は5

$\sqrt{65}$に注目すると，$8^2<65<9^2$だから，$8<\sqrt{65}<9$

すべての辺に5を足して，2で割れば$\dfrac{5}{\alpha}$になるから，

$$\frac{8+5}{2}<\frac{\sqrt{65}+5}{2}<\frac{9+5}{2}$$

$$\frac{13}{2}<\frac{5}{\alpha}<7$$

したがって，$\dfrac{5}{\alpha}$の整数部分は6だから，$m=6$

答え シ：6

(3)　①の解について，**有理数**になる条件を太郎さんと花子さんは話をしているね。

有理数：整数の分数で表される数

【例】$\dfrac{1}{7}$，$3=\dfrac{3}{1}$，$-2.4=\dfrac{-12}{5}$

太郎さんと花子さんの会話は問題を解くうえでのヒントになってることが多いよ。
読み解いていこう。

SECTION 1 数と式

①に**解の公式**を利用して，

$$2x^2+(4c-3)x+2c^2-c-11=0$$

$$x=\frac{-(4c-3)\pm\sqrt{(4c-3)^2-4\cdot2\cdot(2c^2-c-11)}}{2\cdot2}$$

$$=\frac{-(4c-3)\pm\sqrt{-16c+97}}{4}\quad\cdots\cdots *$$

cが正の整数だから，分母の4も分子の$-(4c-3)$も整数になるね。だから$\sqrt{-16c+97}$が整数になれば$*$は有理数になる。

整数　ここが整数になれば解は有理数

$$x=\frac{-(4c-3)\pm\sqrt{-16c+97}}{4}$$

整数

つまり，$-16c+97=$**(整数)**^{2}になればいいんだ！

cは正の整数だから，$-16c+97$は97より小さい数だね。

($-16c+97=10^2$などには絶対にならない！)

実際に，$c=1$のとき$-16c+97$は最大になるから，

$-16c+97\leqq-16\cdot1+97=81$より，

$-16c+97=1^2,\ 2^2,\ 3^2,\ 4^2,\ 5^2,\ 6^2,\ 7^2,\ 8^2,\ 9^2$

に絞られるね。全部調べてもいいけど，もう少し絞ってみよう！

$-16c$は偶数，97は奇数だから，$-16c+97$は奇数だ。つまり**奇数の平方数**になるときを調べればいいから，

$-16c+97=1^2,\ 3^2,\ 5^2,\ 7^2,\ 9^2$

$-16c+97$	1	9	25	49	81
$-16c$	-96	-88	-72	-48	-16
c	6	$\frac{11}{2}$	$\frac{9}{2}$	3	1

-97

$\div(-16)$

これらを解くと，順に

$c=6,\ \frac{11}{2},\ \frac{9}{2},\ 3,\ 1$

よって，解が有理数となる正の整数cは**3個**となるんだ！

答え　ス：3

2 絶対値の場合分け

過去問にチャレンジ

aを実数とする。

$9a^2-6a+1=(\boxed{\text{ア}}\,a-\boxed{\text{イ}})^2$である。次に

$$A=\sqrt{9a^2-6a+1}+|a+2|$$

とおくと

$$A=\sqrt{(\boxed{\text{ア}}\,a-\boxed{\text{イ}})^2}+|a+2|$$

である。

次の三つの場合に分けて考える。

- $a>\dfrac{1}{3}$のとき，$A=\boxed{\text{ウ}}\,a+\boxed{\text{エ}}$である。
- $-2\leqq a\leqq\dfrac{1}{3}$のとき，$A=\boxed{\text{オカ}}\,a+\boxed{\text{キ}}$である。
- $a<-2$のとき，$A=-\boxed{\text{ウ}}\,a-\boxed{\text{エ}}$である。

(1)　$a=\dfrac{1}{2\sqrt{2}}$のとき，$A=\sqrt{\boxed{\text{ク}}}+\boxed{\text{ケ}}$である。

(2)　$-2\leqq a\leqq\dfrac{1}{3}$のとき，$A$のとり得る値の範囲は

$$\frac{\boxed{\text{コ}}}{\boxed{\text{サ}}}\leqq A\leqq\boxed{\text{シ}}$$ である。

(3)　$A=2a+13$となるaの値は

$$\boxed{\text{ス}},\ \frac{\boxed{\text{セソ}}}{\boxed{\text{タ}}}$$

である。

（2019年度センター本試験・改）

今回の問題のテーマは**絶対値**だよ。
根号との関係も復習しておこう！

絶対値

Xが実数のとき，

$$|X|=\begin{cases}X & (X\geqq 0)\\ -X & (X<0)\end{cases}$$

つまり，絶対値の中が正なら"そのまま"外す，負ならマイナスをつけて外すんだ。

0の場合はそのままでも，マイナスをつけて外しても同じだからどちらでもいいんですね。

(1)　$|5|=5$

(2)　$|-5|=-(-5)=5$

(3)　$|3-\pi|=-(3-\pi)$

(4)　$|2a-1|$

(4)絶対値の中に文字を含むときは，場合分けをして外そう。

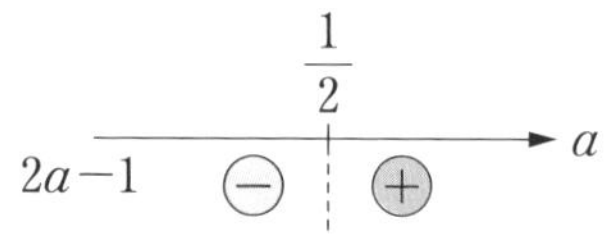

符号の境界になるのは，

$2a-1=0$つまり$a=\frac{1}{2}$だから，$\frac{1}{2}$の前後で場合分けして，

(i)　$a\geqq\frac{1}{2}$のときは，$2a-1\geqq 0$だから，$|2a-1|=2a-1$

(ii)　$a<\frac{1}{2}$のときは，$2a-1<0$だから，$|2a-1|=-(2a-1)$

さぁ，問題を見ていくよ！

$9a^2-6a+1=(3a)^2-2\cdot 3a\cdot 1+1^2=(3a-1)^2$

答え　**ア**：3　**イ**：1

$A=\sqrt{9a^2-6a+1}+|a+2|$ とおくと，

$A=\sqrt{(3a-1)^2}+|a+2|$

$\sqrt{X^2}=|X|$ であることに注意して,

$A=|3a-1|+|a+2|$

絶対値の中に文字を含む計算では,**絶対値記号の中の符号によって場合分けが必要になる**から,$3a-1$ は a と $\frac{1}{3}$ の大小で,$a+2$ は a と -2 の大小で場合分けをしよう。

右の図を参考にして,

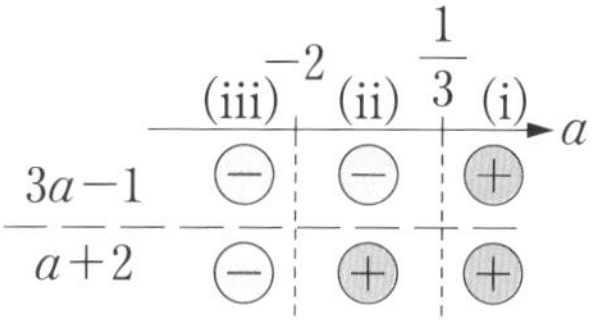

(i) $a>\frac{1}{3}$　　(ii) $-2\leqq a\leqq\frac{1}{3}$

(iii) $a<-2$

	(iii)	-2	(ii)	$\frac{1}{3}$	(i) $\to a$
$3a-1$	⊖		⊖		⊕
$a+2$	⊖		⊕		⊕

(等号を付ける位置は問題文にあわせているよ!)

(i) $a>\frac{1}{3}$ のとき,

$3a-1>0$,$a+2>0$ だから,

$$A=|3a-1|+|a+2|$$
$$=(3a-1)+(a+2)=4a+1$$

(ii) $-2\leqq a\leqq\frac{1}{3}$ のとき,

$3a-1\leqq0$,$a+2\geqq0$ だから,

$$A=|3a-1|+|a+2|$$
$$=-(3a-1)+(a+2)=-2a+3$$

(iii) $a<-2$ のとき,

$3a-1<0$,$a+2<0$ だから,

$$A=|3a-1|+|a+2|$$
$$=-(3a-1)-(a+2)=-4a-1$$

答え **ウ**:4　**エ**:1　**オカ**:-2　**キ**:3

(1) $a=\frac{1}{2\sqrt{2}}$ のときの A の値を求めるよ。

$a=\frac{1}{2\sqrt{2}}$ が(i),(ii),(iii)のどの場合分けに当てはまるかわかれば,あとは代入するだけだね!

$\frac{1}{2\sqrt{2}}>0$より，-2よりは大きいから，$\frac{1}{3}$との大小関係を調べればいいんだ。ルートを含む数の大小を調べるときは，**ルートで合わせて中身を比較**することを心がけよう。

$\frac{1}{2\sqrt{2}}=\sqrt{\frac{1}{8}}$，$\frac{1}{3}=\sqrt{\frac{1}{9}}$で，$\frac{1}{9}<\frac{1}{8}$だから，

$$\frac{1}{2\sqrt{2}}>\frac{1}{3}$$

だとわかるね。

つまり，$a=\frac{1}{2\sqrt{2}}$は(i)の式$A=4a+1$に代入すればいいから，

$$A=4\cdot\frac{1}{2\sqrt{2}}+1=\frac{2}{\sqrt{2}}+1=\sqrt{2}+1$$

答え　ク：2　ケ：1

(2)　$-2\leqq a\leqq\frac{1}{3}$のとき，$A=-2a+3$だから，座標平面上で考えれば**傾きが負**の直線を表すね！

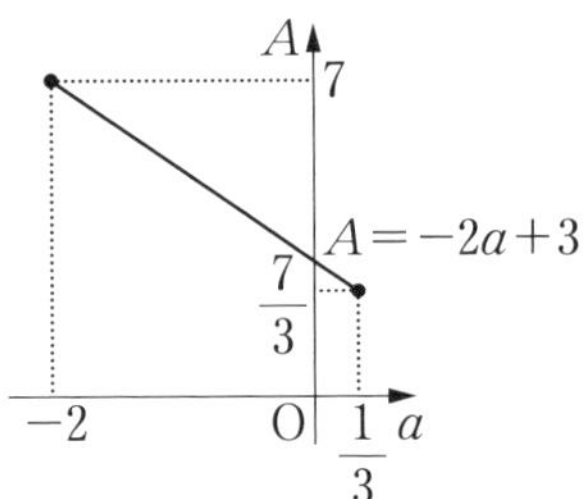

つまり，$a=-2$のときにAは最大値7をとり，$a=\frac{1}{3}$のときにAは最小値$\frac{7}{3}$をとるから，

$$\frac{7}{3}\leqq A\leqq 7$$

答え　コ/サ：$\frac{7}{3}$　シ：7

(3)　Aはaの式だから，$A=2a+13$はaについての方程式だよ！
場合分けしたAそれぞれについて，方程式を解いて，場合分けの範囲を満たしているかを確認しよう。

2　方程式と実数

(i) $a>\frac{1}{3}$のとき，$A=4a+1$だから，

$$4a+1=2a+13$$
$$a=6$$

これは$a>\frac{1}{3}$を**満たす**ね。

(ii) $-2\leqq a\leqq\frac{1}{3}$のとき，$A=-2a+3$だから

$$-2a+3=2a+13$$
$$a=-\frac{5}{2}$$

これは$-2\leqq a\leqq\frac{1}{3}$を**満たさない**から不適だね。

(iii) $a<-2$のとき，$A=-4a-1$だから，

$$-4a-1=2a+13$$
$$a=-\frac{7}{3}$$

これは$a<-2$を**満たす**ね。

以上から，$a=6,\ \frac{-7}{3}$

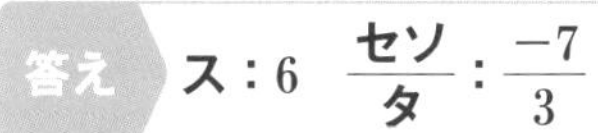

POINT

- ルートを含む実数の整数部分を求めるときはまず，ルートの中身を**2乗ではさむ！**
- 整数を求める問題では，**大小関係**，**約数**，**倍数**の関係から絞ろう！
- $|X|=\begin{cases}X & (X\geqq 0)\\ -X & (X<0)\end{cases}$ (Xは実数)
- $\sqrt{X^2}=|X|$ (Xは実数)
- 絶対値を含む方程式では，出てきた解が場合分けの範囲を満たしているか確認しよう！

SECTION 1 数と式

THEME 3

集合と命題

ここで自きめる!

- 集合の記号を完璧にしよう。
- 命題の反例について理解を深めよう。
- ベン図を自分でかいて，正誤判断ができるようになろう。
- 条件を正しく変形して，命題の真偽を判断できるようになろう。

1 包含関係と必要条件・十分条件

過去問にチャレンジ

(1) 全体集合Uを$U=\{x \mid x$は20以下の自然数$\}$とし，次の部分集合A，B，Cを考える。

$A=\{x \mid x \in U$かつxは20の約数$\}$

$B=\{x \mid x \in U$かつxは3の倍数$\}$

$C=\{x \mid x \in U$かつxは偶数$\}$

集合Aの補集合を$\overline{A}$と表し，空集合を$\varnothing$と表す。

集合の関係

(a) $A \subset C$

(b) $A \cap B = \varnothing$

の正誤の組合せとして正しいものは［ア］である。

［ア］の解答群

	⓪	①	②	③
(a)	正	正	誤	誤
(b)	正	誤	正	誤

集合の関係

(c) $(A \cup C) \cap B = \{6,\ 12,\ 18\}$

(d) $(\overline{A} \cap C) \cup B = \overline{A} \cap (B \cup C)$

の正誤の組合せとして正しいものは **イ** である。

イ の解答群

	⓪	①	②	③
(c)	正	正	誤	誤
(d)	正	誤	正	誤

(2) 実数xに関する次の条件p, q, r, sを考える。

$p : |x-2|>2$, $q : x<0$, $r : x>4$, $s : \sqrt{x^2}>4$

qまたはrであることは，pであるための **ウ** 。また，sはrであるための **エ** 。

ウ , **エ** の解答群（同じものを繰り返し選んでもよい。）

⓪ 必要条件であるが，十分条件ではない
① 十分条件であるが，必要条件ではない
② 必要十分条件である
③ 必要条件でも十分条件でもない

（2018年度センター本試験・改）

(1) この問題の全体集合Uの要素は1から20の自然数の20個だから，ベン図にすべてかき出していこう！

$A = \{x \mid x \in U$ かつ xは20の約数$\}$
$= \{1,\ 2,\ 4,\ 5,\ 10,\ 20\}$

$B = \{x \mid x \in U$ かつ xは3の倍数$\}$
$= \{3,\ 6,\ 9,\ 12,\ 15,\ 18\}$

$C = \{x \mid x \in U$ かつ xは偶数$\}$
$= \{2,\ 4,\ 6,\ 8,\ 10,\ 12,\ 14,\ 16,\ 18,\ 20\}$

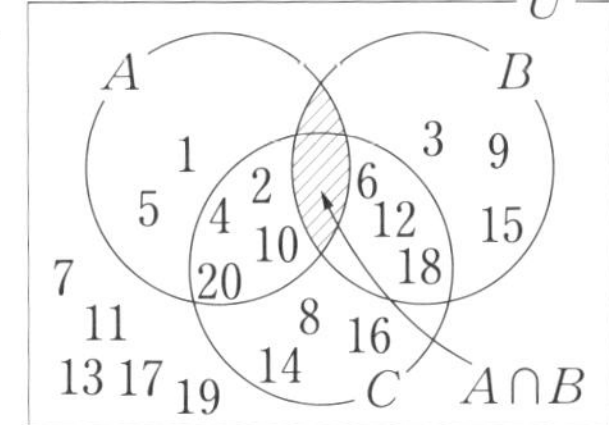

ベン図を確認すると，1，5はAの要素だけど，Cの要素ではないことがわかるね。

(a) $1 \in A$ かつ $1 \notin C$ だから $A \subset C$ は**誤り**

(b)　$A\cap B=\varnothing$ であるから，**正**

よって，正誤の組合せとして正しいのは　**答え　ア：②**

「∪」は「または」，「∩」は「かつ」ですよね！

(c)　$(A\cup C)\cap B=\{6,\ 12,\ 18\}$ だから，**正**だね。

(d)　$(\overline{A}\cap C)\cup B$ と $\overline{A}\cap(B\cup C)$ は少し複雑だから，図示してみよう。

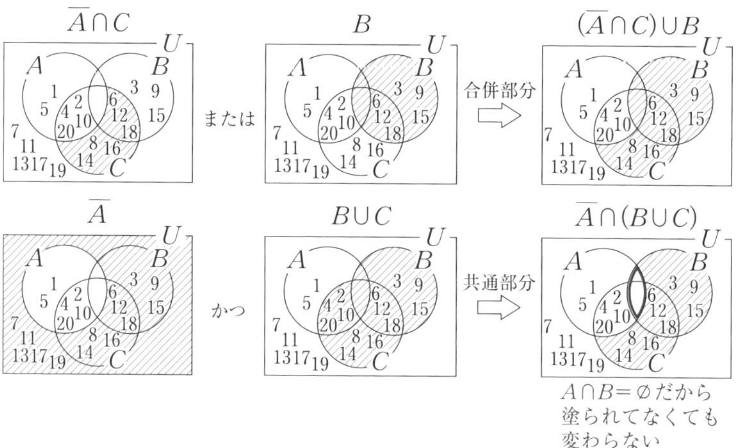

$A\cap B=\varnothing$ より，(d)は**正**だね。

よって，正誤の組み合わせで正しいのは　**答え　イ：⓪**

(2)　p と s の条件の不等式を，x について解いてみよう。

$|X|>a$ $(a>0)$
$\Longleftrightarrow X<-a$ または $a<X$

p について，

$|x-2|>2$ を解くと

$x-2<-2$

または $2<x-2$

すなわち，$x<0$ または $4<x$

よって，条件 p は

p：$x<0$ または $4<x$

また，$\sqrt{x^2}>4$ から

$|x|>4$

$\sqrt{X^2}=|X|$（X は実数）

すなわち,

$x<-4$ または $4<x$

よって,条件 s は

s:$x<-4$ または $4<x$

ゆえに,条件 p, q, r, s が表す範囲を数直線上に図示すると,次のようになる。

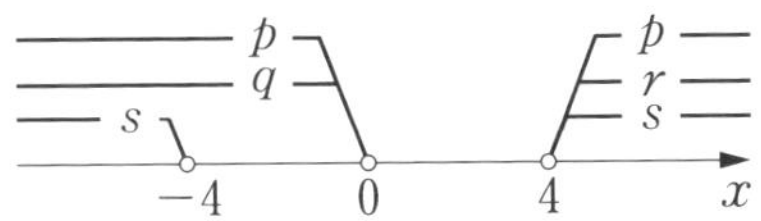

ここで大事になってくるのが,必要条件・十分条件と,命題の真偽の判断だよ!

必要条件・十分条件

- $p \Longrightarrow q$ が真のとき,p は q であるための十分条件
- $q \Longrightarrow p$ が真のとき,p は q であるための必要条件
- 特に,$p \Longleftrightarrow q$ のとき,p は q であるための必要十分条件

つまり,p は q であるための○○条件を調べるには,

$p \Longrightarrow q$ と $q \Longrightarrow p$ の真偽判定をすることからはじめよう。

命題の真偽判定

「命題 $p \Longrightarrow q$ が真」を判断するために考えるべきことは,

「p ならば絶対に q が成り立つか?」

この「**絶対に**」というのが重要になるんだ!

例題　命題　$x^2=1 \Longrightarrow x=1$の真偽を判定せよ。

$x^2=1$を解くと，$x=\pm1$となるね。$x=1$だけではなく，$x=-1$もあるということだ！
つまり$x^2=1$ならば**絶対に**$x=1$が成り立つわけではない。
したがって，**偽**とわかる。

命題の真偽判定には**集合の包含関係**を使うのがオススメだよ！

集合の包含関係

条件pを満たす集合をP，条件qを満たす集合をQとするとき，

$$p\text{ならば}q\text{が真} \Longleftrightarrow P \subset Q$$

が成り立つ。

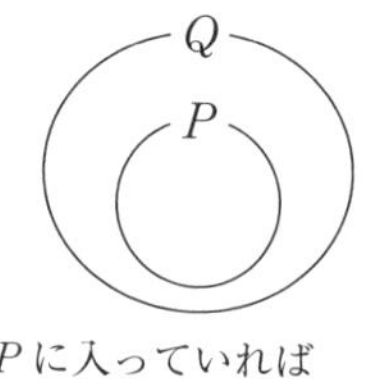

Pに入っていれば
絶対にQに入っている

命題　$p: x<-1 \Longrightarrow q: x<0$の真偽を判定せよ。

$x<-1$と$x<0$を数直線に図示すると，右図のようになるから，pを満たす集合はqを満たす集合に含まれている。したがって，**真**とわかる。

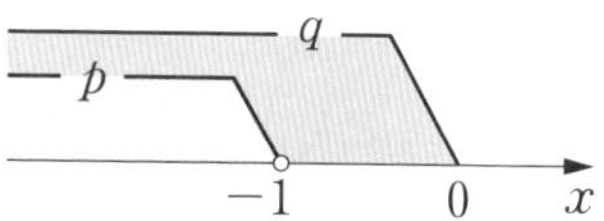

ウ について，右図より，
条件(qまたはr)を満たす集合と条件pが満たす集合は一致する。
よって，qまたはrであることは，pであるための**必要十分条件**になるんだ！

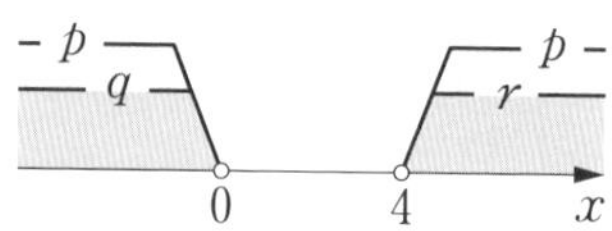

答え　ウ：②

エ についても，条件 r と条件 s を図示してみると，

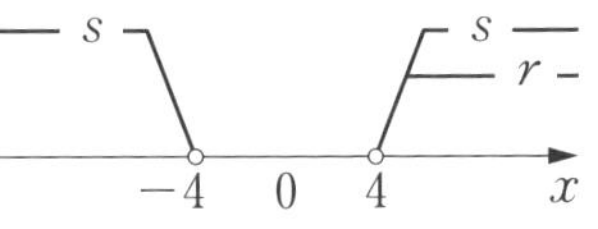

条件 r が満たす集合は条件 s を満たす集合に含まれている。
したがって，命題「$s \Longrightarrow r$」は**偽**，命題「$r \Longrightarrow s$」は**真**となるから，s は r であるための**必要条件であるが，十分条件ではない**とわかるね！

答え エ：⓪

集合や命題の問題は，ベン図や数直線に図示することで問題が解きやすくなるんだ！
面倒くさがらずに積極的に図をかいていこうね。

2 反例

過去問にチャレンジ

無理数全体の集合を B とする。
命題「$x \in B$，$y \in B$ ならば，$x+y \in B$ である」が偽であることを示すための反例となる x，y の組は ア ， イ である。必要ならば，$\sqrt{2}$，$\sqrt{3}$，$\sqrt{2}+\sqrt{3}$ が無理数であることを用いてもよい。

ア ， イ の解答群（解答の順序は問わない。）

⓪ $x=\sqrt{2}$，$y=0$
① $x=3-\sqrt{3}$，$y=\sqrt{3}-1$
② $x=\sqrt{3}+1$，$y=\sqrt{2}-1$
③ $x=\sqrt{4}$，$y=-\sqrt{4}$
④ $x=\sqrt{8}$，$y=1-2\sqrt{2}$
⑤ $x=\sqrt{2}-2$，$y=\sqrt{2}+2$

（2018年度試行調査・改）

命題の**反例**を見つける問題だね！

反例とは**命題の仮定を満たすが，結論は満たさない例**のことだ。

命題「$x \in B$，$y \in B$ならば，$x+y \in B$である」の反例は，仮定の「$x \in B$，$y \in B$」を満たしている必要があるね。つまり，$\boldsymbol{x}$**，**$\boldsymbol{y}$**ともに無理数であること**が条件なんだ。この時点で，⓪（yが有理数），③（x，yともに有理数）は反例にはならないね。

さらに，反例であるためには，結論の「$x+y \in B$である」を満たさない必要がある。つまり，$\boldsymbol{x+y}$**が有理数にならないといけない**わけだ。残りの選択肢①，②，④，⑤で$x+y$を調べてみよう。

① $x=3-\sqrt{3}$，$y=\sqrt{3}-1$のとき，$x+y=2$
有理数なので反例として**適する**

② $x=\sqrt{3}+1$，$y=\sqrt{2}-1$のとき，$x+y=\sqrt{3}+\sqrt{2}$
無理数なので反例として**不適**

④ $x=\sqrt{8}$，$y=1-2\sqrt{2}$のとき，$x+y=1$
有理数なので反例として**適する**

⑤ $x=\sqrt{2}-2$，$y=\sqrt{2}+2$のとき，$x+y=2\sqrt{2}$
無理数なので反例として**不適**

これで，正解がわかったね！

答え　ア：①　イ：④（順不同）

POINT

- **集合や命題の問題は，ベン図や数直線に図示しよう！**
- $\boldsymbol{p}$**ならば**$\boldsymbol{q}$**が真** $\Longleftrightarrow$ $\boldsymbol{P \subset Q}$
- **「**$\boldsymbol{p}$**は**$\boldsymbol{q}$**であるための〇〇条件」を調べるには，**$\boldsymbol{p \Longrightarrow q}$**と**$\boldsymbol{q \Longrightarrow p}$**の真偽判定をしよう！**
- **反例の意味を正確に理解しよう！**

3 集合と命題

SECTION 2

2次関数

THEME

1　グラフの性質
2　最大値・最小値
3　解の配置
4　方程式・不等式
5　2次関数の活用
6　総合問題

SECTION 2 で学ぶこと

2次関数は，とても重要な単元。単体ではもちろん，他の単元の大問でも必要になる可能性が高く，図形の単元では頻出するので，苦手だと大きな失点に繋がってしまう。**優先順位は非常に高く，「2次関数が苦手」では高得点はあり得ない**と心得てほしい。最大値，最小値を尋ねる問題は，出題されない年を見つける方が難しいほど頻出。定義域はグラフを書いて考えることで，ミスを減らせるうえ，時間も短縮できるようになる。

ここが問われる！ グラフの形を使う問題は，必要な情報だけに注目する！

共通テストあるあるとして登場するのが，「太郎と花子が，コンピュータのグラフ表示ソフトを使って，条件を変えたグラフを書いて考察する」という問題だ。すでに過去問を複数年やっている人には「あの問題か」だけど，慣れていないと難しく見えてしまう。とはいえ，やっていることは単に式とグラフの関連性についての考察しているだけ。言葉の細部に惑わされず，**大きな流れを追いかけながら読み，解いていくやり方**に慣れておこう。

ここが問われる！ 最大値，最小値を求めるためのコンパクトな図を書く練習を！

ほぼ必ず出ると言っていい最大値，最小値に関する問題では，両者を素早く出せるように慣れておくことが大切。実際の問題では放物線や定義域が動く問題，解の差を求める問題の中に合わせ技で登場するが，本書では，特にポイントになる部分だけを取り出した問題で練習する。それは，**コンパクトな図を書いて最大値・最小値を読み取れるようになること**が，確実な得点に重要だから。僕たちの出題に愛を感じながら取り組んでほしい。

ここが問われる！ 2次関数のグラフはキレイにかきながら解こう！

x軸との共有点の条件からaの範囲を求めるという「解の配置」問題で方程式，不等式を考えるときもグラフを書いて取り組むクセをつけよう。2次関数で重要なのは，**とにかくグラフをキレイに正確に書きながら解いていく姿勢**なんだ。このスキルは「三角比」や「データの分析」の単元でも役立つぞ。

2次関数の単元では，身の回りのものを題材とした問題が出やすい。「学園祭でたこ焼きの売上げを最大にするには……」「100ｍのタイムを最短にするには……」「バスケットボールが一番高い位置にくるのは……」とか。

ただ，どれも要するに2次関数でよくある問題を日常化しただけ。設定情報を深読みしてハマることは避けたい。とはいえ，常識を使ってミスを防ぐことは可能。「たこ焼き」の問題なら，「売上げの最大値が5億円になった」なんてあり得ないよね。答えがマイナスや小数になるはずもない。普通に考えれば間違いに気づける，ということもあるんだ。

他の単元の問題を解く道具になっている単元なので，スピーディにこなせるようにしておこう。数IAの最重要単元といっても過言ではないよ！

THEME

1 グラフの性質

ここできめる！

- グラフの形から係数を特定しよう。
- 平行移動について確認しておこう。

1 係数の符号判定，平行移動

過去問にチャレンジ

数学の授業で，2次関数$y=ax^2+bx+c$についてコンピュータのグラフ表示ソフトを用いて考察している。

このソフトでは，図1の画面上の A ， B ， C にそれぞれ係数a，b，cの値を入力すると，その値に応じたグラフが表示される。さらに， A ， B ， C それぞれの下にある●を左に動かすと係数の値が減少し，右に動かすと係数の値が増加するようになっており，値の変化に応じて2次関数のグラフが座標平面上を動く仕組みになっている。

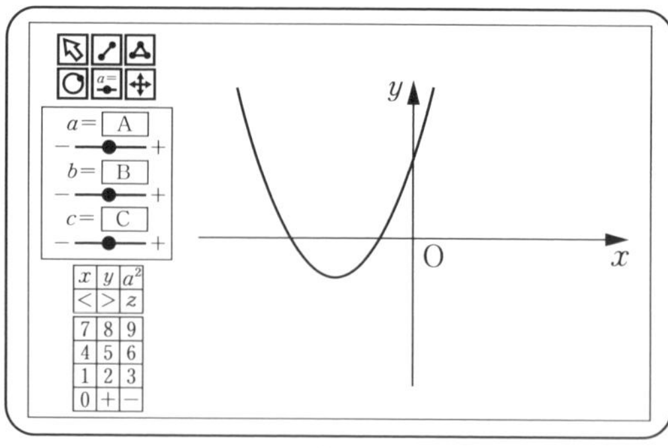

図1

また，座標平面はx軸，y軸によって四つの部分に分けられる。これらの各部分を「象限」といい，右の図のように，それぞれを「第1象限」「第2象限」「第3象限」「第4象限」という。ただし，座標軸上の点は，どの象限にも属さないものとする。

(1) はじめに，図1の画面のように，頂点が第3象限にあるグラフが表示された。このときのa，b，cの値の組合せとして最も適当なものは［ア］である。

［ア］の解答群

	a	b	c
⓪	2	1	3
①	2	-1	3
②	-2	3	-3
③	$\frac{1}{2}$	3	3
④	$\frac{1}{2}$	-3	3
⑤	$-\frac{1}{2}$	3	-3

(2) 次に，a，bの値を(1)の値のまま変えずに，cの値だけを変化させた。このときの頂点の移動について正しく述べたものは［イ］である。

［イ］の解答群

⓪ 最初の位置から移動しない。
① x軸方向に移動する。
② y軸方向に移動する。
③ 原点を中心として回転移動する。

(3)　また，b，cの値を(1)の値のまま変えずに，aの値だけをグラフが下に凸の状態を維持するように変化させた。このとき，頂点は，$a=\dfrac{b^2}{4c}$のときは **ウ** にあり，それ以外のときは **エ** を移動した。

ウ，**エ** の解答群（同じものを選んでもよい。）

⓪　原点	①　x軸上	②　y軸上
③　第3象限のみ		④　第1象限と第3象限
⑤　第2象限と第3象限		⑥　第3象限と第4象限
⑦　第2象限と第3象限と第4象限		⑧　すべての象限

(4)　最初のa，b，cの値を変更して，下の図2のようなグラフを表示させた。このとき，a，cの値をこのまま変えずに，bの値だけを変化させた。このとき，頂点のx座標は **オ** ，頂点のy座標は **カ** 。したがって，bをどのように変化させても頂点は **キ** 。

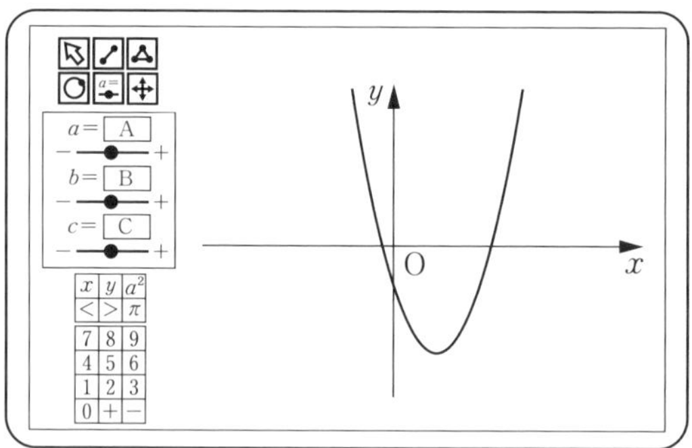

図2

オ，**カ** の解答群

⓪　0である　　①　正の値しかとらない

②　負の値しかとらない

③　正の値も負の値も0もとりうる

キ の解答群

⓪　第1象限および第2象限には移動しなかった
①　第2象限および第3象限には移動しなかった
②　第3象限および第4象限には移動しなかった
③　第4象限および第1象限には移動しなかった

（2017年度試行調査・改）

グラフの形から係数を特定する問題だよ！

$y=ax^2+bx+c$ の係数の符号を特定するときは，次のポイントに注目しよう。

- **グラフの凸性（a の符号）**
- **y 切片の y 座標の符号（c の符号）**
- **軸の符号**

$$
\begin{aligned}
y&=ax^2+bx+c\\
&=a\left\{\left(x^2+\frac{b}{a}x\right)+\left(\frac{b}{2a}\right)^2-\left(\frac{b}{2a}\right)^2\right\}+c\\
&=a\left(x+\frac{b}{2a}\right)^2-\frac{b^2}{4a}+c
\end{aligned}
$$

よって，頂点は $\left(-\dfrac{b}{2a},\ -\dfrac{b^2}{4a}+c\right)$

軸の方程式は，$x=-\dfrac{b}{2a}$

下に凸　y　c　O　x　$\left(-\dfrac{b}{2a},\ -\dfrac{b^2}{4a}+c\right)$　⊖　⊖

(1)　グラフは下に凸であるから，$a>0$

グラフの y 切片は $(0,\ c)$ であるから，$c>0$

頂点の x 座標は負だから，$-\dfrac{b}{2a}<0$

$a>0$ だから，$-\dfrac{b}{2a}<0$ の両辺に $-2a(<0)$ をかけると，$b>0$

ここまでで，

⓪$a=2$，$b=1$，$c=3$　または　③$a=\dfrac{1}{2}$，$b=3$，$c=3$

の2択になるね！

$y=ax^2+bx+c$ の符号が特定できたら，次は**x軸との交点の数（判別式Dの符号）**に注目しよう。

グラフはx軸と2点で交わってるから，$ax^2+bx+c=0$ の判別式 b^2-4ac は $b^2-4ac>0$ となるはずだ。

⓪のとき，$b^2-4ac=1^2-4\cdot2\cdot3=-23<0$

③のとき，$b^2-4ac=3^2-4\cdot\dfrac{1}{2}\cdot3=3>0$

したがって，描画されたグラフは $y=\dfrac{1}{2}x^2+3x+3$ だとわかるね。

答え　ア：③

COLUMN　グラフの形からbの符号を判定する方法

$y=ax^2+bx+c$ について，b の符号はグラフの頂点のx座標の符号から求めたけど，実はグラフの形から符号がすぐに判断できるよ。

$y=ax^2+bx+c$ のy切片における接線は $y=bx+c$

つまり，**y切片における接線の傾きがbなんだ！**

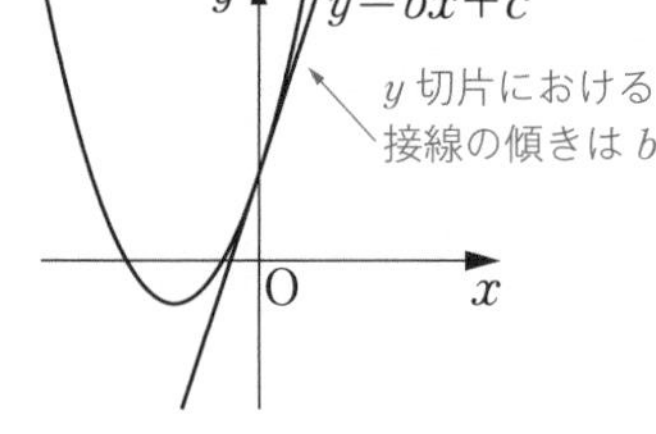

実際に，$y=ax^2+bx+c$ と $y=bx+c$ を連立すると，

$$ax^2+bx+c=bx+c$$
$$ax^2=0$$
$$x=0\ （重解）$$

となるから，$x=0$ の点で $y=ax^2+bx+c$ と $y=bx+c$ は接するね。

だから，点$(0,\ c)$での接線のようすから，b の符号がわかるんだ。

上のグラフにおいては，下に凸だから$a>0$，y切片のy座標は正だから$c>0$，グラフから接線の傾きは正だから$b>0$と判断できるよ。

右のグラフにおいては，上に凸だから$a<0$，y切片のy座標は正だから$c>0$，y切片における接線の傾きは負だから$b<0$となるよ。

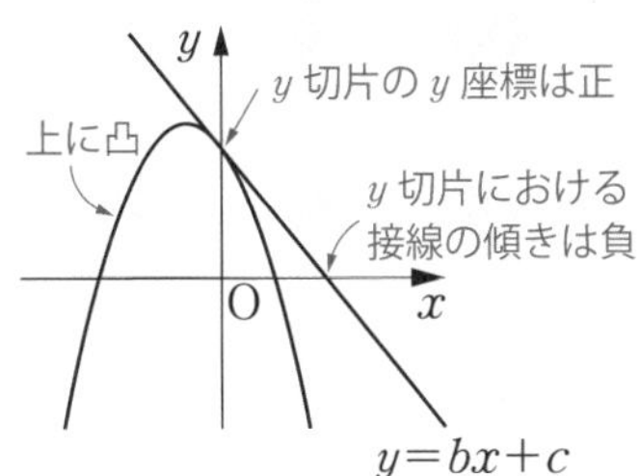

(2)　$y=ax^2+bx+c$ の頂点は$\left(-\dfrac{b}{2a},\ -\dfrac{b^2}{4a}+c\right)$だね。$a$，$b$の値を変えずに$c$の値のみを変化させるとき，頂点の$x$座標$-\dfrac{b}{2a}$は変化せず，頂点の$y$座標$-\dfrac{b^2}{4a}+c$だけが変化する。

よって，頂点は**y軸方向にのみ移動**することがわかるね！

答え　**イ：②**

(3)　(1)の$b=3$，$c=3$を$a=\dfrac{b^2}{4c}$に代入すると，　$a=\dfrac{3}{4}$

頂点の座標$\left(-\dfrac{b}{2a},\ -\dfrac{b^2}{4a}+c\right)$に$a=\dfrac{3}{4}$，$b=3$，$c=3$を代入すると，

$$(\text{頂点の}x\text{座標})=-\frac{b}{2a}=-\frac{3}{2\cdot\frac{3}{4}}=-2$$

$$(\text{頂点の}y\text{座標})=c-\frac{b^2}{4a}=3-\frac{9}{4\cdot\frac{3}{4}}=0$$

よって，このとき頂点は$(-2,\ 0)$だから，頂点は**x軸上**にある。

答え　**ウ：①**

SECTION 2　2次関数

それ以外のとき，$a>0$（下に凸），$a \neq \frac{3}{4}$ に注意して，$b=3$，$c=3$ を代入して，頂点の座標の符号を考えると，

$a>0$ から，（頂点の x 座標）$=-\frac{b}{2a}=-\frac{3}{2a}<0$

$a \neq \frac{3}{4}$ から，（頂点の y 座標）$=c-\frac{b^2}{4a}=3-\frac{9}{4a} \neq 0$

よって，頂点の x 座標は**負**で，頂点の y 座標は**正にも負にもなる**ね。実際に，頂点の y 座標は

$a=1$ のときは，$3-\frac{9}{4}=\frac{3}{4}>0$

$a=\frac{1}{4}$ のときは，$3-9=-6<0$

と正にも負にもなる。

したがって，頂点は**第2象限と第3象限**を移動する。

答え　**エ：⑤**

(4)　グラフは下に凸であるから，$a>0$

y 切片の y 座標は負だから，$c<0$

また，$y=ax^2+bx+c$ の頂点は $\left(-\frac{b}{2a},\ -\frac{b^2}{4a}+c\right)$ だから，

頂点の x 座標 $-\frac{b}{2a}$ については，$a>0$ より

$b>0$ のときは負

$b=0$ のときは0

$b<0$ のときは正

よって，**正の値も負の値も0もとりうる**ね。

頂点の y 座標 $-\frac{b^2}{4a}+c$ については，$a>0$ より，$-\frac{b^2}{4a} \leqq 0$ だから，

$c<0$ とあわせて常に $-\frac{b^2}{4a}+c<0$ が成り立つ。

したがって，**負の値しかとらない**ね。

答え　**オ：③　カ：②**

よって，頂点は第3象限または第4象限またはy軸上の$y<0$の部分にあるから，bをどのように動かしても，**第1象限および第2象限には移動しない。**

答え キ：⓪

POINT

- グラフから係数を決めるときは**「グラフの凸性」「y切片のy座標の符号」「軸の符号」「x軸との交点の数」**に注目しよう！
- $y=ax^2+bx+c$のbの符号は**y切片における接線の傾き**からも出せる！

THEME

2 最大値・最小値

ここで 差をつける!

- 文字定数を含んだ2次関数の平方完成をミスなくできるようになろう。
- 定義域に気をつけて2次関数の最大値と最小値を求められるようになろう。
- 放物線や定義域が動く問題に対するアプローチの仕方をマスターしよう。
- 解の差について，素早く求められるようになろう。

1 定義域移動

過去問にチャレンジ

実数aは2次不等式$a^2-3<a$を満たすとする。
このときaのとり得る値の範囲は

$$\frac{\boxed{ア}-\sqrt{\boxed{イウ}}}{\boxed{エ}}<a<\frac{\boxed{ア}+\sqrt{\boxed{イウ}}}{\boxed{エ}}$$ である。

xの2次関数$f(x)=-x^2+1$を考える。

(1) $a^2-3 \leqq x \leqq a$における関数$y=f(x)$の最大値が1であるようなaの値の範囲は$\boxed{オ} \leqq a \leqq \sqrt{\boxed{カ}}$である。
また，$a^2-3 \leqq x \leqq a$における関数$y=f(x)$の最大値が1で，最小値が$f(a)$であるようなaの値の範囲は

$$\frac{\boxed{キク}+\sqrt{\boxed{ケコ}}}{\boxed{サ}} \leqq a \leqq \sqrt{\boxed{カ}}$$ である。

(2) $a^2-3 \leqq x \leqq a$ における関数 $y=f(x)$ の最大値が $f(a^2-3)$ で，最小値が $f(a)$ であるような a の値の範囲は

$\sqrt{\boxed{シ}} \leqq a < \dfrac{\boxed{ア}+\sqrt{\boxed{イウ}}}{\boxed{エ}}$ ……①である。

$L=f(a^2-3)-f(a)$ とおく。a の値が①の範囲にあるとき，L のとり得る値の範囲を求めてみよう。

$t=a^2$ とおいて，L を t を用いて表すと

$L=\boxed{ス}t^2+\boxed{セ}t-\boxed{ソ}$ である。

a の値が①の範囲にあるとき，

t の値の範囲は $\boxed{シ} \leqq t < \dfrac{\boxed{タ}+\sqrt{\boxed{チツ}}}{\boxed{テ}}$ である。

したがって，L のとり得る値の範囲は $\boxed{ト} < L \leqq \dfrac{\boxed{ナニ}}{\boxed{ヌ}}$

である。

また，$L=\dfrac{\boxed{ナニ}}{\boxed{ヌ}}$ となるのは，$t=\dfrac{\boxed{ネ}}{\boxed{ノ}}$ のときである。

(2018年度センター追試験・改)

まずは，2次不等式 $a^2-3<a$ を解くところからだね！

$$a^2-a-3<0$$

左辺は因数分解できないから，ここで

$a^2-a-3=0$ を解くと，

$$a=\frac{1\pm\sqrt{1-4\cdot(-3)}}{2}=\frac{1\pm\sqrt{13}}{2}$$

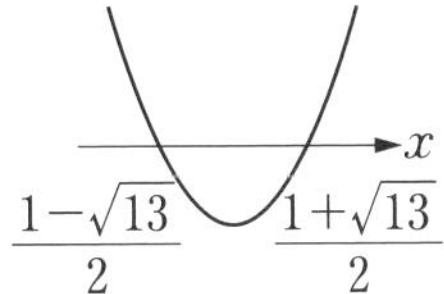

したがって，$a^2-a-3<0$ の解は

$$\frac{1-\sqrt{13}}{2}<a<\frac{1+\sqrt{13}}{2}$$

答え ア：1　$\sqrt{イウ}$：$\sqrt{13}$　エ：2

(1)　$f(x)=-x^2+1$ より，グラフは上に凸で頂点は $(0,\ 1)$ だから，$a^2-3 \leqq x \leqq a$ における関数 $y=f(x)$ の最大値が1であるためには，定義域の中に頂点の x 座標が入っていればいいね。

頂点 $(0,\ 1)$
最大値 1
$x=a^2-3$　$x=a$

つまり，$a^2-3 \leqq 0 \leqq a$ であればいいんだ！

したがって，

$$\begin{cases} a^2-3 \leqq 0 \\ 0 \leqq a \end{cases}$$

A≦B≦Cのタイプの不等式は連立不等式 $\begin{cases} A \leqq B \\ B \leqq C \end{cases}$ にして解こう。

$a^2-3 \leqq 0$ より，

$$-\sqrt{3} \leqq a \leqq \sqrt{3}$$

$0 \leqq a$ とあわせると求める範囲は，

$$0 \leqq a \leqq \sqrt{3}$$

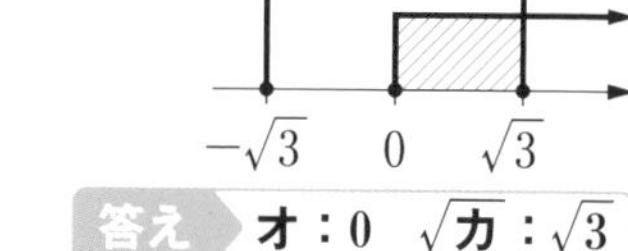

答え　**オ**：0　$\sqrt{\text{カ}}$：$\sqrt{3}$

次に，$a^2-3 \leqq x \leqq a$ における $y=f(x)$ の最大値が1，最小値が $f(a)$ であるような a の範囲を求めよう！

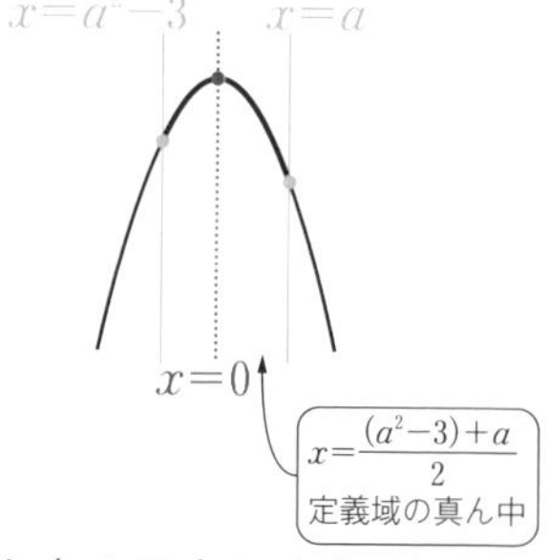

最大値が1だから，頂点は定義域の中に入っているね。

上に凸な2次関数の場合，軸から遠いほうの端が最小値になるから，$x=a$ で最小値をとるためには，軸が範囲の真ん中より左にあればいい。

定義域の真ん中の値は $\dfrac{(\text{左端})+(\text{右端})}{2}$ つまり $\dfrac{(a^2-3)+a}{2}$ で，軸は $x=0$ だから，$f(a)$ が最小値となる条件は，

$$0 \leqq \frac{a^2-3+a}{2}$$

これを解くと，

$$a \leqq \frac{-1-\sqrt{13}}{2},\quad \frac{-1+\sqrt{13}}{2} \leqq a$$

$a^2-3 \leqq x \leqq a$ における最大値が1である条件 $0 \leqq a \leqq \sqrt{3}$ とあわせて,

$$\frac{-1+\sqrt{13}}{2} \leqq a \leqq \sqrt{3}$$

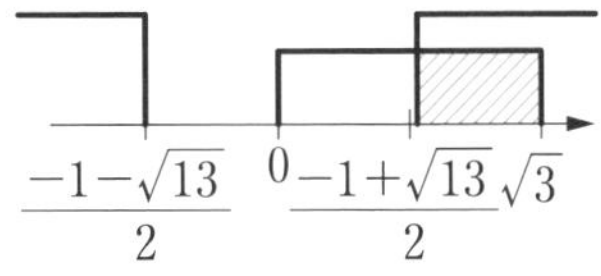

答え $\frac{キク+\sqrt{ケコ}}{サ}$: $\frac{-1+\sqrt{13}}{2}$

(2) 定義域が存在する条件 $a^2-3<a$,

つまり,

$$\frac{1-\sqrt{13}}{2}<a<\frac{1+\sqrt{13}}{2} \quad \cdots☆$$

はじめに解いた不等式

そもそも定義域が存在するためには（定義域の左端）<（定義域の右端）を満たす必要があるよ。

のもとで, $a^2-3 \leqq x \leqq a$ における最大値が $f(a^2-3)$ で, 最小値が $f(a)$ であるためには, **軸が定義域の左側にあればいいね。**

よって, 軸は $x=0$ だから,

求める条件は, $0 \leqq a^2-3$

これを解くと, $a \leqq -\sqrt{3}$, $\sqrt{3} \leqq a$

したがって, ☆とあわせると,

最大値が $f(a^2-3)$, 最小値が $f(a)$ となる条件は,

$$\sqrt{3} \leqq a < \frac{1+\sqrt{13}}{2} \quad \cdots①$$

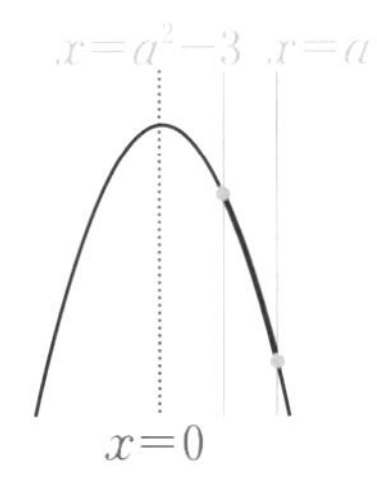

答え $\sqrt{シ}$: $\sqrt{3}$

$L=f(a^2-3)-f(a)$ のとりうる値の範囲を求めていくよ！

まずは L を計算すると,

$$L=f(a^2-3)-f(a)=\{-(a^2-3)^2+1\}-(-a^2+1)$$
$$=-a^4+7a^2-9$$

$t=a^2$ とおくと, $a^4=(a^2)^2$ だから

$$L=-t^2+7t-9$$

答え ス：－　セ：7　ソ：9

ここで重要なのが，$t=a^2$ のようにカタマリを**新しい文字で置いたら，その文字の範囲を確認**すること！

今回の a の範囲は $\sqrt{3} \leqq a < \dfrac{1+\sqrt{13}}{2}$ であるから，すべての辺が正だから2乗して，

$$(\sqrt{3})^2 \leqq a^2 < \left(\frac{1+\sqrt{13}}{2}\right)^2$$

右辺を展開すると，

$$\left(\frac{1+\sqrt{13}}{2}\right)^2 = \frac{1+2\sqrt{13}+13}{4} = \frac{7+\sqrt{13}}{2}$$

$t=a^2$ より，

$$3 \leqq t < \frac{7+\sqrt{13}}{2}$$

となるんだ。

答え $\dfrac{\text{タ}+\sqrt{\text{テツ}}}{\text{テ}}$: $\dfrac{7+\sqrt{13}}{2}$

L の範囲を求めるには，$3 \leqq t < \dfrac{7+\sqrt{13}}{2}$ における L の最大値と最小値を求めればいいね。つまり，**頂点が定義域に含まれているか**と，3と $\dfrac{7+\sqrt{13}}{2}$ のうち**軸から遠いほうはどちらか**を調べよう！

まずは t の2次関数である L の平方完成をしよう。

$$\begin{aligned} L &= -t^2+7t-9 \\ &= -\left(t^2-7t+\frac{49}{4}-\frac{49}{4}\right)-9 \\ &= -\left(t-\frac{7}{2}\right)^2+\frac{13}{4} \end{aligned}$$

$g(t) = -\left(t-\dfrac{7}{2}\right)^2+\dfrac{13}{4}$ とおくと，

$L=g(t)$ のグラフは軸が $t=\dfrac{7}{2}$ の**上に凸**の2次関数だね。

軸 $t=\dfrac{7}{2}$ と定義域 $3 \leqq t < \dfrac{7+\sqrt{13}}{2}$ について，

$$3 < \frac{7}{2} < \frac{7+\sqrt{13}}{2}$$

だから，軸は定義域のなかに入っている。

次に，3，$\dfrac{7+\sqrt{13}}{2}$ のどちらが軸から離れてるか調べよう！

$\dfrac{7}{2}-3$ と $\dfrac{7+\sqrt{13}}{2}-\dfrac{7}{2}$ の大小を比較すると，

$$\frac{7}{2}-3=\frac{1}{2}\left(3\text{と}\frac{7}{2}\text{の距離}\right)$$

$$\frac{7+\sqrt{13}}{2}-\frac{7}{2}=\frac{\sqrt{13}}{2}$$

$$\left(\frac{7+\sqrt{13}}{2}\text{と}\frac{7}{2}\text{の距離}\right)$$

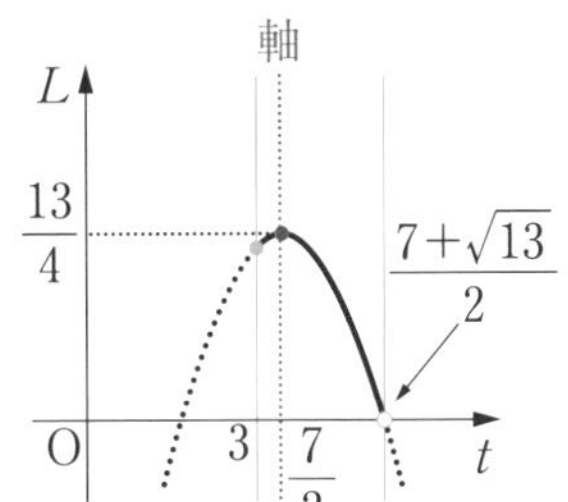

$\dfrac{1}{2}<\dfrac{\sqrt{13}}{2}$ より，3のほうが軸に近いことがわかるね。

よって，$3\leqq t<\dfrac{7+\sqrt{13}}{2}$ において L は

$t=\dfrac{7}{2}$ のとき，最大値 $g\left(\dfrac{7}{2}\right)=\dfrac{13}{4}$ をとり，

$t=\dfrac{7+\sqrt{13}}{2}$ のとき，最小値 $g\left(\dfrac{7+\sqrt{13}}{2}\right)=-\left(\dfrac{7+\sqrt{13}}{2}-\dfrac{7}{2}\right)^2+\dfrac{13}{4}=0$

をとる。

したがって，L の範囲は

$$0<L\leqq\frac{13}{4}$$

答え ト：0　$\dfrac{\text{ナニ}}{\text{ヌ}}$：$\dfrac{13}{4}$

また，$L=\dfrac{13}{4}$ となるのは，頂点のときだから，$t=\dfrac{7}{2}$ のときだね。

答え $\dfrac{\text{ネ}}{\text{ノ}}$：$\dfrac{7}{2}$

SECTION 2　2次関数

2 軸移動，解の差の公式

過去問にチャレンジ

aを正の実数とし

$f(x)=ax^2-2(a+3)x-3a+21$

とする。

2次関数$y=f(x)$のグラフの頂点のx座標をpとおくと

$p=$ ア $+\dfrac{\text{イ}}{a}$

である。

(1) $0\leqq x\leqq 4$における関数$y=f(x)$の最小値が$f(4)$となるようなaの値の範囲は

$0<a\leqq$ ウ

である。

また，$0\leqq x\leqq 4$における関数$y=f(x)$の最小値が$f(p)$となるようなaの値の範囲は

エ $\leqq a$

である。

したがって，$0\leqq x\leqq 4$における関数$y=f(x)$の最小値が1であるのは

$a=\dfrac{\text{オ}}{\text{カ}}$ または $a=\dfrac{\text{キ}+\sqrt{\text{クケ}}}{\text{コ}}$

のときである。

(2) 関数$y=f(x)$のグラフがx軸と異なる2点で交わるのは

$0<a<\dfrac{\text{サ}}{\text{シ}}$ または ス $<a$

のときである。

この二つの交点の間の距離をLとする。$2<L<4$となるようなaの値の範囲は

$$\frac{\boxed{セ}}{\boxed{ソ}}<a<\frac{\boxed{タ}-\sqrt{\boxed{チツ}}}{\boxed{テ}},\quad \frac{\boxed{ト}+\sqrt{\boxed{ナニ}}}{\boxed{ヌ}}<a$$

である。

(2018年度センター本試験・改)

まずは，頂点のx座標を求めよう。
これは次の公式を覚えておくと便利だよ！

放物線 $y=ax^2+bx+c\ (a\neq 0)$

軸の方程式は $x=-\dfrac{b}{2a}$

$$p=-\frac{\{-2(a+3)\}}{2a}$$

$$=\frac{a+3}{a}$$

$$=1+\frac{3}{a}$$

と素早く求めてしまおう！

答え ア：1　イ：3

【別解】

頂点のx座標を求めるために$f(x)$を平方完成することもできる。ただ，この問題では頂点のy座標はきかれていないから，余計な計算がちょっと増えてしまうんだ。共通テストは時間も限られているので，効率よく解いていきたいね！

$$f(x)=ax^2-2(a+3)x-3a+21$$

$$=a\left\{x^2-\frac{2(a+3)}{a}x\right\}-3a+21$$

$$=a\left\{\left(x-\frac{a+3}{a}\right)^2-\left(\frac{a+3}{a}\right)^2\right\}-3a+21$$

$$=a\left(x-\frac{a+3}{a}\right)^2-a\cdot\frac{a^2+6a+9}{a^2}-3a+21$$

$$=a\left(x-\frac{a+3}{a}\right)^2-\left(a+6+\frac{9}{a}\right)-3a+21$$

$$=a\left(x-\frac{a+3}{a}\right)^2-4a-\frac{9}{a}+15$$

(1)　$0 \leqq x \leqq 4$のときに$x=4$（定義域の右端）で最小値をとるためには，図のように放物線の軸が**定義域の右側**にあればいいね！

つまり，$p \geqq 4$を満たせばいいわけだ。

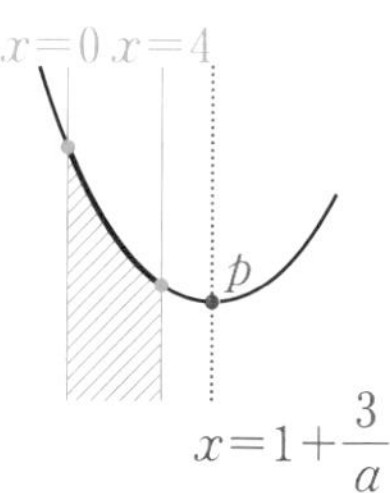

よって，

$$1+\frac{3}{a} \geqq 4$$

$$\frac{1}{a} \geqq 1$$

aは正の実数だから，求めるaの範囲は，

$$0<a \leqq 1$$

答え　ウ：1

次に，$0 \leqq x \leqq 4$における関数$y=f(x)$の最小値が$f(p)$となるようなaの値の範囲を求めよう。

図のように，放物線の軸が**定義域内**にあれば最小値は$f(p)$となるね。つまり，$0 \leqq p \leqq 4$を満たせばいいわけだ。

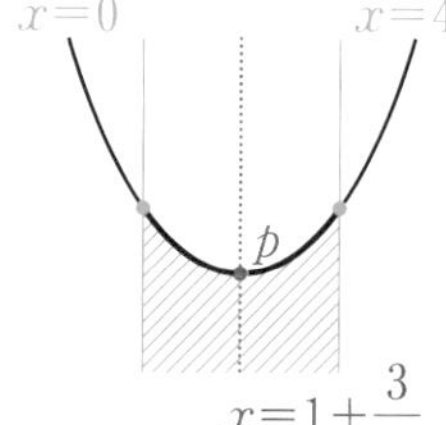

よって，

$$0 \leqq 1+\frac{3}{a} \leqq 4$$

$$-\frac{1}{3} \leqq \frac{1}{a} \leqq 1$$

aは正の実数であり，$\frac{1}{a}>0$となるから，

$$0<\frac{1}{a} \leqq 1$$

求めるaの範囲は，

$$a \geqq 1$$

答え　エ：1

さらに，$0 \leqq x \leqq 4$における関数$y=f(x)$の最小値が1になるときのaの値を求めていこう！

$f(x)$の最小値は，**定義域と放物線の軸の位置関係によって変化する**わけだね。図を見てみよう。

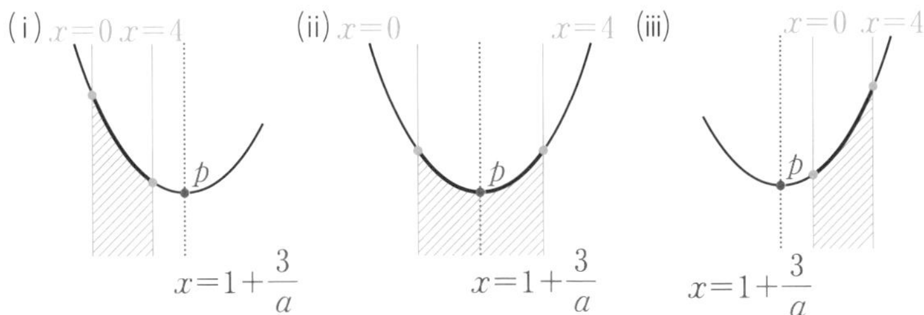

図の(i)のとき最小値は$f(4)$になり，(ii)のとき最小値$f(p)$になるね。ここで，(iii)の場合（最小値が$f(0)$になる場合）について，放物線の軸が定義域の左側にある状態だけど，$p=1+\frac{3}{a}$は常に正の値をとるから，$p\leqq 0$になることはない。つまり，**$f(0)$が最小値になることはない**から，(i)(ii)の場合で考えればいいんだ。

(i)のとき，つまり，$0<a\leqq 1$のとき，最小値は$f(4)$だったね。
これが1になるときを考えるから，$f(4)=1$
ゆえに，

$$16a-8(a+3)-3a+21=1$$

これを解くと，

$$a=\frac{4}{5}$$

この値は，$0<a\leqq 1$を満たしているから，求めるaの1つとなる。

答え **オ/カ**：$\frac{4}{5}$

(ii)のとき，つまり，$a\geqq 1$のとき，最小値は$f(p)$だったね。
これが1になるときを考えるから，$f(p)=1$
ゆえに，

$$-4a-\frac{9}{a}+15=1$$

を解けばいい。
整理して両辺をa倍すると，

$$4a^2-14a+9=0$$

SECTION 2 2次関数

となる。因数分解できないから，**解の公式**を用いると，

$$a=\frac{7\pm\sqrt{13}}{4}$$

が得られるね。このうち，$a=\dfrac{7-\sqrt{13}}{4}$は，$a\geqq 1$を満たさないから，

求めるaの値のもう1つは，$\dfrac{7+\sqrt{13}}{4}$ということだ！

答え $\dfrac{\text{キ}+\sqrt{\text{クケ}}}{\text{コ}}$: $\dfrac{7+\sqrt{13}}{4}$

(2) 関数$y=f(x)$のグラフがx軸と異なる2点で交わる場合を考えよう。これは，$f(x)=0$の判別式をDとしたときに，$D>0$であればいいね。

$$\frac{D}{4}=\{-(a+3)\}^2-a(-3a+21)$$

$$=(a+3)^2+3a^2-21a$$

$$=4a^2-15a+9$$

$D>0$より，

$$4a^2-15a+9>0$$

$$(4a-3)(a-3)>0$$

$$a<\frac{3}{4},\ 3<a$$

したがって，$0<a<\dfrac{3}{4}$，$3<a$ ……①

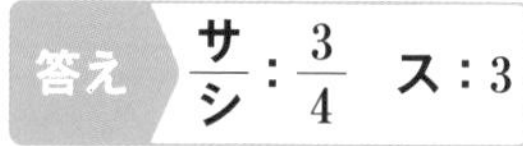

次に，2交点の距離Lを求めていこう。

$y=f(x)$のグラフとx軸の交点のx座標は，①のもとで，$f(x)=0$の2つの実数解になる。この2解をα，$\beta(\alpha<\beta)$とすると，

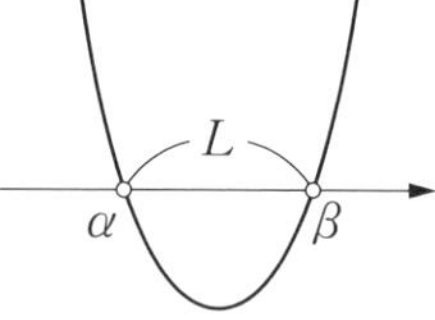

$$L=\beta-\alpha$$

$f(x)=0$の解は$x=\dfrac{a+3\pm\sqrt{\dfrac{D}{4}}}{a}$だから,

$$\alpha=\frac{a+3-\sqrt{\dfrac{D}{4}}}{a},\quad \beta=\frac{a+3+\sqrt{\dfrac{D}{4}}}{a}$$

となるね。あえて$\sqrt{}$の中身は
判別式Dで表しているよ。

判別式Dは解の公式の$\sqrt{}$の中身だったね!
$ax^2+2b'x+c=0$のときは,
$x=\dfrac{-b'\pm\sqrt{\dfrac{D}{4}}}{a}$

したがって,

$$\begin{aligned}L&=\beta-\alpha\\&=\frac{a+3+\sqrt{\dfrac{D}{4}}}{a}-\frac{a+3-\sqrt{\dfrac{D}{4}}}{a}\\&=\frac{2\sqrt{\dfrac{D}{4}}}{a}\\&=\frac{2\sqrt{4a^2-15a+9}}{a}\end{aligned}$$

よって,$2<L<4$から,

$$2<\frac{2\sqrt{4a^2-15a+9}}{a}<4$$

$$a<\sqrt{4a^2-15a+9}<2a$$

さて,この不等式を次の
(ア)$a<\sqrt{4a^2-15a+9}$,(イ)$\sqrt{4a^2-15a+9}<2a$
に分けて解いていこう。

(ア) $a<\sqrt{4a^2-15a+9}$より,両辺は正だから2乗して,

$$a^2<4a^2-15a+9$$

$$a^2-5a+3>0$$

よって,$a<\dfrac{5-\sqrt{13}}{2}$,$\dfrac{5+\sqrt{13}}{2}<a$ ……②

(イ) $\sqrt{4a^2-15a+9}<2a$より,両辺は正だから2乗して,

$$4a^2-15a+9<4a^2$$

よって，$a>\dfrac{3}{5}$　……③

求めるaの値の範囲は，①，②，③の共通範囲であるから，

$$\frac{3}{5}<a<\frac{5-\sqrt{13}}{2},\quad \frac{5+\sqrt{13}}{2}<a$$

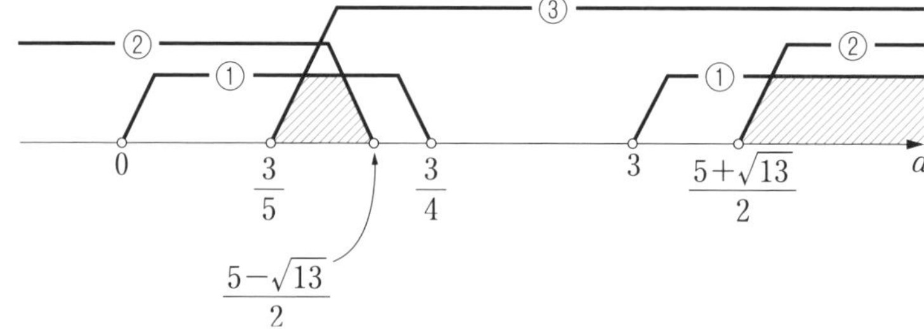

答え　$\dfrac{\text{セ}}{\text{ソ}}$：$\dfrac{3}{5}$　$\dfrac{\text{タ}-\sqrt{\text{チツ}}}{\text{テ}}$：$\dfrac{5-\sqrt{13}}{2}$　$\dfrac{\text{ト}+\sqrt{\text{ナニ}}}{\text{ヌ}}$：$\dfrac{5+\sqrt{13}}{2}$

2次方程式が異なる2つの実数解をもつとき，それらの差（大きい解から小さい解を引いた値）は，判別式Dを用いて簡単に表すことができる。
公式として覚えてしまおう。

2次方程式の解の差の公式

$ax^2+bx+c=0\ (a\neq 0)$　……①

$ax^2+2bx+c=0\ (a\neq 0)$　……②

①において，2解を$x=\alpha,\beta(\alpha<\beta)$とすると，$\beta-\alpha=\dfrac{\sqrt{D}}{|a|}$

②において，2解を$x=\alpha,\beta(\alpha<\beta)$とすると，$\beta-\alpha=\dfrac{2\sqrt{\dfrac{D}{4}}}{|a|}$

[証明]

①のとき，$x=\dfrac{-b\pm\sqrt{b^2-4ac}}{2a}$ $(D=b^2-4ac)$

②のとき，$x=\dfrac{-b\pm\sqrt{b^2-ac}}{a}$　$\left(\dfrac{D}{4}=b^2-ac\right)$

①において，2解を$x=\alpha$，$\beta(\alpha<\beta)$とすると，

$a>0$のとき，$\alpha=\dfrac{-b-\sqrt{D}}{2a}$，$\beta=\dfrac{-b+\sqrt{D}}{2a}$であるので，

$$\beta-\alpha=\frac{(-b+\sqrt{D})-(-b-\sqrt{D})}{2a}=\frac{2\sqrt{D}}{2a}=\frac{\sqrt{D}}{a}$$

$a<0$のとき，$\alpha=\dfrac{-b+\sqrt{D}}{2a}$，$\beta=\dfrac{-b-\sqrt{D}}{2a}$であるので，

$$\beta-\alpha=\frac{(-b-\sqrt{D})-(-b+\sqrt{D})}{2a}=\frac{-2\sqrt{D}}{2a}=\frac{\sqrt{D}}{-a}$$

以上をまとめると，aの正負によらず，

$$\beta-\alpha=\frac{\sqrt{D}}{|a|}$$

②に関しても同様に導くと，

$$\beta-\alpha=\frac{2\sqrt{\dfrac{D}{4}}}{|a|}$$

POINT

- 最大値・最小値を求めるときは，**頂点が定義域に含まれているか，軸から遠い定義域の端はどこか**を考える！
- カタマリを新しい文字で置きかえたときは，その文字の範囲に気をつけよう！
- $y=ax^2+bx+c$のグラフがx軸から切りとる線分の長さLは，$ax^2+bx+c=0$の2解の差であり，

  $$L=\frac{\sqrt{D}}{|a|}$$

  (Dは$ax^2+bx+c=0$の判別式)

THEME

3 解の配置

ここできめる!

- x軸との共有点の条件から文字定数aの範囲を求めよう。
- 2次方程式の解の配置問題を，グラフを利用して解こう。

1 2次関数のグラフとx軸との共有点

過去問にチャレンジ

aを定数とし，xの2次関数

$y=x^2+2ax+3a^2-6a-36$ ……①のグラフをGとする。Gの頂点の座標は（アa，イa^2-ウ$a-$エオ）である。Gとy軸との交点のy座標をpとする。

(1) $p=-27$のとき，aの値は$a=$カ，キクである。
$a=$カのときの①のグラフをx軸方向にケ，y軸方向にコだけ平行移動すると，$a=$キクのときの①のグラフに一致する。

(2) Gがx軸と共有点をもつようなaの値の範囲を表す不等式はサシ ス a セ ソ ……②である。
aが②の範囲にあるとき，pは，$a=$タで最小値チツテをとり，$a=$トで最大値ナニをとる。

(3) 方程式$x^2+2ax+3a^2-6a-36=0$が-1より大きい2つの実数解（重解を含む）をもつようなaの値の範囲を表す不等式はヌネ ノ a ハ $\frac{\text{ヒフ}}{\text{へ}}$である。

ス，セ，ノ，ハ の解答群（同じものを繰り返し選んでもよい。）

⓪ $>$　① $<$　② $\geqq$　③ $\leqq$

（2014年度センター本試験・改）

まずは，**頂点の座標**を求める問題だ！　平方完成をしよう。

$$y=x^2+2ax+3a^2-6a-36$$
$$=x^2+2ax+a^2-a^2+3a^2-6a-36$$
$$=(x+a)^2+2a^2-6a-36$$

よって，Gの頂点の座標は$(-a,\ 2a^2-6a-36)$

答え ア：－　イ：2　ウ：6　エオ：36

(1)　pはGとy軸との交点のy座標なので，

$y=x^2+2ax+3a^2-6a-36$に$x=0$を代入すると，

$$y=3a^2-6a-36$$

よって，$p=3a^2-6a-36$

$p=-27$のとき

$$-27=3a^2-6a-36$$
$$a^2-2a-3=0$$
$$(a-3)(a+1)=0$$
$$a=3,\ -1$$

xの定数項がy切片のy座標
$y=x^2+2ax+\mathbf{3a^2-6a-36}$

答え カ：3　キク：－1

放物線の平行移動では**頂点の動きに注目**しよう！

$a=3$のとき，Gの頂点$(-a,\ 2a^2-6a-36)$は，$a=3$を代入して$(-3,\ -36)$

同様にして，$a=-1$のとき，Gの頂点の座標は$(1,\ -28)$

したがって，$a=3$のときのGをx軸方向に4，y軸方向に8だけ平行移動すると，$a=-1$のときのGに一致するね。

答え ケ：4　コ：8

(2)　Gがx軸と共有点をもつためのaの値の範囲を求めるよ！

x軸と共有点をもつといわれたら判別式$D \geqq 0$（重解も含む）でもいいけど，Gの頂点がすでに求めてあることを利用しよう。

下に凸の2次関数がx軸と共有点をもつのは，**頂点がx軸上またはx軸より下にあればいい**ね。

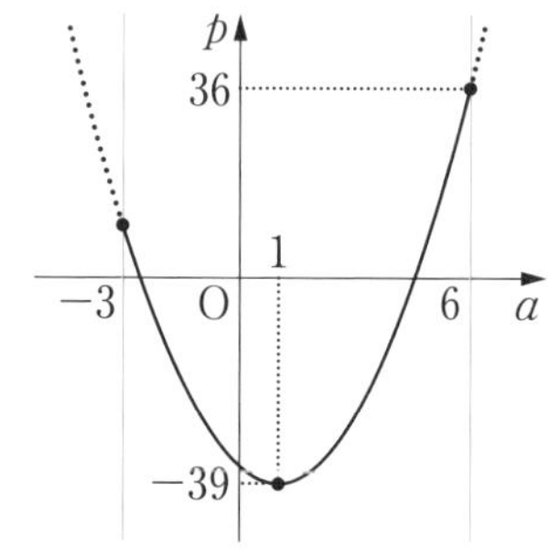

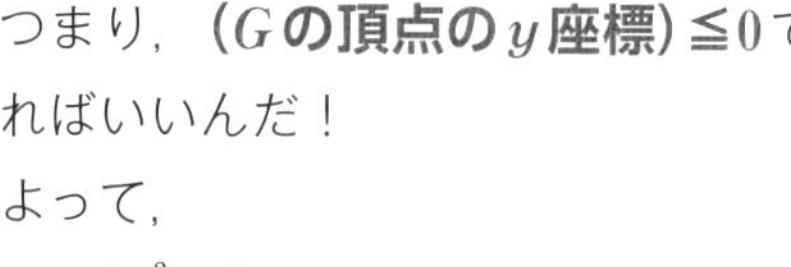

つまり，**（Gの頂点のy座標）**$\leqq 0$であればいいんだ！

よって，

$$2a^2-6a-36 \leqq 0$$

$$(a+3)(a-6) \leqq 0$$

したがって，$-3 \leqq a \leqq 6$　……②

答え　サシ：-3　ス：③　セ：③　ソ：6

このように，x軸との共有点の個数は，「判別式」と「頂点のy座標」の2通りの考え方があるけど，問題によって，より楽な解き方を選ぶのも数学では重要な力なんだ！

つぎは，pの最大値，最小値を求めにいくよ。平方完成をすると，

$$p=3a^2-6a-36=3(a-1)^2-39$$

$-3 \leqq a \leqq 6$において，

pの最小値は頂点$(1,\ -39)$のときだから，

$a=1$で-39

pの最大値は頂点からより遠いほうの端点だから，

$a=6$で$3 \cdot 6^2-6 \cdot 6-36=36$

答え　タ：1　チツテ：-39　ト：6　ナニ：36

(3)　さぁついに，**解の配置**の問題だ！

方程式$x^2+2ax+3a^2-6a-36=0$の実数解は**Gとx軸の共通点**に注目すればいいね。つまり，Gがx軸と共有点をもち，さらにそのすべての共有点のx座標が-1より大きくなるようなaの値の範囲を求めればいいんだ。

このような，解の配置の問題では，グラフの**「頂点の y 座標（判別式）」「軸の位置」「端点・境界点の符号」**に注目して範囲を求めるよ！

$f(x)=x^2+2ax+3a^2-6a-36$ とおくと，頂点は $(-a,\ 2a^2-6a-36)$ より x 軸と共有点をもつから，

（頂点の y 座標）$\leqq 0$

つまり，$2a^2-6a-36\leqq 0$

②より，$-3\leqq a\leqq 6$　　……③

軸は $x=-1$ より右に存在する必要があるから，**（軸）>-1**

つまり，$-a>-1$

$a<1$　　……④

今回，境界となってるのは $x=-1$ だから，

$x=-1$ のときの**境界点の y 座標 $f(-1)$ の符号は正**

つまり，$f(-1)>0$

$3a^2-8a-35>0$

$(3a+7)(a-5)>0$

$a<-\dfrac{7}{3}$，$5<a$　　……⑤

③～⑤のすべてを満たす必要があるから，共通範囲を求めると，

$-3\leqq a<\dfrac{-7}{3}$

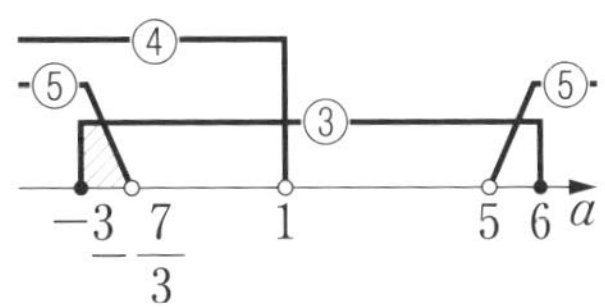

答え　ヌネ：-3　ノ：③　ハ：①　$\dfrac{ヒフ}{ヘ}$：$\dfrac{-7}{3}$

POINT

グラフを使って**「頂点の y 座標（判別式）」「軸の位置」「端点・境界点の符号」**に注目して範囲を求める！

THEME 4

方程式・不等式

ここできめる！

- 文字定数を含んだ2次関数や2次方程式・不等式の問題を解けるようになろう。
- 連立不等式の解の条件を数直線上に表そう。

1 連立不等式

過去問にチャレンジ

aを1以上の定数とし，xについての連立不等式

$$\begin{cases} x^2+(20-a^2)x-20a^2\leqq 0 & \cdots\cdots① \\ x^2+4ax\geqq 0 & \cdots\cdots② \end{cases}$$

を考える。このとき，不等式①の解は［アイウ］$\leqq x\leqq a^2$である。

また，不等式②の解は$x\leqq$［エオ］a，［カ］$\leqq x$である。

この連立不等式を満たす負の実数が存在するようなaの値の範囲は$1\leqq a\leqq$［キ］である。

（2016年度センター本試験・改）

連立不等式は難しく見えるけど，①，②の不等式をそれぞれ解いて，解の共通部分を考えればいいだけなんだ。
まずは，それぞれの不等式を解いていこう。

2次不等式

$ax^2+bx+c>0$ $(a\neq 0)$などの2次不等式を解くには，
$y=ax^2+bx+c$ $(a\neq 0)$のグラフをかく。

不等式①の左辺を因数分解すると，

$$(x-a^2)(x+20) \leqq 0$$

$a \geqq 1$ より $a^2 \geqq 1$ であるから，$-20 < a^2$ であることがわかるね。

よって，$-20 \leqq x \leqq a^2$　　……①′

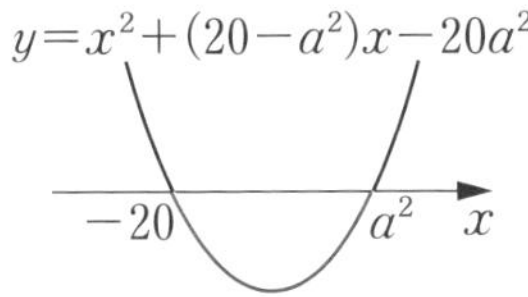

答え　アイウ：−20

不等式②の左辺を因数分解すると，

$$x(x+4a) \geqq 0$$

$a \geqq 1$ より $-4a \leqq -4$ であるから，
$-4a < 0$ であることがわかるね。

よって，$x \leqq -4a$，$0 \leqq x$　……②′

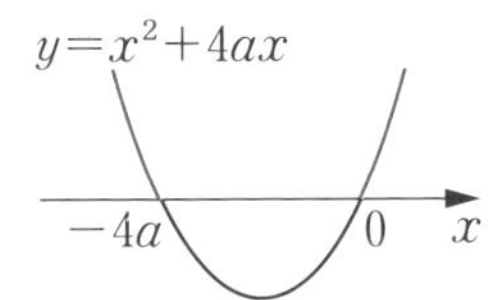

答え　エオ：−4　カ：0

よって，この連立不等式の解は，**①′，②′ の共通部分**ということになる。

ここで，$-4a$ と -20 の大小関係によって，右の図1と図2のように2つの場合が考えられるんだけど，連立不等式を満たす負の実数が存在するとき，図1のようになる必要があるね。

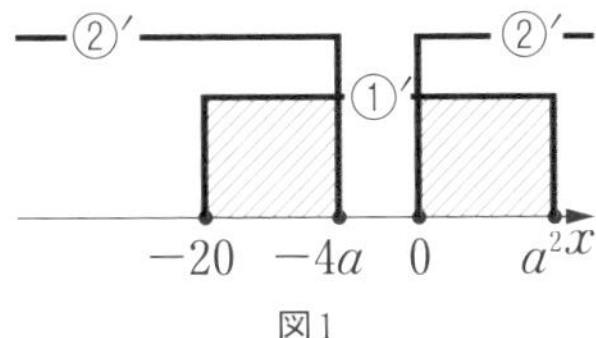

図1

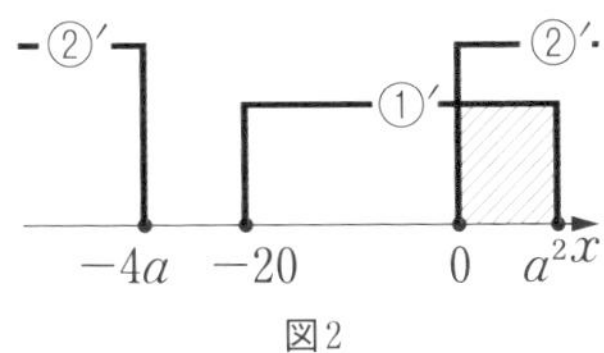

図2

したがって，a の値の範囲は，

$$-20 \leqq -4a \leqq 0$$

よって，$0 \leqq a \leqq 5$

$a \geqq 1$ より，$1 \leqq a \leqq 5$

となるんだね！

答え　キ：5

2 方程式の解の個数

過去問にチャレンジ

aを定数とし，次の2つの関数を考える。

$$f(x)=(1-2a)x^2+2x-a-2$$
$$g(x)=(a+1)x^2+ax-1$$

(1) 関数$y=g(x)$のグラフが直線になるのは，$a=$ アイ のときである。このとき，関数$y=f(x)$のグラフとx軸との交点のx座標は ウエ と $\dfrac{\text{オ}}{\text{カ}}$ である。

(2) 関数$y=f(x)$のグラフと$y=g(x)$のグラフが平行移動によって重なるのは，$a=$ キ のときである。このとき，関数$y=g(x)$のグラフは関数$y=f(x)$のグラフをx軸方向に ク ，y軸方向に ケ だけ平行移動したものになっている。

(3) 方程式$f(x)+g(x)=0$がただ1つの実数解をもつのは，aの値が$\pm\dfrac{\text{コ}\sqrt{\text{サシ}}}{\text{ス}}$， セ のときである。

(4) 不等式$f(x)+g(x)\geqq -2ax^2+5(a+2)x+a^2-6$を満たす$x$の値の範囲は，$a=$ ソタ のとき$1\leqq x\leqq 3$となり，$a=$ チツ のとき$x\leqq 1$，$3\leqq x$となる。

(2017年度センター追試験)

(1) 2次関数の単元において，x^2の係数が0になるときは，グラフは直線を表すから，x^2の係数が文字のときは要注意だ！

$y=g(x)$のグラフが直線となるのは，(x^2の係数)$=0$だから

$$a+1=0$$

よって，$a=-1$

答え アイ：-1

4 方程式・不等式

$a=-1$ のとき，$f(x)=3x^2+2x-1$ となるから，
$y=f(x)$ のグラフと x 軸 $(y=0)$ との交点の x 座標は，

$$3x^2+2x-1=0$$
$$(x+1)(3x-1)=0$$

よって，$x=-1,\ \dfrac{1}{3}$

答え ウエ：-1　オ/カ：$\dfrac{1}{3}$

(2)　$y=f(x)$ のグラフと $y=g(x)$ のグラフが平行移動によって重なるには，それぞれのグラフの **2次関数の開き具合が一致**すればいいね！　つまり，x^2 の係数が一致すればいいから，

$$1-2a=a+1$$
$$a=0$$

答え キ：0

どれだけ平行移動したかを求めるときは，**頂点の座標に注目するといいよ。**

このとき，

$$f(x)=x^2+2x-2$$
$$=(x+1)^2-3$$

よって，$y=f(x)$ の頂点は $(-1,\ -3)$
また，$g(x)=x^2-1$ より，
$y=g(x)$ の頂点は $(0,\ -1)$ だから，
$y=g(x)$ のグラフは $y=f(x)$ のグラフを x 軸方向に1，y 軸方向に2だけ平行移動したものになっているね。

答え ク：1　ケ：2

(3)　$f(x)+g(x)=(1-2a)x^2+2x-a-2+(a+1)x^2+ax-1$
$\qquad\qquad\qquad =(2-a)x^2+(a+2)x-a-3$

2次関数の単元で「ただ一つの実数解をもつ」と言われたら，反射的に「判別式 $D=0$ だ!!」としたくなるけど，実は注意が必要なんだ。**判別式や解の公式は2次方程式のときでしか使えない**から今回の問題のように，x^2 の係数に文字があるときは x^2 の係数が0になって1次方程式になる場合がある。つまり，**x^2 の係数が0かどうかで場合分けをする必要がある**よ！

(i)　$2-a=0$ すなわち $a=2$ のとき，

$$f(x)+g(x)=4x-5$$

だから，$f(x)+g(x)=0$ は1次方程式だ。

したがって，ただ1つの実数解をもつね。

実際に解いてみると，
$4x-5=0$ だから $x=\frac{5}{4}$ だね。

(ii)　$2-a \neq 0$ すなわち $a \neq 2$ のとき，

$f(x)+g(x)=0$ は2次方程式になるから判別式を D とすると，

$$D=(a+2)^2-4(2-a)(-a-3)=-3a^2+28$$

2次方程式 $f(x)+g(x)=0$ がただ1つの実数解をもつのは，
$D=0$ のときだから，

$$-3a^2+28=0$$

$$a^2=\frac{28}{3}$$

したがって，$a=\pm\sqrt{\frac{28}{3}}=\pm\frac{2\sqrt{21}}{3}$

以上から，方程式 $f(x)+g(x)=0$ がただ1つの実数解をもつとき

$$a=\pm\frac{2\sqrt{21}}{3},\ 2$$

答え　$\pm\frac{\text{コ}\sqrt{\text{サシ}}}{\text{ス}}$：$\pm\frac{2\sqrt{21}}{3}$　**セ**：2

(4)　(3)から $f(x)+g(x) \geqq -2ax^2+5(a+2)x+a^2-6$ は

$$(2-a)x^2+(a+2)x-a-3 \geqq -2ax^2+5(a+2)x+a^2-6$$

$$(a+2)x^2-4(a+2)x-a^2-a+3 \geqq 0 \quad \cdots\cdots①$$

$h(x)=(a+2)x^2-4(a+2)x-a^2-a+3$ とおくと，

①の不等式は $h(x) \geqq 0$ となる。解が $1 \leqq x \leqq 3$ となるには右図のように，$y=h(x)$ のグラフと x 軸が $x=1,\ 3$ で交わり上に凸だったらいいね！

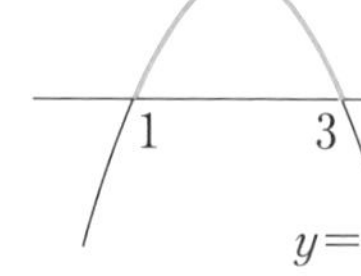

したがって，

$h(1)=0$ かつ $h(3)=0$ かつ $a+2<0$

であればいいんだ。

上に凸ということは，
x^2 の係数は負

$h(1)=0$ より，

$$(a+2)-4(a+2)-a^2-a+3=0$$
$$a^2+4a+3=0$$
$$(a+1)(a+3)=0$$
$$a=-1,\ -3$$

$h(3)=0$ より，

$$9(a+2)-12(a+2)-a^2-a+3=0$$
$$a^2+4a+3=0$$
$$a=-1,\ -3$$

$a+2<0$ より，$a<-2$

したがって，$h(1)=0$ かつ $h(3)=0$ かつ $a+2<0$ を満たすのは，

$a=-3$

答え ソタ：-3

同様にして，不等式 $h(x)\geqq 0$ となるから，

解が $x\leqq 1$，$3\leqq x$ となるには

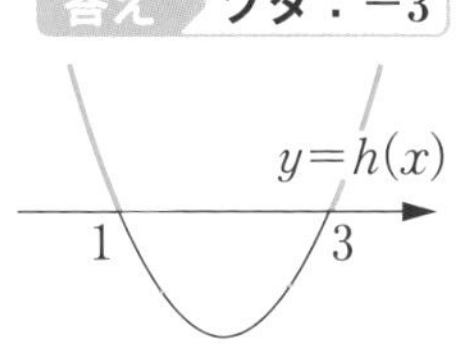

$h(1)=0$ かつ $h(3)=0$ かつ $a+2>0$

であればいいね！

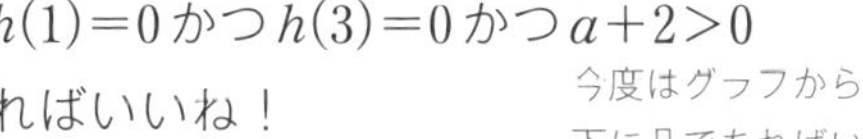

今度はグラフから
下に凸であればいい

$h(1)=0$，$h(3)=0$ より，$a=-1$，-3

$a+2>0$ より $a>-2$ だから求める値は，$a=-1$

答え チツ：-1

POINT

- x^2 の係数に文字があるときは0かどうかを気をつけよう！
- 2次不等式はグラフを考えて解く！

THEME

5 2次関数の活用

ここで
きめる!

- 身のまわりのものを題材にした問題や会話文から，関数を見つけよう。
- 効率よく，2次関数の最大値，最小値などを求めよう。

1 2次関数の最大・最小

過去問にチャレンジ

陸上競技の短距離100 m走では，100 mを走るのにかかる時間（以下，タイムと呼ぶ）は，1歩あたりの進む距離（以下，ストライドと呼ぶ）と1秒あたりの歩数（以下，ピッチと呼ぶ）に関係がある。ストライドとピッチはそれぞれ以下の式で与えられる。

$$\text{ストライド(m/歩)} = \frac{100(\text{m})}{100\text{ mを走るのにかかった歩数(歩)}}$$

$$\text{ピッチ(歩/秒)} = \frac{100\text{ mを走るのにかかった歩数(歩)}}{\text{タイム(秒)}}$$

ただし，100 mを走るのにかかった歩数は，最後の1歩がゴールラインをまたぐこともあるので，小数で表される。以下，単位は必要のない限り省略する。

例えば，タイムが10.81で，そのときの歩数が48.5であったとき，ストライドは$\frac{100}{48.5}$より約2.06，ピッチは$\frac{48.5}{10.81}$より，約4.49である。

なお，小数の形で解答する場合は，指定された桁数の一つ下の桁を四捨五入して答えよ。また，必要に応じて，指定された桁まで⓪にマークせよ。

(1) ストライドをx，ピッチをzとおく。ピッチは1秒あたりの歩数，ストライドは1歩あたりの進む距離なので，1秒あたりの進む距離すなわち平均速度は，xとzを用いて［ア］(m/秒) と表される。

これより，タイム と，ストライド，ピッチとの関係は

$$タイム = \frac{100}{［ア］} \quad \cdots\cdots\cdots ①$$

と表されるので，［ア］が最大になるときにタイムが最もよくなる。ただし，タイムがよくなるとは，タイムの値が小さくなることである。

［ア］の解答群

⓪ $x+z$	① $z-x$	② xz
③ $\frac{x+z}{2}$	④ $\frac{z-x}{2}$	⑤ $\frac{xz}{2}$

(2) 男子短距離100 m走の選手である太郎さんは，①に着目して，タイムが最もよくなるストライドとピッチを考えることにした。

次の表は，太郎さんが練習で100 mを3回走ったときのストライドとピッチのデータである。

	1回目	2回目	3回目
ストライド	2.05	2.10	2.15
ピッチ	4.70	4.60	4.50

また，ストライドとピッチにはそれぞれ限界がある。太郎さんの場合，ストライドの最大値は2.40，ピッチの最大値は4.80である。

太郎さんは，上の表から，ストライドが0.05大きくなるとピッチが0.1小さくなるという関係があると考えて，ピッ

SECTION 2 2次関数

チがストライドの1次関数として表されると仮定した。このとき，ピッチzはストライドxを用いて

$$z = \boxed{イウ}\,x + \frac{\boxed{エオ}}{5} \quad \cdots\cdots\cdots ②$$

と表される。

②が太郎さんのストライドの最大値2.40とピッチの最大値4.80まで成り立つと仮定すると，xの値の範囲は次のようになる。

$\boxed{カ}.\boxed{キク} \leqq x \leqq 2.40$

$y = \boxed{ア}$とおく。②を$y = \boxed{ア}$に代入することにより，yをxの関数として表すことができる。太郎さんのタイムが最もよくなるストライドとピッチを求めるためには，$\boxed{カ}.\boxed{キク} \leqq x \leqq 2.40$の範囲で$y$の値を最大にする$x$の値を見つければよい。このとき，$y$の値が最大になるのは$x = \boxed{ケ}.\boxed{コサ}$のときである。

よって，太郎さんのタイムが最もよくなるのは，ストライドが$\boxed{ケ}.\boxed{コサ}$のときであり，このとき，ピッチは$\boxed{シ}.\boxed{スセ}$である。また，このときの太郎さんのタイムは，①により$\boxed{ソ}$である。

$\boxed{ソ}$の解答群

⓪ 9.68	① 9.97	② 10.09
③ 10.33	④ 10.42	⑤ 10.55

（2021年度共通テスト本試験・改）

まずは，問題の意味を正しく読み取っていこう。

「ストライド」や「ピッチ」など，陸上競技をやっていないと聞き慣れない言葉が出てきていますね。

もちろん，これらの言葉は知らなくても大丈夫だよ。こういう聞き慣れない言葉が出てきたときには，**単位**の関係性に注目するといいんだ。

ストライド（m/歩）

… 1歩あたりの進む距離（m）

ピッチ（歩/秒）

… 1秒あたりの歩数（歩）

ということがわかるね。

⑴ ストライドをx（m/歩），ピッチをz（歩/秒）としたとき，これらの積xzが速さになるんだけど，これも**単位を見ていくとわかりやすい**よ。ストライドとピッチの単位をかけると，

$$\frac{\text{m}}{\cancel{\text{歩}}}\times\frac{\cancel{\text{歩}}}{\text{秒}}=\frac{\text{m}}{\text{秒}}$$

となる。この単位m/秒は，まさに**速さの単位**だね。このことからも，xzが速さを表していることがわかる。

さて，速さがわかれば，100 mのタイムも求められるぞ！

$$\text{タイム}=\frac{100}{xz}\ (\text{秒})\quad\cdots\cdots①$$

がタイムになるんだね。

答え　**ア：②**

⑵ 表と問題文のストライド，ピッチをそれぞれx，zに書きかえてみよう。すると，表は次のようになる。

	1回目	2回目	3回目
x	2.05	2.10	2.15
z	4.70	4.60	4.50

問題文から，**zはxの1次関数として表されると仮定した**わけだから

$$z=ax+b\quad\cdots\cdots(*)$$

と表しておくと，1回目と2回目のx，zの値から，

$$a=\frac{4.60-4.70}{2.10-2.05}=\frac{-0.1}{0.05}=-2$$

(∗)に$a=-2$を代入すると，

$$z=-2x+b \quad \cdots\cdots(∗∗)$$

(∗∗)に2回目のデータを代入すると，

$$4.60=-2\times2.10+b$$

よって，

$$b=8.8=\frac{88}{10}=\frac{44}{5}$$

と求められるから，zをxを用いて表すと，

$$z=-2x+\frac{44}{5} \quad \cdots\cdots②$$

と表されるね。

答え **イウ：−2　エオ：44**

さらに問題文から，

ストライド(x)の範囲は$x\leqq2.40$

ピッチ(z)の範囲は$z\leqq4.80$

となるから，これでxを求めてみよう。

②の**グラフをかく**とイメージがつかみやすいね。

②より，$z=4.80$のとき$x=2.00$とわかるので，xの範囲は，グラフより，

$$2.00\leqq x\leqq2.40 \quad \cdots\cdots③$$

答え **カ.キク：2.00**

続きを見ていこう。

$y=$ ア とおく，とあるので

$$y=xz \quad \cdots\cdots④$$

xzは速さを表していたから，yは太郎君の速さを表しているね。

②により，zはxで表すことができるから，yはxの関数として表すことができる。

④に②を代入し，

$$y=x\left(-2x+\frac{44}{5}\right)$$

よって，$y=-2x^2+\frac{44}{5}x$

xの2次関数が得られたわけだ。

さて，(1)の問題文にもあるとおり，この速さつまりyが最大になるとき，最もタイムが速くなるわけだね。

$$\begin{aligned} y&=-2x^2+\frac{44}{5}x \\ &=-2\left(x^2-\frac{22}{5}x\right) \\ &=-2\left\{\left(x-\frac{11}{5}\right)^2-\frac{121}{25}\right\} \\ &=-2\left(x-\frac{11}{5}\right)^2+\frac{242}{25} \quad \cdots\cdots ⑤ \end{aligned}$$

となり，放物線⑤の軸は$x=\frac{11}{5}$だね。

$\frac{11}{5}=2.2$であるから，③の範囲で最大値を求めると，

$x=\frac{11}{5}=2.2$のとき，yは最大値$\frac{242}{25}$をとることがわかる。

したがって，yが最大となるストライド(x)は2.20となるね。

このとき，ピッチ(z)は，②より，

$$z=-2\cdot\frac{11}{5}+\frac{44}{5}=\frac{22}{5}=4.40$$

答え　ケ.コサ：2.20　シ.スセ：4.40

さぁ，最後にこのときのタイムを求めよう！

①より，タイムは

$$\frac{100}{xz}=\frac{100}{\frac{11}{5}\times\frac{22}{5}}=10.33\cdots \text{（秒）}$$

となるね！

答え　ソ：③

SECTION 2 2次関数

2 2次関数の活用

過去問にチャレンジ

花子さんと太郎さんのクラスでは，文化祭でたこ焼き店を出店することになった。二人は1皿あたりの価格をいくらにするかを検討している。次の表は，過去の文化祭でのたこ焼き店の売り上げデータから，1皿あたりの価格と売り上げ数の関係をまとめたものである。

1皿当たりの価格（円）	200	250	300
売り上げ数（皿）	200	150	100

(1) まず，二人は，上の表から，1皿あたりの価格が50円上がると売り上げ数が50皿減ると考えて，売り上げ数が1皿あたりの価格の1次関数で表されると仮定した。このとき，1皿あたりの価格をx円とおくと，売り上げ数は

アイウ$-x$ ………①

と表される。

(2) 次に，二人は，利益の求め方について考えた。

花子：利益は，売り上げ金額から必要な経費を引けば求められるよ。
太郎：売り上げ金額は，1皿あたりの価格と売り上げ数の積で求まるね。
花子：必要な経費は，たこ焼き用器具の賃貸料と材料費の合計だね。材料費は，売り上げ数と1皿あたりの材料費の積になるね。

二人は，次の三つの条件のもとで，1皿あたりの価格xを用いて利益を表すことにした。

（条件1）　1皿あたりの価格がx円のときの売り上げ数として①を用いる。

（条件2）　材料は，①により得られる売り上げ数に必要な分量だけ仕入れる。

（条件3）　1皿あたりの材料費は160円である。たこ焼き用器具の賃貸料は6000円である。材料費とたこ焼き用器具の賃貸料以外の経費はない。

利益をy円とおく。yをxの式で表すと

$y=-x^2+$ **エオカ** $x-$ **キ** $\times 10000$　　………②

である。

(3)　太郎さんは利益を最大にしたいと考えた。②を用いて考えると，利益が最大になるのは1皿あたりの価格が **クケコ** 円のときであり，そのときの利益は **サシスセ** 円である。

(4)　花子さんは，利益を7500円以上となるようにしつつ，できるだけ安い価格で提供したいと考えた。②を用いて考えると，利益が7500円以上となる1皿あたりの価格のうち，最も安い価格は **ソタチ** 円となる。

（2021年度共通テスト追試験）

(1)　問題文に，**1皿当たりの価格をx円とおく**とあるね。ついでに，売り上げ数もz（皿）とおいてみよう。

1皿当たりの価格が50円上がると売り上げ数が50皿減ると考えてとあるから，**xが50増加すると，zが50減少する**と考えられるね。

売り上げ数(z)が1皿当たりの価格(x)の1次関数で表されるわけだから，変化の割合は，

$$\frac{z\text{の増加量}}{x\text{の増加量}}=\frac{-50}{50}=-1$$

となり，$z=-x+k$と表すことができる。

表から，$x=200$のとき，$z=200$だから，

$200=-200+k$より$k=400$

となるので，

$z=400-x$ ……①

と表されるね。

答え アイウ：400

(2) 利益yをxを用いて表してみよう。

(利益)＝(売り上げ)－(経費)……(*)

だから，まずは売り上げから考えてみよう。

売り上げは**1皿当たりの価格(x)と売り上げ数(z)の積で求まる**とあるから，

$$(\text{売り上げ})=xz=x(400-x)=-x^2+400x \quad \cdots\cdots(**)$$

となるね。

次に経費を求めよう。経費は**たこ焼き用器具の賃貸料と材料費の合計**だね。このうち，たこ焼き用器具の賃貸料は6000円と決まっていて，材料費は1皿あたり160円だから，

$$(\text{経費})=6000+160\times z=6000+160(400-x)$$
$$=-160x+70000 \quad \cdots\cdots(***)$$

よって，(*)(**)(***)より，

$$y=(-x^2+400x)-(-160x+70000)$$
$$=-x^2+560x-7\times10000 \quad \cdots\cdots②$$

となるね。

答え エオカ：560　キ：7

(3) ここからは，単なる2次関数の問題だ。

②の最大値を求めてみよう。

$$y=-x^2+560x-7\times10000$$
$$=-\{(x-280)^2-280^2\}-70000$$
$$=-(x-280)^2+8400$$

よって，$x=280$のときに，yは最大値8400となることがわかるね。

答え クケコ：280　サシスセ：8400

(4) **利益を7500円以上にしつつ，できるだけ安い価格で提供したい**わけだね。これを数学的に言い換えれば，**②が $y \geqq 7500$ を満たすような x の最小値を求める**ということだ。

まずは，$y \geqq 7500$ を考えてみよう。②より，

$$-x^2+560x-70000 \geqq 7500$$
$$x^2-560x+77500 \leqq 0$$
$$(x-250)(x-310) \leqq 0$$

よって，$250 \leqq x \leqq 310$

この範囲の x（1皿あたりの価格）であれば，利益は7500円以上になるんだね。ということで，この範囲の中で一番安い価格は250円ということがわかったぞ！

答え ソタチ：250

【補足】

不等式 $x^2-560x+77500 \leqq 0$ は係数が大きくて扱いが大変だ。

そこで，$a=10$ として式を書き換えてみると，

$$x^2-560x+77500 \leqq 0 \iff x^2-56\times10\times x+775\times10^2 \leqq 0$$
$$\iff x^2-56ax+775a^2 \leqq 0$$

さらに，$775=5^2\times31$ と素因数分解すれば，$775=25\times31$，$56=25+31$ であることに気づくはずだ。すると，

$$x^2-56ax+775a^2 \leqq 0 \iff (x-25a)(x-31a) \leqq 0$$

と左辺が因数分解できるね。

あとは，$a=10$ として元に戻せばOK！

POINT

- **見慣れない問題が出てきても，しっかり誘導に乗ることで「いつもの」問題に帰着できる！**
- **状況を数式で「言いかえる」練習をしておこう！**
- **常に計算の工夫ができないか気をつけておこう！**

THEME

6 総合問題

ここで 働きめる!

- グラフを活用した真偽の判定をマスターしよう。
- $y=ax^2+bx+c$ の係数とグラフの関係を理解しよう。

1 総合問題と会話文

過去問にチャレンジ

p, qを実数とする。花子さんと太郎さんは，次の二つの2次方程式について考えている。

$x^2+px+q=0$ ………①

$x^2+qx+p=0$ ………②

①または②を満たす実数xの個数をnとおく。

(1) $p=-6$のとき，$n=3$になる場合を考える。

花子：例えば，①と②をともに満たす実数xがあるときは，$n=3$になりそうだね。

太郎：それをαとしたら，$\alpha^2-6\alpha+q=0$と$\alpha^2+q\alpha-6=0$が成り立つよ。

花子：なるほど。それならば，α^2を消去すれば，αの値が求められそうだね。

太郎：確かにαの値が求まるけど，実際に$n=3$となっているかどうかの確認が必要だね。

花子：これ以外にも$n=3$となる場合がありそうだね。

$n=3$となるqの値は$q=$ ア ， イ である。ただし，ア < イ とする。

(2) 花子さんと太郎さんはグラフ表示ソフトを用いて，①，②の左辺をyとおいた2次関数$y=x^2+px+q$と$y=x^2+qx+p$のグラフの動きを考えている。

$p=-6$に固定したまま，qの値だけを変化させる。

$y=x^2-6x+q$ ………③

$y=x^2+qx-6$ ………④

の二つのグラフについて，$q=1$のときのグラフを点線で，qの値を1から増加させたときのグラフを実線でそれぞれ表す。このとき，③のグラフの移動の様子を示すと［ウ］となり，④のグラフの移動の様子を示すと［エ］となる。

［ウ］・［エ］の解答群（同じものを繰り返し選んでもよい。なお，x軸とy軸は省略しているが，x軸は右方向，y軸は上方向がそれぞれ正の方向である。）

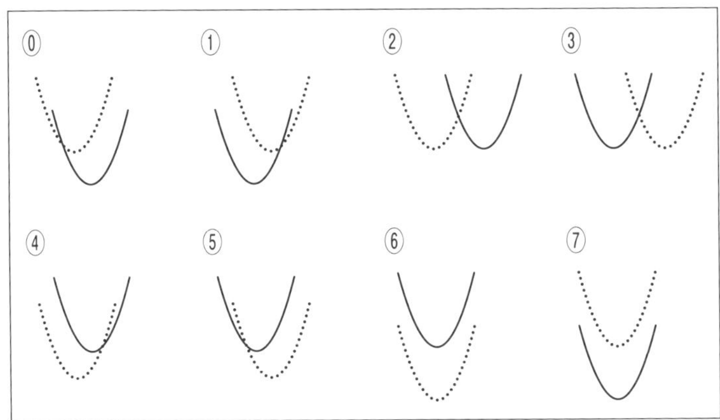

(3) ［ア］$<q<$［イ］とする。全体集合Uを実数全体の集合とし，Uの部分集合A，Bを

$A=\{x\,|\,x^2-6x+q<0\}$

$B=\{x\,|\,x^2+qx-6<0\}$

とする。Uの部分集合Xに対し，Xの補集合を$\overline{X}$と表す。このとき，次のことが成り立つ。

・$x\in A$は，$x\in B$であるための［オ］。

・$x\in B$は，$x\in \overline{A}$であるための［カ］。

SECTION 2 2次関数

オ，カの解答群（同じものを繰り返し選んでもよい。）

⓪　必要条件であるが，十分条件ではない
①　十分条件であるが，必要条件ではない
②　必要十分条件である
③　必要条件でも十分条件でもない

（2022年度共通テスト本試験・改）

(1)　**2つの2次方程式が共通解を持つ問題**だね。

たとえば，$p=4$，$q=-4$としたとき，

$$x^2+4x-4=0 \quad \cdots\cdots①$$

$$x^2-4x+4=0 \quad \cdots\cdots②$$

という2つの2次方程式をそれぞれ解いてみよう。

①を**解の公式**を使って解くと，

$$x=-2+2\sqrt{2},\ -2-2\sqrt{2}$$

②は$(x-2)^2=0$と変形できるから，解は2(重解）となる。ということは，①または②を満たす実数解の個数は3個となるわけだ。

さて，ここからが本題だ！

SECTION 1 THEME 2 **1** でも触れたけど，会話文になっている問題は，会話の流れ自体がヒントになっていることが多い。ただ，**花子さんと太郎くんの会話は一部しか切り取られていないと考えておくこと**も重要だったね。実際に会話を埋めながら解いてみよう。

花子：$p=-6$を①，②に代入すると，

$$x^2-6x+q=0 \quad \cdots\cdots\cdots①$$

$$x^2+qx-6=0 \quad \cdots\cdots\cdots②$$

例えば，（①と②が共通解をもっていれば，①または②を満たす実数解の個数が3個になる場合もありそうじゃない？　①も②も実数解を2個ずつもっていて，しかもそれが全部異なる数だった場合，①または②を満たす実数解の個数は4個になるから，$n=4$でしょ。）

①と②をともに満たす実数xがあるときは，$n=3$になりそうだね。

太郎：それ（①と②をともに満たす実数x）をαとしたら，（これらは①，②の解なんだから，①，②に$x=\alpha$を代入したら等号が成立するよね。つまり，）

$\alpha^2-6\alpha+q=0$と$\alpha^2+q\alpha-6=0$が成り立つよ。

花子：なるほど。それならば，（ただのαとqについての連立方程式なんだから，）α^2を消去すれば，αの値が求められそうだね。

（実際に解いてみようか。

$\alpha^2-6\alpha+q=0$ ……③

$\alpha^2+q\alpha-6=0$ ……④

とすると，④－③より，

$$q\alpha-6-(-6\alpha+q)=0$$
$$(q+6)\alpha-q-6=0$$
$$(q+6)\alpha-(q+6)=0$$
$$(q+6)(\alpha-1)=0$$

これより，$q=-6$または$\alpha=1$となるね。

$q=-6$のときは，①と②が同じ方程式になっちゃうから，共通解はあるけど，$n=3$にはならない。ということは，共通解αは1だ！）

太郎：確かにαの値が求まるけど，実際に$n=3$となっているかどうかの確認が必要だね。

（$\alpha=1$の場合，③より，$1^2-6\cdot1+q=0$

よって，$q=5$となるね。これを①，②に代入すると，

$x^2-6x+5=0$ ………①

$x^2+5x-6=0$ ………②

①を解くと，$(x-1)(x-5)=0$より，$x=1,\ 5$

②を解くと，$(x-1)(x+6)=0$より，$x=1,\ -6$

となるから，たしかに$n=3$になるね！）

花子：これ以外にも$n=3$となる場合がありそうだね。（たとえば，$p=4$，$q=-4$としたときは，共通解はなかったけど，$n=3$になったもんね。つまり片方が重解をもち，片方が異なる2つの解をもつような場合を考えればいいのか！）

SECTION 2 2次関数

というように，無口な2人の代わりに，しっかりと会話を埋めてあげる必要があるんだ。
さて，$n=3$となるqの値を1つ求めることができたけど，最後の花子さんの会話から，他のqの値を求めてみよう。
②は重解をもつことができないから，①が重解をもつ場合を考えてみよう。その場合，$q=9$だね。
$q=9$のとき，
①は，

$x^2-6x+9=0$より$(x-3)^2=0$となるから，$x=3$という解をもつ。

②は，$x^2+9x-6=0$となるから，**解の公式**より，

$$x=\frac{-9\pm\sqrt{105}}{2}$$

となり，2つの実数解をもつ。
ということで，①または②を満たす実数解は3個になるから，
$n=3$となる。
したがって，求める答えは，$q=5$，9

答え ア：5　イ：9

(2)　次は花子さんと太郎さんと一緒にグラフの動きを考えていこう！
$p=-6$を固定して，qの値を1から増加させたときのグラフの動きを考えるよ。qの値を変化させるとグラフは平行移動するから，**頂点**に注目しよう。
まずは，③のグラフの移動の様子を考えてみるよ。

$$y=x^2-6x+q$$

について，平方完成すると，

$$y=(x-3)^2+q-9$$

だから，頂点は$(3,\ q-9)$だね。
qの値を大きくすると，**頂点のx座標は変化せずにy座標だけ大きくなる**から，グラフは**y軸の正の方向（上方向）**に軸は変えずに平行移動するね。
よって，点線のグラフの真上に実線のグラフがあればいいから，

6 総合問題

選ぶグラフは⑥だ！

答え ウ：⑥

次に，④のグラフの移動の様子を考えてみるよ。

$$y=x^2+qx-6 \quad \cdots\cdots ④$$

について，平方完成すると，

$$y=\left(x+\frac{q}{2}\right)^2-\frac{q^2}{4}-6$$

だから，頂点は$\left(-\frac{q}{2},\ -\frac{q^2}{4}-6\right)$だね。

qの値を大きくすると，$-\frac{q}{2}$も$-\frac{q^2}{4}-6$も小さくなるから，

グラフは**x軸の負の方向とy軸の負の方向**に平行移動するね。

よって，点線のグラフの左下に実線のグラフがあればいいから，

選ぶグラフは①だ！

答え エ：①

(3)　2次不等式は**2次関数のグラフとx軸の上下関係で考える**から，
$y=x^2-6x+q$……③と$y=x^2+qx-6$……④のグラフについて，
$5<q<9$の範囲で考えていこう！

$q=5$のときは，(2)より，③の解は$x=1,\ 5$，④の解は$x=-6,\ 1$
$x=1$を共通解にもつから，右の図の点線のようなグラフになるね。
$q=9$のときのグラフについては，
(2)，(3)をつかって考えると，
③のグラフは

(1)より，①は$x=3$（重解）で，

(2)より，$q=5$のときの④のグラフをy軸の正の方向（**上方向**）に平行移動したものだ。

④のグラフは

(1)より，②は$x=\frac{9\pm\sqrt{105}}{2}$で，

(2)より，$q=5$のときのグラフをx**軸方向の負の方向と**y**軸方向の負の方向**に平行移動したものだ。

また，y**切片は**q**の値に関係なく**-6**であること**に注意すると，右の図の実線のようなグラフになる。

したがって，$5<q<9$のときの③，④のグラフの位置関係と集合A，Bの範囲，つまり，$x^2-6x+q<0$と$x^2+qx-6<0$の解の範囲は右の図のようになるね。

この図がかければもう一息だ！

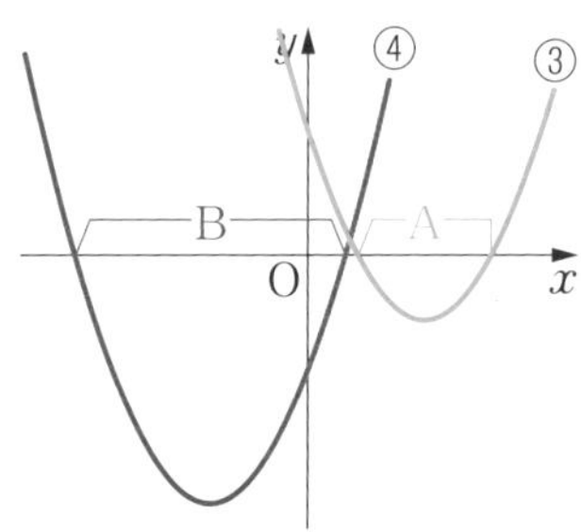

このとき，

「$x \in A \Longrightarrow x \in B$」は**偽**，「$x \in B \Longrightarrow x \in A$」も**偽**だから，

$x \in A$は$x \in B$であるための**必要条件でも十分条件でもない**ことがわかる。

答え **オ：③**

また，集合$\overline{A}$とBを数直線で表すと，

$B \subset \overline{A}$だから，

「$x \in \overline{A} \Longrightarrow x \in B$」は**偽**，

「$x \in B \Longrightarrow x \in \overline{A}$」は**真**だね！

よって，**十分条件だけど，必要条件ではない**とわかるね。

答え **カ：①**

POINT

- **会話文や誘導は，解いている過程などが省略されていることが多い。行間を埋める意識をもっておこう！**
- **2次関数だけでなく，2次方程式や2次不等式の問題でもグラフを積極的に利用しよう！**

SECTION 3

図形と計量

THEME

1　公式の利用
2　数量の範囲
3　図形の読み取り
4　総合問題

SECTION 3で学ぶこと

三角比の公式（正弦定理・余弦定理）などの公式は，覚えていることが大前提。図形問題だが，図が与えられないこともあるので，**問題文を読み取って正確な図を書く読解力と作図力が必須**。これはSECTION 6「図形の性質」にも通じるスキルだ。地図の読み取りのように日常と絡めた問題や，動点の分析のように総合問題形式で出やすい単元。問題文を読んで状況を理解したら，そこから数学的な要素を取り出して図形や式に表す練習が必要だ。

作図が汚い人は、三角形の書き方から出直すべし！

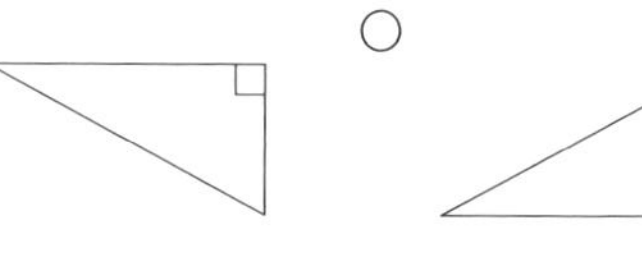

この単元で伸び悩んでいる人は，とにかく作図がヘタなことが多い。例えば，直角三角形を書くなら，右下に直角を置いたほうがわかりやすいよね。なのに，わざわざ上に直角がくる書き方をしたりする。円に接する三角形を書くときは，円を描いてから三角形をかいたほうがキレイ。逆の順で描くと，図が歪んでしまうんだ。そして，重要な辺は水平に書く。どれも，ささいなようで，とても重要なコツだ。

三角形の相似の問題では，相似する三角形が違う向きで出てくることがあるけど，これも図を書き足すことなく，そのまま処理している人がいる。頭の中で考えるのは，時間の節約になるどころか，こんがらがってミスの元。きちんと同じ向きに2つの三角形を並べて書き出し，計算するようにしよう。

ひとつの図にいろいろ書き込むのも厳禁。問題を解き進めて状況が変わったら，また新しい図を追加で書くように。同じ図をくり返し書くのは時間のムダのように感じるかもしれないが，ひとつの図にどんどん書き足すのは，かえってわかりづらく，むしろタイムロスに繋がるんだ。

手を動かしてキレイな図を書く練習を重ねよう！

ここが問われる！

三角比は復習の機会が少ない。早めに確認しておこう

三角比は表を使い，地図の読み取りなど**実生活に絡めた問題**として出ることが多い。三角比の表の読み方は高1で学んだ後は，他の単元でも登場することがなく，次に出会うのは共通テスト対策で，というパターンになりがち。早めに確認しておき，絶対に得点できるようにしておこう。問題そのものは決して難しくはないので，「やり方を忘れていた」とか「直前で手が回らなかった」という事態は避けたい。よく出てくるのは，長さ，角度，面積の比較。パターンにも慣れておこう。

三角比の問題は，「とりうる値の範囲」を問う問題もよく出るぞ。普段から常識や好奇心を働かせて，問題を解きながら「この値はとらないよな」とか「この値だとどうなるんだろう？」と検証するクセをつけよう。

正弦定理・余弦定理は，定理の内容をよく理解し，使う場面をちゃんと理解しておこう。例えば，余弦定理の場合は，「三角形の2辺とその間の角はわかっているが，残り1辺の長さがわからないとき」だよね。

THEME

1 公式の利用

ここできめる！

- 三角比の公式（正弦定理・余弦定理など）を覚えて，使うべき場面がわかるようになろう。
- 図をできるだけ正確にかけるようになろう。
- 図形問題の基本的な考え方を身につけよう。

1 図形の計量

過去問にチャレンジ

△ABCにおいて，$BC=2\sqrt{2}$とする。∠ACBの二等分線と辺ABの交点をDとし，$CD=\sqrt{2}$，$\cos\angle BCD=\frac{3}{4}$とする。

このとき，BD=［ア］であり

$$\sin\angle ADC=\frac{\sqrt{［イウ］}}{［エ］}$$

である。

$\frac{AC}{AD}=\sqrt{［オ］}$であるからAD=［カ］である。

また，△ABCの外接円の半径は$\frac{［キ］\sqrt{［ク］}}{［ケ］}$である。

（2020年度センター本試験）

図形と計量の単元では，公式を覚えて使えることが大前提になっているよ。**公式とその使うべき場面**をしっかりおさえておこう！

三角比の相互関係

右の直角三角形ABCにおいて

$$\sin\theta=\frac{b}{c},\quad \cos\theta=\frac{a}{c},\quad \tan\theta=\frac{b}{a}$$

と定める。

ただし，$0^\circ<\theta<90^\circ$ とする。

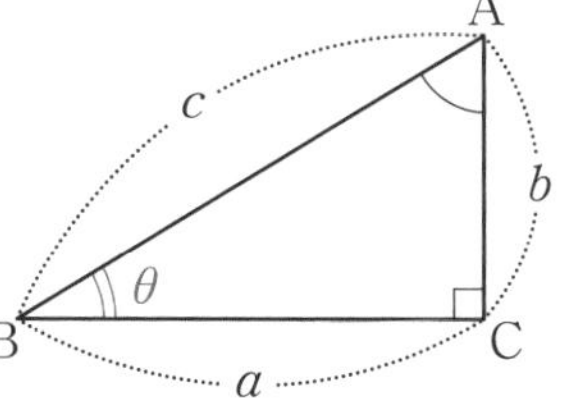

① $\sin^2\theta+\cos^2\theta=1$

使う場面　**sin か cos の一方**がわかっているとき

② $\tan\theta=\dfrac{\sin\theta}{\cos\theta}$

使う場面　**sin，cos，tan のうち2つ**がわかっているとき

③ $1+\tan^2\theta=\dfrac{1}{\cos^2\theta}$

使う場面　**tan だけ**がわかっているとき

正弦定理

△ABCの外接円の半径を R とすると

$$\frac{a}{\sin A}=\frac{b}{\sin B}=\frac{c}{\sin C}=2R$$

特に，分数は比を表すから

$$a:b:c=\sin A:\sin B:\sin C$$

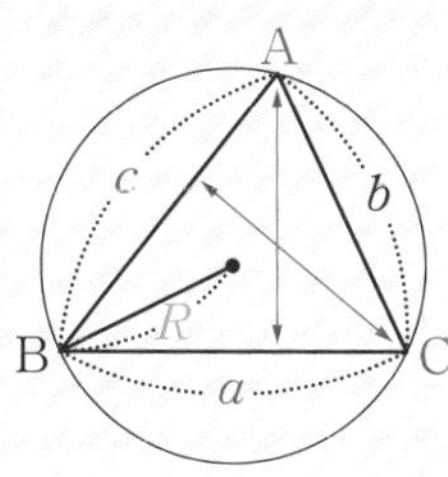

使う場面

- わかっているものと求めたいものが
  2組の向かい合う辺と角(sin)の関係のとき
- **外接円の半径**が関係するとき
- **sin の比や辺の比**が関係するとき

SECTION 3 図形と計量

余弦定理

$$a^2=b^2+c^2-2bc\cos A \qquad \left(\cos A=\frac{b^2+c^2-a^2}{2bc}\right)$$

$$b^2=c^2+a^2-2ca\cos B \qquad \left(\cos B=\frac{c^2+a^2-b^2}{2ca}\right)$$

$$c^2=a^2+b^2-2ab\cos C \qquad \left(\cos C=\frac{a^2+b^2-c^2}{2ab}\right)$$

使う場面

わかっているものと求めたいものが
3辺と1つの角(cos)の関係のとき

まずはBDを求めるよ。
△BCDにおいてCDとBCとcos∠BCDがわかってるね。わかってるものと求めたいものが**3辺と1つの角（cos）の関係**だから，**余弦定理**を使おう！

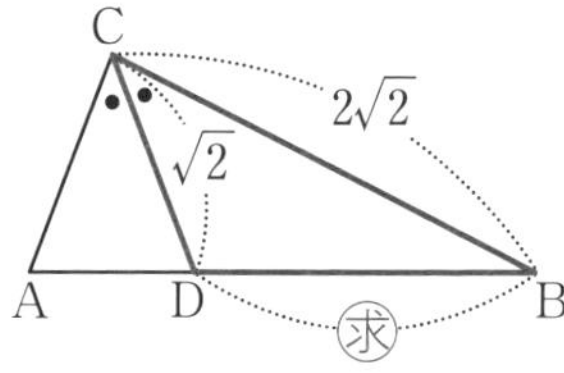

$$BD^2=BC^2+CD^2-2BC\cdot CD\cos\angle BCD$$
$$=(2\sqrt{2})^2+(\sqrt{2})^2-2\cdot 2\sqrt{2}\cdot\sqrt{2}\cdot\frac{3}{4}=4$$

BD＞0であるから，BD＝2

答え　ア：2

次に，sin∠ADCを求めよう。どういった手順で求めたらいいかを考えていくよ。

△ADCは辺と角の情報が少ないから，
△BCDを利用したくなるね。
そして，∠BDC＋∠ADC＝180°
つまり，∠ADC＝180°－∠BDC
だから，**∠BDCのsinかcos**を求めれば，

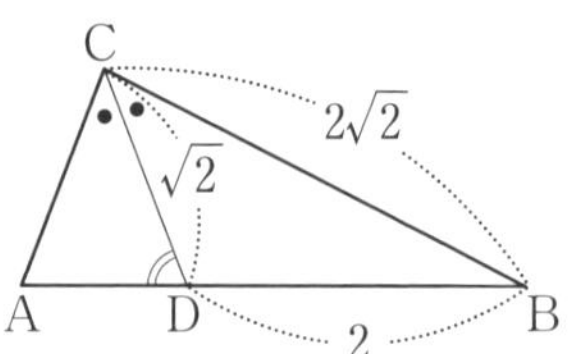

$\sin(180^\circ-\theta)=\sin\theta$ または $\cos(180^\circ-\theta)=-\cos\theta$

を利用して∠ADC の三角比が求められそうだ。

△BCD に注目すると，**3辺の長さ**がわかっていて，**∠BDC の三角比を求めたい**から**余弦定理**を使えばいいとわかるね！

sin∠ADC を求める思考の流れをまとめると，次のようになるよ。

sin∠ADC を求めたい

↓

∠ADC＝180°－∠BDC より，∠BDC の三角比を求めればよい

↓

△BCD に余弦定理を用いて，cos∠BDC を求めればよい

数学の問題は，このように求めたいものから逆算して考えると解決につながることが多いんだ！

実際にこの手順で解いていこう！

△BCD において**余弦定理**を使えば，

$$\cos\angle\mathrm{BDC}=\frac{2^2+(\sqrt{2})^2-(2\sqrt{2})^2}{2\cdot2\cdot\sqrt{2}}=\frac{-2}{4\sqrt{2}}=-\frac{\sqrt{2}}{4}$$

∠ADC＝180°－∠BDC より，

$$\begin{aligned}\cos\angle\mathrm{ADC}&=\cos(180^\circ-\angle\mathrm{BDC})\\&=-\cos\angle\mathrm{BDC}\\&=\frac{\sqrt{2}}{4}\end{aligned}$$

三角比の相互関係より，

$$\begin{aligned}\sin^2\angle\mathrm{ADC}&=1-\cos^2\angle\mathrm{ADC}\\&=1-\frac{2}{16}\\&=\frac{14}{16}\end{aligned}$$

SECTION 3 図形と計量

$\sin\angle \mathrm{ADC}>0$ より，　$\sin\angle \mathrm{ADC}=\dfrac{\sqrt{14}}{4}$

答え イウ：14　エ：4

さらに，$\dfrac{\mathrm{AC}}{\mathrm{AD}}$ の値を求めていこう。

図形の単元において，**「長さの分数」や「面積の分数」は「長さの比」や「面積の比」を求めることと同じ**なんだ！

分数というのは比を表すから，

$$\frac{a}{\sin A}=\frac{b}{\sin B}=\frac{c}{\sin C}$$

は，$a:b:c=\sin A:\sin B:\sin C$ という比を表しているよ。

よって，△ACDにおいて**正弦定理**を使えば，

$$\mathrm{AC}:\mathrm{AD}=\sin\angle \mathrm{ADC}:\sin\angle \mathrm{ACD}$$

となるね！

$\sin\angle \mathrm{ADC}$ はさっき求めたから，$\sin\angle \mathrm{ACD}$ を求めよう。

△ABCにおいて，線分CDは∠ACBの二等分線であるから

$\angle \mathrm{ACD}=\angle \mathrm{BCD}$ より，

$$\sin\angle \mathrm{ACD}=\sin\angle \mathrm{BCD}$$

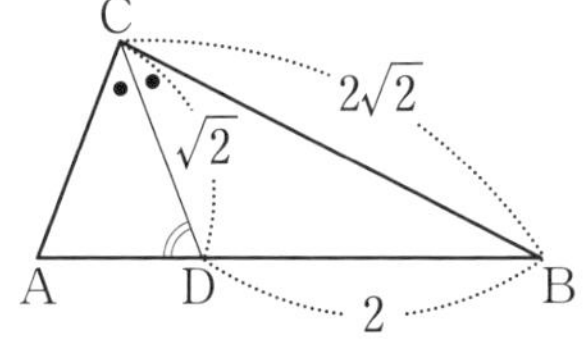

ここで，$\sin\angle \mathrm{BCD}>0$ より，

$$\sin\angle \mathrm{BCD}=\sqrt{1-\cos^2\angle \mathrm{BCD}}$$
$$=\sqrt{1-\left(\frac{3}{4}\right)^2}=\frac{\sqrt{7}}{4}$$

よって，$\sin\angle \mathrm{ACD}=\dfrac{\sqrt{7}}{4}$

したがって，△ACDにおいて**正弦定理**を使えば，

$$\mathrm{AC}:\mathrm{AD}=\sin\angle \mathrm{ADC}:\sin\angle \mathrm{ACD}$$
$$=\frac{\sqrt{14}}{4}:\frac{\sqrt{7}}{4}$$
$$=\sqrt{2}:1$$

ゆえに，$\dfrac{\mathrm{AC}}{\mathrm{AD}}=\sqrt{2}$

答え オ：2

最後に，ADを求めていくよ！

$\dfrac{AC}{AD}=\sqrt{2}$より，$AD=x$とおくと$AC=\sqrt{2}x$と表せるね。

△ADCにおいて，わかっているものと求めたいものが**3辺と1つの角（cos）の関係**だから，**余弦定理**を使おう。

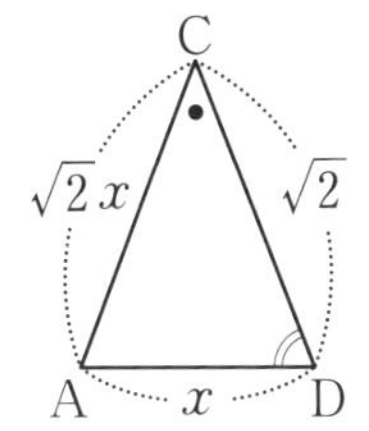

$$AC^2=AD^2+CD^2-2\cdot AD\cdot CD\cos\angle ADC$$

$$(\sqrt{2}x)^2=x^2+(\sqrt{2})^2-2\cdot x\cdot\sqrt{2}\cdot\frac{\sqrt{2}}{4}$$

$$x^2+x-2=0$$

$$(x+2)(x-1)=0$$

$$x=-2,\ 1$$

$AD>0$であるから，

$$AD=1$$

答え　カ：1

$AC=\sqrt{2}$だから，△ADCは$CA=CD$の二等辺三角形とわかるね！
ゆえに，$\angle CAD=\angle CDA$より，

$$\sin\angle BAC=\sin\angle CDA=\frac{\sqrt{14}}{4}$$

外接円の半径が関係するから，**正弦定理**を使おう。

△ABCの外接円の半径をRとすると，

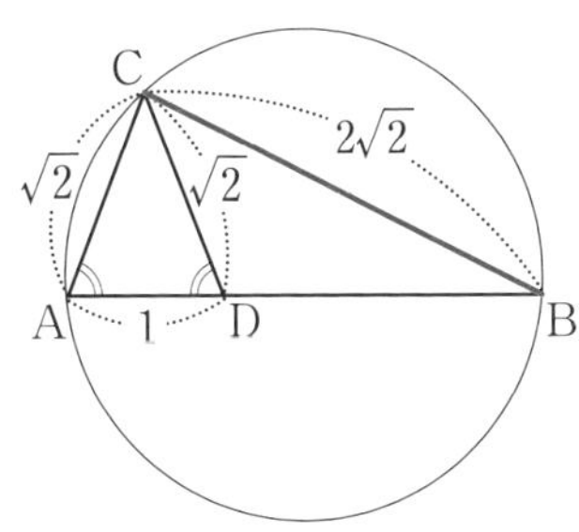

$$\frac{BC}{\sin\angle BAC}=2R$$

したがって，

$$R=\frac{2\sqrt{2}}{2\sin\angle BAC}=\frac{2\sqrt{2}}{\frac{\sqrt{14}}{2}}=\frac{4}{\sqrt{7}}$$

$$=\frac{4\sqrt{7}}{7}$$

答え　キ：4　ク：7　ケ：7

COLUMN

正弦定理・余弦定理は前述の解答とはちがった適用の仕方をしても正しく答えがでるよ！

① $\sin\angle\mathrm{ADC}=\dfrac{\sqrt{\boxed{イウ}}}{\boxed{エ}}$

$\angle\mathrm{ADC}=180^\circ-\angle\mathrm{BDC}$ より，

$$\begin{aligned}&\sin\angle\mathrm{ADC}\\&=\sin(180^\circ-\angle\mathrm{BDC})\\&=\sin\angle\mathrm{BDC}\end{aligned}$$

で求めることができるから，**$\sin\angle\mathrm{BDC}$ を求める**ことにしよう！

$\sin\angle\mathrm{BCD}$ を $\cos\angle\mathrm{BCD}=\dfrac{3}{4}$ から求めることで，正弦定理を使って $\sin\angle\mathrm{BDC}$ が求められるね！

この方針で解くと，

$$\begin{aligned}\sin^2\angle\mathrm{BCD}&=1-\cos^2\angle\mathrm{BCD}\\&=1-\left(\frac{3}{4}\right)^2=\frac{7}{4^2}\end{aligned}$$

$\sin\angle\mathrm{BCD}>0$ より，

$$\sin\angle\mathrm{BCD}=\frac{\sqrt{7}}{4}$$

2組の向かい合う辺と角の関係

$\triangle\mathrm{BCD}$ において正弦定理を使えば，

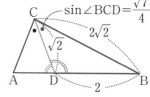

$$\frac{2\sqrt{2}}{\sin\angle\mathrm{BDC}}=\frac{2}{\sin\angle\mathrm{BCD}}$$

$$\sin\angle\mathrm{BDC}=\sqrt{2}\sin\angle\mathrm{BCD}=\sqrt{2}\cdot\frac{\sqrt{7}}{4}=\frac{\sqrt{14}}{4}$$

したがって，$\angle\mathrm{ADC}=180^\circ-\angle\mathrm{BDC}$ より，

$$\begin{aligned}\sin\angle\mathrm{ADC}&=\sin(180^\circ-\angle\mathrm{BDC})\\&=\sin\angle\mathrm{BDC}=\frac{\sqrt{14}}{4}\end{aligned}$$

② AD= カ

$\frac{AC}{AD}=\sqrt{2}$より，AD$=x$とおくとAC$=\sqrt{2}x$と表すところまでは同じで，cos∠ACDを利用して，△ADCにおいて余弦定理を使ってみよう！

CDは∠ACBの二等分線だから，

cos∠ACD=cos∠BCD$=\frac{3}{4}$より，

$$AD^2=AC^2+CD^2-2\cdot AC\cdot CD\cos\angle ACD$$

$$x^2=(\sqrt{2}x)^2+(\sqrt{2})^2-2\cdot\sqrt{2}x\cdot\sqrt{2}\cdot\frac{3}{4}$$

$$x^2-3x+2=0$$

$$(x-2)(x-1)=0$$

$$x=2,\ 1$$

ここで，どちらが解なのかを確認する必要がでてくるよ。

$x=2$のとき，AD$=2$，AC$=2\sqrt{2}$となるから，△ABCは二等辺三角形になるね。

つまり，∠ACBの二等分線であるCDはABの垂直二等分線になるはずだけど，CDとABは垂直でないから矛盾する。したがって，$x=2$は**不適**となるんだ。

$x=2$のとき

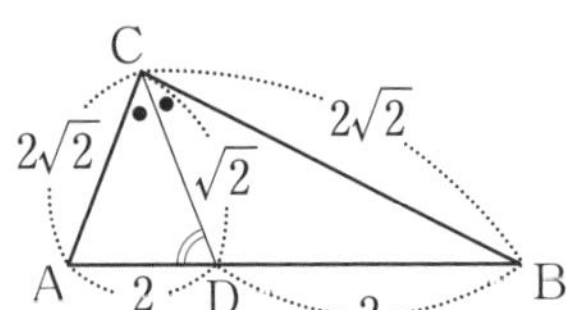

二等辺三角形だからCD⊥ABのはずがsin∠ADC≠1だから矛盾

このように，答えの候補が二つでてきて**明確に不適なものがわからない場合は，図形にもどって確認**をしなければいけないんだ！

2 円の性質

過去問にチャレンジ

点Oを中心とする半径3の円Oと，点Oを通り，点Pを中心とする半径1の円Pを考える。円Pの点Oにおける接線と円Oとの交点をA，Bとする。また，円Oの周上に，点Bと異なる点Cを，弦ACが円Pに接するようにとる。弦ACと円Pの接点をDとする。このとき，

$$\mathrm{AP}=\sqrt{\boxed{\text{アイ}}},\quad \mathrm{OD}=\frac{\boxed{\text{ウ}}\sqrt{\boxed{\text{エオ}}}}{\boxed{\text{カ}}}$$

である。さらに，$\cos\angle\mathrm{OAD}=\dfrac{\boxed{\text{キ}}}{\boxed{\text{ク}}}$であり，$\mathrm{AC}=\dfrac{\boxed{\text{ケコ}}}{\boxed{\text{サ}}}$

である。

$\triangle\mathrm{ABC}$の面積は$\dfrac{\boxed{\text{シスセ}}}{\boxed{\text{ソタ}}}$であり，$\triangle\mathrm{ABC}$の内接円の半径は

$\dfrac{\boxed{\text{チ}}}{\boxed{\text{ツ}}}$である。

(2013年度センター本試験・改)

図形が扱われる問題において，大切なのは**図をできるだけ正確にわかりやすくかくことだ！**
コツはいくつかあるけど，今回の図においては，
「円からかく」「半径や直径は水平もしくは鉛直（水平方向に垂直）にかく」だよ！
ここでは問題文通りにかく手順も見ていこう。

半径3の円O	点Oを通る 半径1の円P	点Oを通る 円Pの接線AB	円Pに接する 弦AC

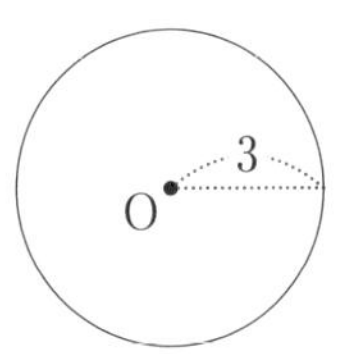

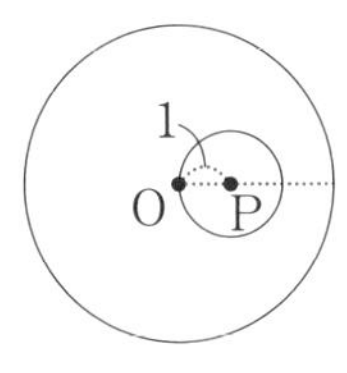

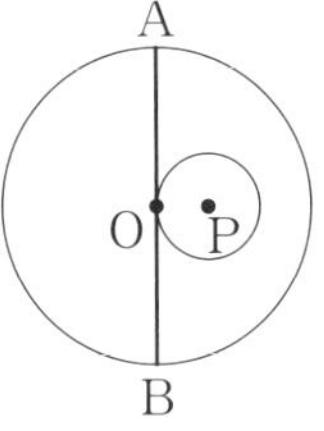

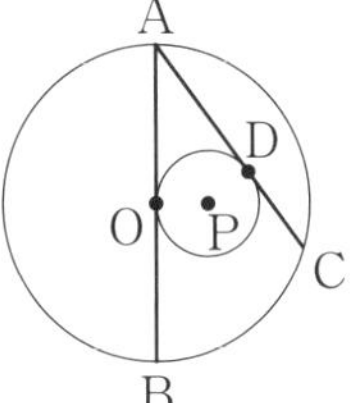

点Oを通る円Pの直径が水平になるようにかくといいよ。

点Oを通る円Pの直径を水平にかいたおかげでABが鉛直になりました！

まずは，APを求めよう！
円の接線は，接点を通る半径に垂直だから
∠AOP＝90°になるね。
よって，△AOPで**三平方の定理**より，

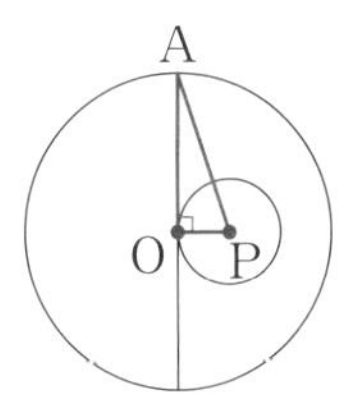

$$AP^2 = AO^2 + OP^2$$
$$AP = \sqrt{3^2 + 1^2}$$
$$= \sqrt{10}$$

答え アイ：10

次に，ODを求めていくよ。
円Pと点A，O，Dに注目して，OP，PD，OD，APを結び，APとODの交点をMとする。
ここで，円の外部の1点からその円にひいた2つの接線の長さは等しいから，

$$AD = AO = 3$$

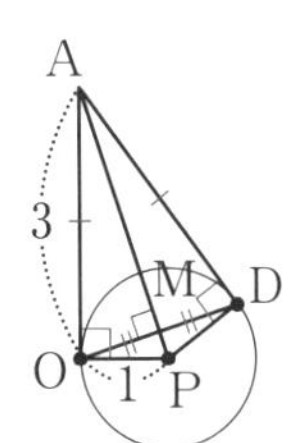

SECTION 3 図形と計量

したがって，$\triangle$OADは二等辺三角形になるから，APは線分ODの垂直二等分線になるんだ。
また，OAとADは円の接線だから，

$\angle AOP = \angle ADP = 90^\circ$

そうすると，**直角三角形が色々なところにあらわれる**ね。
ODを求めるためにはOMを求めて2倍すればいいから，
直角三角形の相似を使って，OMを求めていくよ！
$\triangle$OAPと$\triangle$MAOについて
$\angle AOP = \angle AMO = 90^\circ$,
$\angle OAP = \angle MAO$だから
$\triangle OAP \backsim \triangle MAO$とわかるんだ。

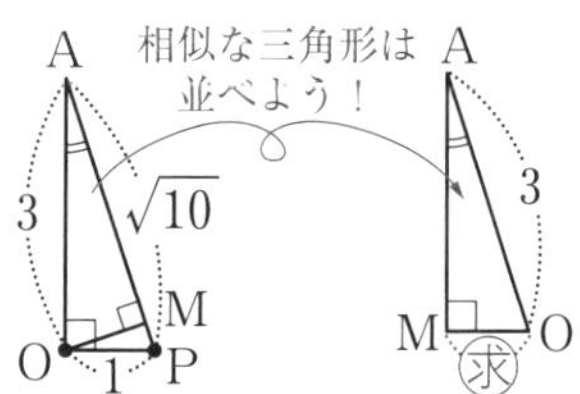

したがって，

$$PO : OM = AP : AO$$
$$1 : OM = \sqrt{10} : 3$$
$$\sqrt{10}OM = 3$$
$$OM = \frac{3}{\sqrt{10}} = \frac{3\sqrt{10}}{10}$$

よって，　$OD = 2OM = \dfrac{3\sqrt{10}}{5}$

答え $\dfrac{\text{ウ}\sqrt{\text{エオ}}}{\text{カ}}$: $\dfrac{3\sqrt{10}}{5}$

このODの求め方は二等辺三角形や相似の比の計算をしているだけだから，中学数学の範囲なんだ。大学入試では逆に盲点になるから気をつけよう！

1
公式の利用

これで△OADにおいて，**3辺の長さ**がわかったから，**余弦定理**を使えば，

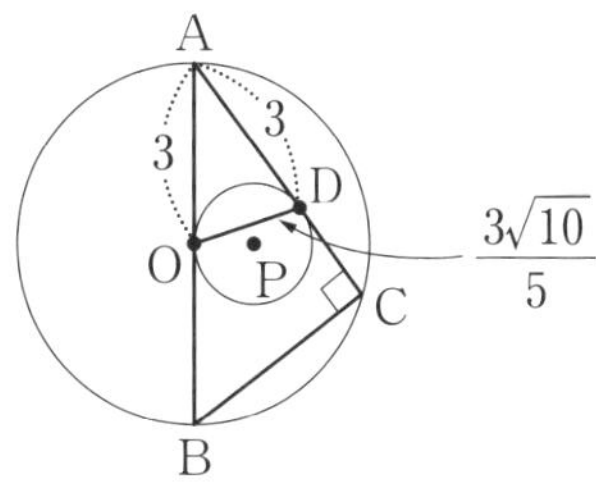

$$\cos\angle OAD=\frac{AO^2+AD^2-OD^2}{2AO\cdot AD}$$

$$=\frac{3^2+3^2-\left(\frac{3\sqrt{10}}{5}\right)^2}{2\cdot3\cdot3}$$

$$=\frac{4}{5}$$

答え $\frac{キ}{ク}:\frac{4}{5}$

ABは直径だから，AB=6

△ABCは∠ACB=90°の直角三角形で，

$$\cos\angle BAC=\cos\angle OAD=\frac{4}{5}$$

だから，

$$AC=AB\cos\angle BAC$$

$$=6\cdot\frac{4}{5}=\frac{24}{5}$$

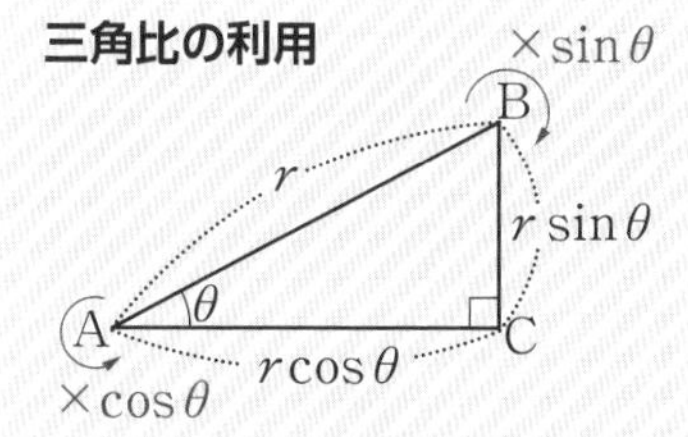

答え $\frac{ケコ}{サ}:\frac{24}{5}$

直角三角形ABCの面積は$\frac{1}{2}AC\cdot BC$で求められるから，BCを求めよう！

$$\sin\angle BAC=\sqrt{1-\cos^2\angle BAC}=\sqrt{1-\frac{16}{5^2}}=\frac{3}{5}$$

だから，$BC=AB\sin\angle BAC=6\cdot\frac{3}{5}=\frac{18}{5}$

ゆえに，△ABCの面積は，

$$\frac{1}{2}BC\cdot AC=\frac{1}{2}\cdot\frac{18}{5}\cdot\frac{24}{5}=\frac{216}{25}$$

答え $\frac{シスセ}{ソタ}:\frac{216}{25}$

内接円の半径をつかった三角形の面積の公式をチェックしておこう！

内接円の半径と三角形の面積

$\triangle$ABCの面積をS，内接円の半径をr，内接円の中心をIとすると，下の図より，

$$S=\triangle \mathrm{IBC}+\triangle \mathrm{ICA}+\triangle \mathrm{IAB}$$
$$=\frac{1}{2}ar+\frac{1}{2}br+\frac{1}{2}cr$$
$$=\frac{1}{2}r(a+b+c)$$

よって，$S=\frac{1}{2}r(a+b+c)$

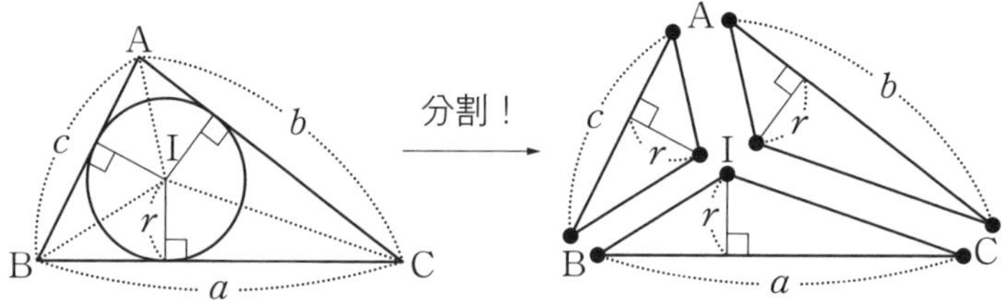

3辺の長さが6，$\frac{18}{5}$，$\frac{24}{5}$で面積が$\frac{216}{25}$だから

$$\frac{1}{2}r\left(6+\frac{18}{5}+\frac{24}{5}\right)=\frac{216}{25}$$

これを解くと，$r=\frac{6}{5}$

答え チツ：$\frac{6}{5}$

3 円に内接する四角形

過去問にチャレンジ

点Oを中心とする円Oの円周上に4点A，B，C，Dがこの順にある。四角形ABCDの辺の長さは，それぞれ
$AB=\sqrt{7}$，$BC=2\sqrt{7}$，$CD=\sqrt{3}$，$DA=2\sqrt{3}$であるとする。
$\angle ABC=\theta$，$AC=x$とおくと，△ABCに着目して，
$x^2=$ アイ $-28\cos\theta$となる。また，△ACDに着目して，
$x^2=15+$ ウエ $\cos\theta$となる。よって，$\cos\theta=\dfrac{\text{オ}}{\text{カ}}$，
$x=\sqrt{\text{キク}}$であり，円Oの半径は$\sqrt{\text{ケ}}$である。また，四角形ABCDの面積は コ $\sqrt{\text{サ}}$ である。

（2011年度センター本試験・改）

円に内接する四角形の問題だ。教科書にもある基礎問題だけど，決して簡単ではないよ！
ポイントは**対角線を引いて三角形に分割すること**と**円に内接する四角形の対角の和は180°**だ！

△ABCにおいて**余弦定理**を使えば，

AC^2
$=AB^2+BC^2-2AB\cdot BC\cos\angle ABC$
$x^2=(\sqrt{7})^2+(2\sqrt{7})^2-2\cdot\sqrt{7}\cdot2\sqrt{7}\cos\theta$
$x^2=35-28\cos\theta$　……①

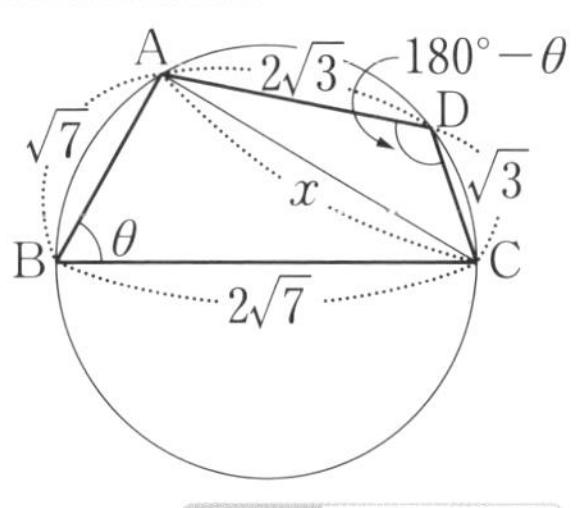

答え アイ：35

円に内接する四角形の対角の和は 180° だから，$\angle ADC=180^\circ-\theta$ より，$\triangle ACD$ において**余弦定理**を使えば，

$$AC^2=CD^2+DA^2-2CD\cdot DA\cos\angle ADC$$

$$x^2=(\sqrt{3})^2+(2\sqrt{3})^2-2\cdot\sqrt{3}\cdot 2\sqrt{3}\cos(180^\circ-\theta)$$

$$x^2=15+12\cos\theta \quad \cdots\cdots②$$

$\cos(180^\circ-\theta)=-\cos\theta$

答え ウエ：12

①，②から x^2 を消去して，

$$35-28\cos\theta=15+12\cos\theta$$

よって，$\cos\theta=\dfrac{1}{2}$

答え オ/カ：$\dfrac{1}{2}$

$\cos\theta=\dfrac{1}{2}$ を①に代入すると，

$$x^2=35-28\cdot\frac{1}{2}=21$$

$x>0$ であるから，$x=\sqrt{21}$

答え キク：21

ここで，$\cos\theta=\dfrac{1}{2}$ より，$\theta=60^\circ$ だね！

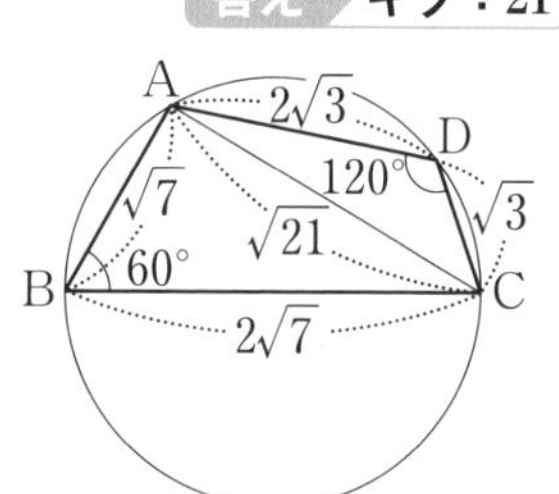

円Oは $\triangle ABC$ の**外接円**でもあるから，円Oの**半径**を R として $\triangle ABC$ において**正弦定理**を使えば，

$$2R=\frac{AC}{\sin\angle ABC}$$

$$R=\frac{\sqrt{21}}{2\sin 60^\circ}=\frac{\sqrt{21}}{\sqrt{3}}=\sqrt{7}$$

答え ケ：7

1

公式の利用

また，$\angle ABC=60^\circ$ だから，

$$\angle ADC=180^\circ-\angle ABC=120^\circ$$

よって，四角形ABCDの面積は，

$$(\triangle ABC\text{の面積})+(\triangle ADC\text{の面積})$$

$$=\frac{1}{2}AB\cdot BC\sin 60^\circ+\frac{1}{2}CD\cdot DA\sin 120^\circ$$

$$=\frac{1}{2}\cdot\sqrt{7}\cdot 2\sqrt{7}\cdot\frac{\sqrt{3}}{2}+\frac{1}{2}\cdot\sqrt{3}\cdot 2\sqrt{3}\cdot\frac{\sqrt{3}}{2}$$

$$=5\sqrt{3}$$

答え コ$\sqrt{\text{サ}}$：$5\sqrt{3}$

POINT

- 正弦定理を使う場面は
  ①わかっているものと求めたいものが**2組の向かい合う辺と角(sin)の関係**のとき
  ②**外接円の半径**が関係するとき
  ③**sinの比や辺の比**が関係するとき
- 余弦定理を使う場面は
  わかっているものと求めたいものが**3辺と1つの角(cos)の関係**のとき
- $\sin(180^\circ-\theta)=\sin\theta$，$\cos(180^\circ-\theta)=-\cos\theta$
- 円が関係する問題では，**図形は円からかく，半径と直径は水平もしくは鉛直にかく。**
- 直角三角形において，斜辺をsin倍したら高さ，cos倍したら底辺

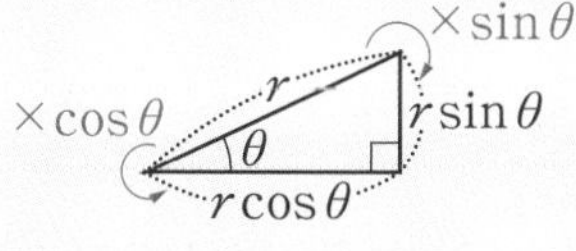

- $\triangle ABC$の面積をS，内接円の半径をrとすると
  $$S=\frac{1}{2}r(a+b+c)$$
- 円に内接する四角形の問題は，**対角線を引いて三角形に分割する。円に内接する四角形の対角の和は**180°を意識！

SECTION 3 図形と計量

THEME

2 数量の範囲

ここで 目きめる!

範囲や最大値・最小値を求める問題への対応の仕方を学習しよう。

1 とり得る値の範囲

過去問にチャレンジ

△ABCにおいて，AB=3，BC=5，∠ABC=120°とする。

このとき，AC=[ア]，sin∠ABC=$\frac{\sqrt{[イ]}}{[ウ]}$であり，

sin∠BCA=$\frac{[エ]\sqrt{[オ]}}{[カキ]}$である。

直線BC上に点Dを，AD=$3\sqrt{3}$かつ∠ADCが鋭角，となるようにとる。点Pを線分BD上の点とし，△APCの外接円の半径をRとすると，Rのとり得る値の範囲は$\frac{[ク]}{[ケ]}\leqq R\leqq$[コ]

である。

(2015年度センター本試験)

さて，はじめは△ABCのACとsin∠ABCの値を求める問題だ。

右のように簡単な図をかいてみよう。

すると，△ABCにおいて**余弦定理**

$$AC^2=AB^2+BC^2-2AB\cdot BC\cos\angle ABC$$

を使えることがはっきりするね。

$$AC^2 = 3^2 + 5^2 - 2 \cdot 3 \cdot 5 \cos 120^\circ$$
$$= 9 + 25 - 2 \cdot 3 \cdot 5 \cdot \left(-\frac{1}{2}\right) = 49$$

$AC > 0$ より，$AC = 7$

$$\sin\angle ABC = \sin 120^\circ = \frac{\sqrt{3}}{2}$$

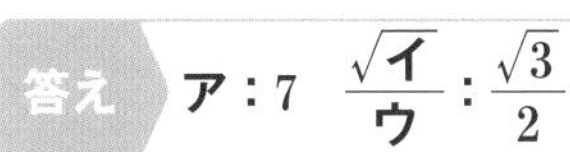

次に，$\sin\angle BCA$ を求めよう。
これは AB と $\angle BCA$，AC と $\angle ABC$ の関係から**正弦定理**を使えば，

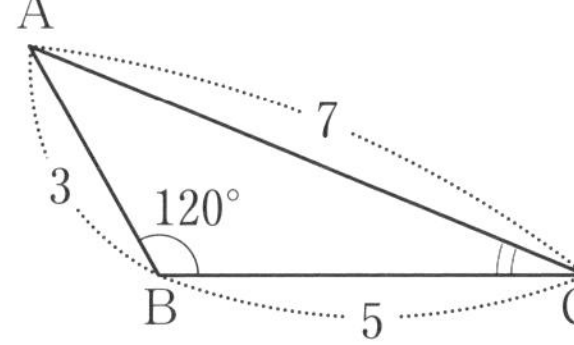

$$\frac{AB}{\sin\angle BCA} = \frac{AC}{\sin\angle ABC}$$

が成り立つね。よって，

$$\frac{3}{\sin\angle BCA} = \frac{7}{\frac{\sqrt{3}}{2}}$$

ゆえに，

$$\sin\angle BCA = 3 \cdot \frac{\sqrt{3}}{2} \cdot \frac{1}{7} = \frac{3\sqrt{3}}{14}$$

答え $\frac{エ\sqrt{オ}}{カキ}$：$\frac{3\sqrt{3}}{14}$

さて，ここからが本番だ！
問題文に**直線BC上に点Dを，$AD = 3\sqrt{3}$かつ$\angle ADC$が鋭角，となるようにとる**とあるので，まずはしっかり図をかいていこう。
$\angle ADC$ が鋭角であることから，点Dは下の図の**エリアL**か**エリアR**のどちらかにあるはずだ。

「2つの辺の長さと1つの角度が与えられているな」「外接円が出てきているな」と，問題の全体像を見渡しておくと，図がかきやすくなるよ。

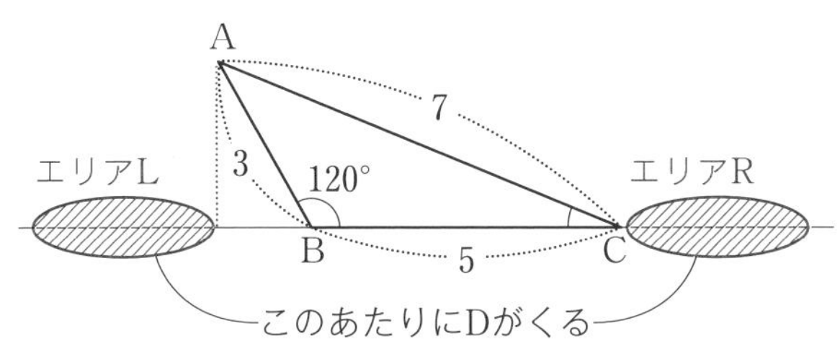

$$AD=3\sqrt{3}=\sqrt{27}=5.\cdots \quad (5<\sqrt{27}<6)$$

だとすると，点DがエリアLにあることがわかる（エリアRにあると，AD>7となる）。ということで，ここに点Pと△APCの外接円を加えるとこのような図になるね。

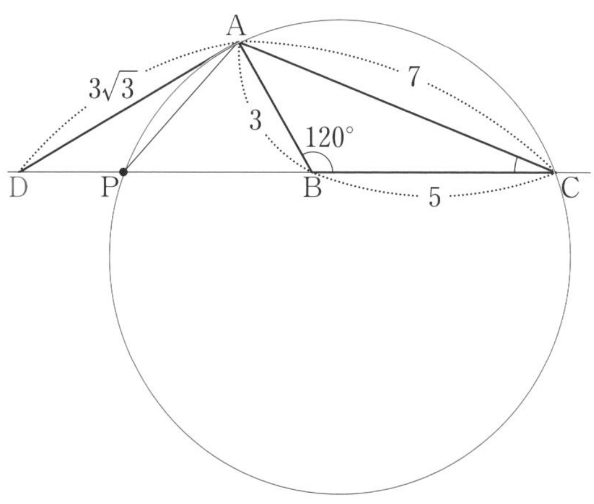

上の図をもとに，この円の半径Rの範囲を求めていこう。

何かの範囲を求める問題を考えるときは，**何が変わるとRが変わるのか。そして，変わらないものは何か**をしっかり見極めよう。

この場合，点A，Cの位置や∠ACPは変わらないね。**点Pの位置が変わると円の大きさが変わる**ので，Rが変化していくわけだ。

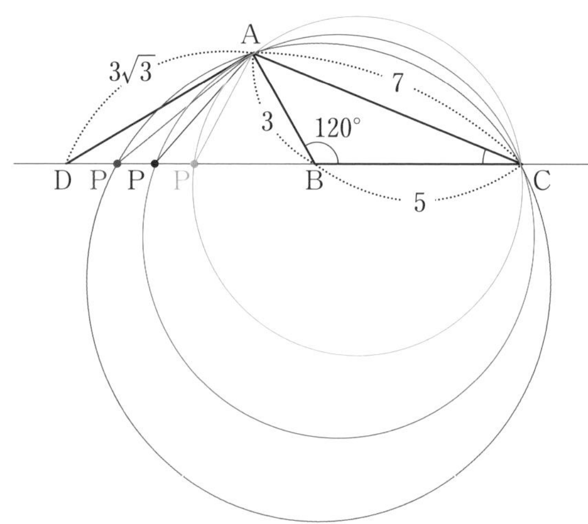

さぁ，ここから次のように思考を進めていこう。

外接円の半径Rを考えるのだから，正弦定理かな？

↓

Pの位置が変わると，APの長さやPCの長さも変わる

sin∠ACPがわかっているから, APとsin∠ACPで正弦定理だ！
sin∠BCA＝sin∠ACP

△ACPにおいて**正弦定理**を使えば，

$$\frac{\mathrm{AP}}{\sin\angle\mathrm{ACP}}=2R$$

よって，

$$R=\frac{\mathrm{AP}}{2\sin\angle\mathrm{ACP}}=\frac{\mathrm{AP}}{2\cdot\frac{3\sqrt{3}}{14}}$$

$$=\frac{7}{3\sqrt{3}}\mathrm{AP}\quad\cdots\cdots①$$

つまり，**APの範囲がわかれば，Rの範囲が求められる**ね。
点Pは線分BD上を動くので，**APの長さが最小となるのはAPが直線BCの垂線となるとき（図の$\mathrm{P_{min}}$），APの長さが最大となるのは点Pが点Dに重なるとき（図の$\mathrm{P_{max}}$）**だ。

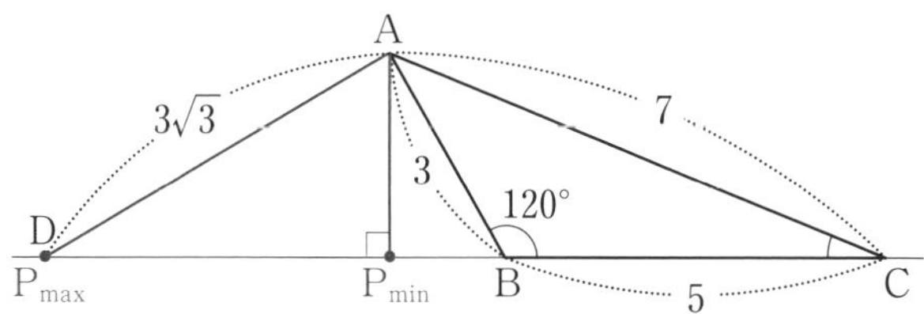

△ABP$_{\mathrm{min}}$において，∠ABP$_{\mathrm{min}}$＝180°－120°＝60°なので，
AB：AP$_{\mathrm{min}}$＝2：$\sqrt{3}$だね。
よって，

$$\mathrm{AP_{min}}=3\times\frac{\sqrt{3}}{2}=\frac{3\sqrt{3}}{2}$$

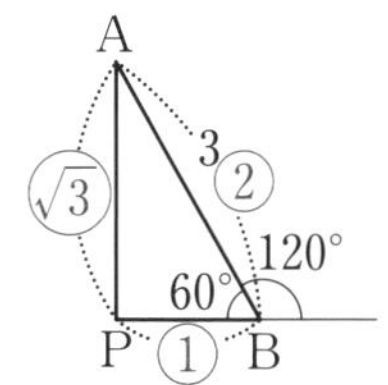

$AP_{max} = AD = 3\sqrt{3}$

点Pが線分BD上を動くとき,

$$\frac{3\sqrt{3}}{2} \leqq AP \leqq 3\sqrt{3}$$

となることがわかるので，①より，

$$\frac{7}{2} \leqq R \leqq 7$$

答え $\frac{ク}{ケ}$: $\frac{7}{2}$　コ : 7

ちなみに，今回の問題の△ABCは入試によく出てくる有名な三角形のひとつだ。覚えておくと解答の時間が短縮できるよ。別冊にまとめておくから，しっかりチェックしてね！

2 2次関数との融合問題

過去問にチャレンジ

外接円の半径が3である△ABCを考える。点Aから直線BCに引いた垂線と直線BCとの交点をDとする。

(1) AB=5, AC=4とする。このとき

$$\sin\angle ABC = \frac{\boxed{ア}}{\boxed{イ}}, \qquad AD = \frac{\boxed{ウエ}}{\boxed{オ}}$$

である。

(2) 2辺AB, ACの長さの間に2AB+AC=14の関係があるとする。このとき，ABの長さのとり得る値の範囲は

$\boxed{カ} \leqq AB \leqq \boxed{キ}$ であり

$$AD = \frac{\boxed{クケ}}{\boxed{コ}}AB^2 + \frac{\boxed{サ}}{\boxed{シ}}AB$$

と表せるので，ADの長さの最大値は $\boxed{ス}$ である。

（2022年度共通テスト本試験）

(1)　△ABCにおいて**正弦定理**を使えば，

$$\frac{\mathrm{AC}}{\sin\angle\mathrm{ABC}}=2\cdot 3$$

よって，

$$\sin\angle\mathrm{ABC}=\frac{\mathrm{AC}}{6}=\frac{4}{6}=\frac{2}{3}$$

また，△ABDは∠ADB＝90°の直角三角形だから，

$$\mathrm{AD}=\mathrm{AB}\sin\angle\mathrm{ABC}=5\cdot\frac{2}{3}=\frac{10}{3}$$

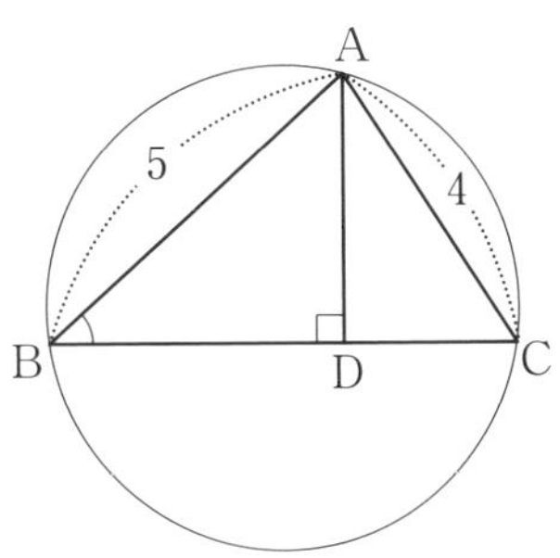

答え　$\dfrac{\text{ア}}{\text{イ}}$：$\dfrac{2}{3}$　$\dfrac{\text{ウエ}}{\text{オ}}$：$\dfrac{10}{3}$

CAは「∠ABCの正面にある弦」だから正弦（sin∠ABC），ABは「余った方の弦」だから余弦（cos∠ABC）と考えると覚えやすいかも。

問題のADの長さは∠ABCの正面の弦だったから，AB·sin∠ABCとして求めたんだね！

(2)　まずは，問題の全体を眺めていこう！

どうやら，ADの長さの最大値を求める問題だけど，(2)の問題文の5行目からADはABの2次式で表されているね。つまり，これはただの2次関数の最大値の問題になりそうだ。

2次関数の問題として考えやすくするために，AB＝x，AC＝yとおいてみよう。

2AB＋AC＝14より，

$$2x+y=14\quad\text{すなわち}\quad y=14-2x\quad\cdots\cdots①$$

が成り立つね。

さて，ここからADの長さをx，yを用いて表してみよう。

(1)をヒントにすると，まずはsin∠ABCを求めておきたいね。

△ABCにおいて**正弦定理**を使えば，

$$\frac{\mathrm{AC}}{\sin\angle\mathrm{ABC}}=2\cdot 3$$

SECTION 3　図形と計量

よって,

$$\sin\angle ABC=\frac{AC}{6}=\frac{y}{6}$$

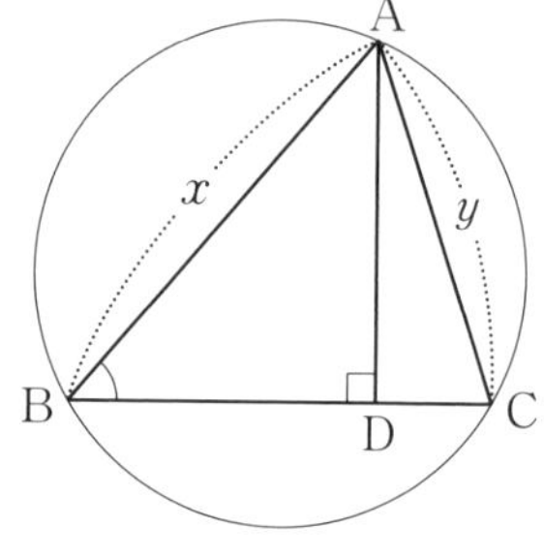

が成り立つね。

AD＝AB sin∠ABCだから,

$$AD=x\cdot\frac{y}{6}=\frac{1}{6}xy \quad \cdots\cdots②$$

①を②に代入すると,

$$AD=\frac{1}{6}x(14-2x)=-\frac{1}{3}x(x-7) \quad \cdots\cdots③$$

$$=-\frac{1}{3}x^2+\frac{7}{3}x$$

$$=\frac{-1}{3}AB^2+\frac{7}{3}AB$$

これで，ADをAB(x)の2次関数で表すことができたね！

答え クケ/コ：$\frac{-1}{3}$　サ/シ：$\frac{7}{3}$

さて，最後のADの最大値を求めていこう。

そのためには，定義域(xの範囲)を求める必要があるね。

x，すなわちABは半径が3の円の内部にある線分だから,

$$0<x\leqq 6 \quad \cdots\cdots④$$

が成り立つ。

同じくy，すなわちACも半径が3の円の内部にある線分だから,

$$0<y\leqq 6 \quad \cdots\cdots⑤$$

$y=14-2x$を⑤に代入すると,

$$0<14-2x\leqq 6$$

$$-14<-2x\leqq -8$$

$$4\leqq x<7 \quad \cdots\cdots⑥$$

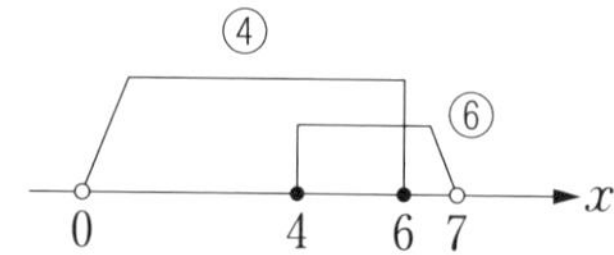

④，⑥より,

$$4\leqq x\leqq 6 \quad \cdots\cdots⑦$$

が得られて，これが定義域になるね。

答え カ：4　キ：6

このように，1つの文字(今回はy)を消去するときには，yの条件がxに影響を与えることがある。つまり，**文字は消えても範囲条件は残る**ことに注意しておこう！

さぁ，③からADの最大値を求めていこう！
③において，AD$=z$とすると，

$$z=-\frac{1}{3}x(x-7) \quad (4\leqq x\leqq 6)$$

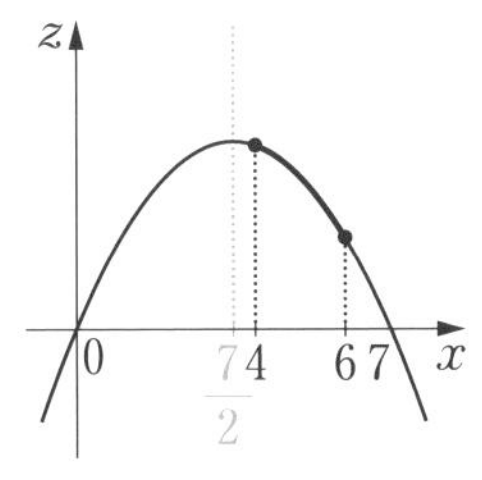

xz平面にこのグラフをかくと，x軸と$x=0$，7で交わるから，放物線の軸の方程式は$x=\frac{7}{2}$となる。したがって，⑦の範囲において，$x=4$で最大値をとることがわかるので，ADの最大値は，

$$z=-\frac{1}{3}\cdot 4\cdot(4-7)=4$$

③から平方完成しても間違いではないんだけど，2次関数の最大値と最小値の問題で大切なことは，**グラフの軸と定義域の位置関係**だったね。

③のように因数分解された形であれば，平方完成しなくてもグラフとx軸との交点がすぐにわかり，軸はその交点の中点を通ることもわかりますね。

POINT

- 範囲を求める問題は，**何が変わって何が変わらないのか**を意識しよう！
- 文字を消去するときは，消した文字が持っていた条件を忘れないように注意。

SECTION 3 図形と計量

THEME

3 図形の読み取り

ここで きめる！

見慣れない設定を分析し，求めるものを数式化できるようになろう。

1 実生活への応用，三角比の表の活用

過去問にチャレンジ

太郎さんと花子さんは，キャンプ場のガイドブックにある地図を見ながら，後のように話している。

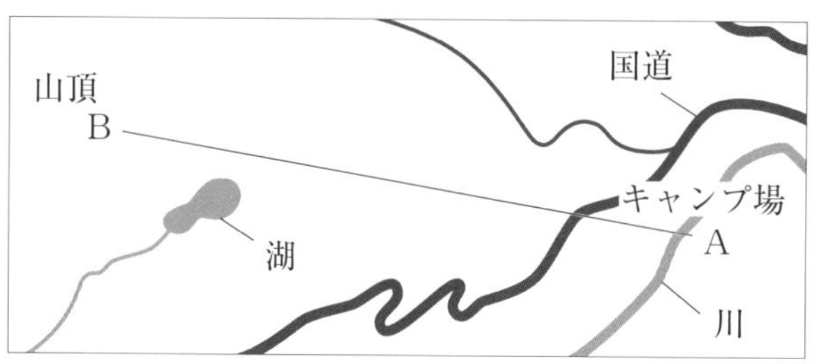

参考図

太郎：キャンプ場の地点Aから山頂Bを見上げる角度はどれくらいかな。

花子：地図アプリを使って，地点Aと山頂Bを含む断面図を調べたら，図1のようになったよ。点Cは，山頂Bから地点Aを通る水平面に下ろした垂線とその水平面との交点のことだよ。

太郎：図1の角度θは，AC，BCの長さを定規で測って，三角比の表を用いて調べたら16°だったよ。

花子：本当に16°なの？　図1の鉛直方向の縮尺と水平方向の縮尺は等しいのかな？

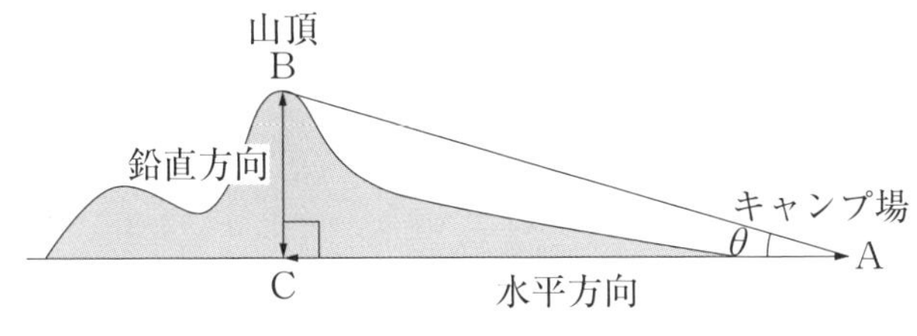

図1

図1のθはちょうど16°であったとする。しかし，図1の縮尺は，水平方向が$\frac{1}{100000}$であるのに対して，鉛直方向は$\frac{1}{25000}$であった。

実際にキャンプ場の地点Aから山頂Bを見上げる角である∠BACを考えると，tan∠BACは［ア］.［イウエ］となる。したがって，∠BACの大きさは［オ］。ただし，目の高さは無視して考えるものとする。

［オ］の解答群

⓪	3°より大きく4°より小さい	①	ちょうど4°である
②	4°より大きく5°より小さい	③	ちょうど16°である
④	48°より大きく49°より小さい	⑤	ちょうど49°である
⑥	49°より大きく50°より小さい		
⑦	63°より大きく64°より小さい		
⑧	ちょうど64°である		
⑨	64°より大きく65°より小さい		

※小数の形で解答する場合，指定された桁数の一つ下の桁を四捨五入して答えなさい。また，必要に応じて，指定された桁まで0で解答しなさい。

問題を解答するにあたっては，必要に応じて次の三角比の表を用いてもよい。

角	sin	cos	tan	角	sin	cos	tan
0°	0.0000	1.0000	0.0000	45°	0.7071	0.7071	1.0000
1°	0.0175	0.9998	0.0175	46°	0.7193	0.6947	1.0355
2°	0.0349	0.9994	0.0349	47°	0.7314	0.6820	1.0724
3°	0.0523	0.9986	0.0524	48°	0.7431	0.6691	1.1106
4°	0.0698	0.9976	0.0699	49°	0.7547	0.6561	1.1504
5°	0.0872	0.9962	0.0875	50°	0.7660	0.6428	1.1918
6°	0.1045	0.9945	0.1051	51°	0.7771	0.6293	1.2349
7°	0.1219	0.9925	0.1228	52°	0.7880	0.6157	1.2799
8°	0.1392	0.9903	0.1405	53°	0.7986	0.6018	1.3270
9°	0.1564	0.9877	0.1584	54°	0.8090	0.5878	1.3764
10°	0.1736	0.9848	0.1763	55°	0.8192	0.5736	1.4281
11°	0.1908	0.9816	0.1944	56°	0.8290	0.5592	1.4826
12°	0.2079	0.9781	0.2126	57°	0.8387	0.5446	1.5399
13°	0.2250	0.9744	0.2309	58°	0.8480	0.5299	1.6003
14°	0.2419	0.9703	0.2493	59°	0.8572	0.5150	1.6643
15°	0.2588	0.9659	0.2679	60°	0.8660	0.5000	1.7321
16°	0.2756	0.9613	0.2867	61°	0.8746	0.4848	1.8040
17°	0.2924	0.9563	0.3057	62°	0.8829	0.4695	1.8807
18°	0.3090	0.9511	0.3249	63°	0.8910	0.4540	1.9626
19°	0.3256	0.9455	0.3443	64°	0.8988	0.4384	2.0503
20°	0.3420	0.9397	0.3640	65°	0.9063	0.4226	2.1445
21°	0.3584	0.9336	0.3839	66°	0.9135	0.4067	2.2460
22°	0.3746	0.9272	0.4040	67°	0.9205	0.3907	2.3559
23°	0.3907	0.9205	0.4245	68°	0.9272	0.3746	2.4751
24°	0.4067	0.9135	0.4452	69°	0.9336	0.3584	2.6051
25°	0.4226	0.9063	0.4663	70°	0.9397	0.3420	2.7475
26°	0.4384	0.8988	0.4877	71°	0.9455	0.3256	2.9042
27°	0.4540	0.8910	0.5095	72°	0.9511	0.3090	3.0777
28°	0.4695	0.8829	0.5317	73°	0.9563	0.2924	3.2709
29°	0.4848	0.8746	0.5543	74°	0.9613	0.2756	3.4874
30°	0.5000	0.8660	0.5774	75°	0.9659	0.2588	3.7321
31°	0.5150	0.8572	0.6009	76°	0.9703	0.2419	4.0108
32°	0.5299	0.8480	0.6249	77°	0.9744	0.2250	4.3315
33°	0.5446	0.8387	0.6494	78°	0.9781	0.2079	4.7046
34°	0.5592	0.8290	0.6745	79°	0.9816	0.1908	5.1446
35°	0.5736	0.8192	0.7002	80°	0.9848	0.1736	5.6713
36°	0.5878	0.8090	0.7265	81°	0.9877	0.1564	6.3138
37°	0.6018	0.7986	0.7536	82°	0.9903	0.1392	7.1154
38°	0.6157	0.7880	0.7813	83°	0.9925	0.1219	8.1443
39°	0.6293	0.7771	0.8098	84°	0.9945	0.1045	9.5144
40°	0.6428	0.7660	0.8391	85°	0.9962	0.0872	11.4301
41°	0.6561	0.7547	0.8693	86°	0.9976	0.0698	14.3007
42°	0.6691	0.7431	0.9004	87°	0.9986	0.0523	19.0811
43°	0.6820	0.7314	0.9325	88°	0.9994	0.0349	28.6363
44°	0.6947	0.7193	0.9657	89°	0.9998	0.0175	57.2900
45°	0.7071	0.7071	1.0000	90°	1.0000	0.0000	なし

三角比の表

（2022年度共通テスト本試験・改）

私たちの身の回りのものを題材とした問題は，共通テストでよく出題されているよ。まずは，問題文を読みながら，普段私たちが使っている数学の形に落とし込んで，考えやすくしていこう。

この問題は，図1で $\tan\angle\mathrm{BAC}$ の値を求めるところからスタートしている。(図1のAC)$=x$，(図1のBC)$=y$ とおいて，考えていこう。

$\angle\mathrm{BAC}=\theta$ としているから，$\tan\theta=\dfrac{y}{x}$ となるね。

太郎君が調べたところ，$\theta=16^\circ$ だったから，

$$\tan 16^\circ=\frac{y}{x} \quad \cdots\cdots①$$

水平方向の縮尺が $\dfrac{1}{100000}$ なので，実際のACの長さは $100000x$ になる。同じように，鉛直方向の縮尺が $\dfrac{1}{25000}$ だから，実際のBCの長さは $25000y$ となるね。

したがって，$\tan\angle\mathrm{BAC}=\dfrac{25000y}{100000x}=\dfrac{1}{4}\cdot\dfrac{y}{x}$

①より，$\tan\angle\mathrm{BAC}=\dfrac{1}{4}\tan 16^\circ$

三角比の表より，$\tan 16^\circ=0.2867$ だから，

$$\tan\angle\mathrm{BAC}=\frac{1}{4}\tan 16^\circ=\frac{1}{4}\times 0.2867=0.071675$$

であるとわかるね。

さて，解答欄を見てみると，どうやら枠に当てはまらなさそうだ。小数第3位までを答えとして記入する必要があるから，注意文にある通り，小数第4位を四捨五入した値を答えよう！

答え **ア.イウエ：0.072**

さて，$\tan\angle\mathrm{BAC}\fallingdotseq 0.072$ なので，三角比の表から $\angle\mathrm{BAC}$ の大きさを求めてみよう。

$$\tan 4^\circ=0.0699,\quad \tan 5^\circ=0.0875$$

とわかるから，$\angle\mathrm{BAC}$ は 4° と 5° の間になるね！

答え **オ：②**

2 動点・大小比較

過去問にチャレンジ

$\angle ACB = 90^\circ$である直角三角形ABCと，その辺上を移動する3点P，Q，Rがある。点P，Q，Rは，次の規則に従って移動する。

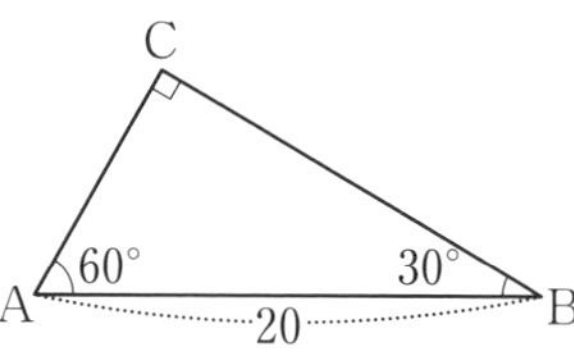

最初，点P，Q，Rはそれぞれ点A，B，Cの位置にあり，点P，Q，Rは同時刻に移動を開始する。 点Pは辺AC上を，点Qは辺BA上を，点Rは辺CB上を，それぞれ向きを変えることなく，一定の速さで移動する。 ただし，点Pは毎秒1の速さで移動する。 点P，Q，Rは，それぞれ点C，A，Bの位置に同時刻に到達し，移動を終了する。

(1) 各点が移動を開始してから2秒後の線分PQの長さと三角形APQの面積Sを求めよ。

PQ＝[ア]$\sqrt{[イウ]}$，S＝[エ]$\sqrt{[オ]}$

(2) 各点が移動する間の線分PRの長さとして，とり得ない値は[カ]，一回だけとり得る値は[キ]，二回だけとり得る値は[ク]である。

[カ]～[ク]の解答群（ただし，とりえる値が複数ある場合は最大のものを選ぶものとし，移動には出発点と到達点も含まれるものとする。）

⓪ $5\sqrt{2}$　① $5\sqrt{3}$　② $4\sqrt{5}$　③ 10　④ $10\sqrt{3}$

(3) 各点が移動する間における三角形APQ，三角形BQR，三角形CRPの面積をそれぞれS_1，S_2，S_3とする。このとき，各時刻におけるS_1，S_2，S_3の間の大小関係と，その大小関係

が時刻とともにどのように変化するかを正しく述べたものは ［ケ］ であり，点P，Q，Rは同時刻に移動を開始してから7秒後におけるS_1，S_2，S_3の間の大小関係は，

［コ］［サ］［シ］［ス］［セ］

である。

［ケ］ の解答群

⓪ S_1，S_2，S_3の大小関係は時刻とともに変化せず一定である。
① S_1，S_2の大小関係は時刻とともに変化せず一定であるが，S_3はS_1，S_2に対して大小関係が変化する。
② S_2，S_3の大小関係は時刻とともに変化せず一定であるが，S_1はS_2，S_3に対して大小関係が変化する。
③ S_3，S_1の大小関係は時刻とともに変化せず一定であるが，S_2はS_3，S_1に対して大小関係が変化する。

の解答群

⓪ S_1　　① S_2　　② S_3

［サ］，［ス］ の解答群（同じものを繰り返し選んでもよい。）

⓪ $=$　　① $<$

（2018年度試行調査・改）

まずは点P以外の速さがわかっていないので，求めておこう。
AC：AB：BC＝1：2：$\sqrt{3}$ だから，AC＝10，BC＝$10\sqrt{3}$ だね。したがって，辺AC上を移動する点PがCに到達する時間は10秒だ。
点Q，点RもそれぞれBA，CBを10秒で移動するから，

点Qの速さは，20÷10＝2より，毎秒2

点Rの速さは，$10\sqrt{3}\div10=\sqrt{3}$ より，毎秒$\sqrt{3}$

とわかるね。

(1)　出発してから2秒後，$AP=2$，$BQ=4$となるから，$AQ=16$

このとき，点P，Qは右の図のようになる。

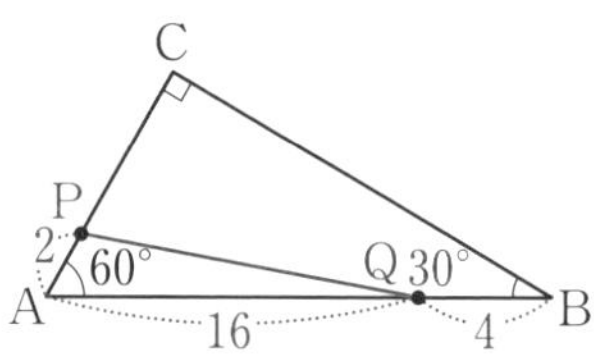

△APQにおいて**余弦定理**を使えば，

$$PQ^2=AP^2+AQ^2-2AP\cdot AQ\cos 60^\circ$$

$$=2^2+16^2-2\cdot 2\cdot 16\cdot\frac{1}{2}=228$$

$PQ>0$より，$PQ=2\sqrt{57}$

また，

$$S=\frac{1}{2}AP\cdot AQ\sin 60^\circ=\frac{1}{2}\cdot 2\cdot 16\cdot\frac{\sqrt{3}}{2}=8\sqrt{3}$$

答え　**ア$\sqrt{\text{イウ}}$：$2\sqrt{57}$**　**エ$\sqrt{\text{オ}}$：$8\sqrt{3}$**

(2)　時間が変化すると，PRの長さも変化していくね。まずは，t秒後$(0\leqq t\leqq 10)$のPRの長さをtを用いて表してみよう。

$AP=t$より，$PC=10-t$

また，$CR=\sqrt{3}t$なので，△PRCで**三平方の定理**を用いると，

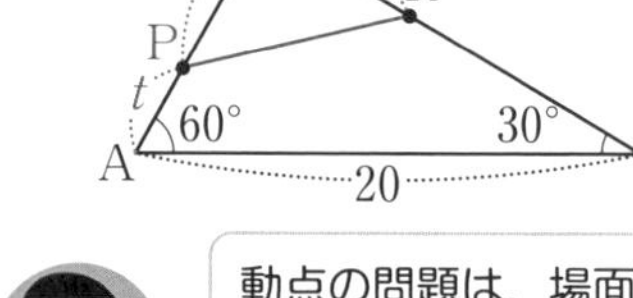

$$PR^2=PC^2+CR^2$$

$$=(10-t)^2+(\sqrt{3}t)^2$$

$$=4t^2-20t+100$$

動点の問題は，場面が変わるたびに図をかき直そう！

よって，$PR=2\sqrt{t^2-5t+25}$

根号の中はtの2次関数になっていて，これを$f(t)$とすると，

$$f(t)=t^2-5t+25=\left(t-\frac{5}{2}\right)^2+\frac{75}{4}$$

と変形できる。

$0\leqq t\leqq 10$に注意すると，

$$f(0)=25,\quad f\left(\frac{5}{2}\right)=\frac{75}{4},\quad f(10)=75$$

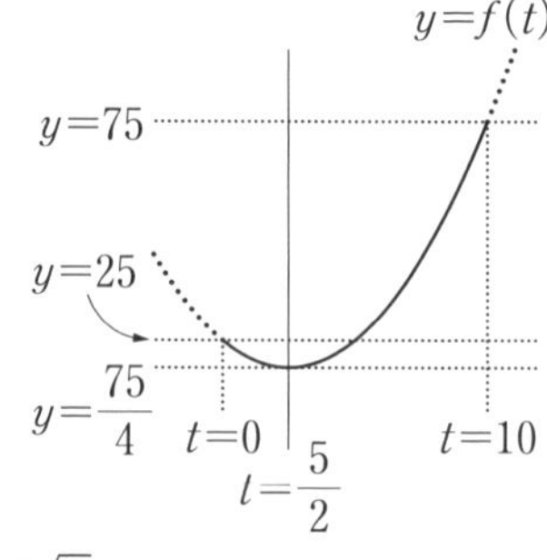

$t=\frac{5}{2}$のとき，$PR=2\sqrt{f\left(\frac{5}{2}\right)}=2\sqrt{\frac{75}{4}}=5\sqrt{3}$

$t=10$ のとき，$\mathrm{PR}=2\sqrt{f(10)}=2\sqrt{75}=10\sqrt{3}$

となるから，**PRは$5\sqrt{3}$より小さい値，または$10\sqrt{3}$よりも大きい値をとることができない**んだ。

したがって，⓪$5\sqrt{2}$は$5\sqrt{2}<5\sqrt{3}$だから，とり得ない値だね。

また，$t=0$ のとき，$\mathrm{PR}=2\sqrt{f(0)}=10$ となるから，$y=f(x)$ のグラフより，$\mathrm{PR}=5\sqrt{3}$ と $10<\mathrm{PR}\leqq 10\sqrt{3}$ の範囲のPRは一回だけとり得ることがわかる。これを満たすのは①$5\sqrt{3}$と④$10\sqrt{3}$の2つだけど，値が大きい方を答えるから，答えは④$10\sqrt{3}$だね。

さらに，PRの長さとして二回だけとり得る値は，$y=f(x)$ のグラフより，$5\sqrt{3}<\mathrm{PR}\leqq 10$ の範囲のものだから，②$4\sqrt{5}$と③10が当てはまる。これも値が大きい方を答えるから，答えは③10だ！

答え　カ：⓪　キ：④　ク：③

(3)　点P，Q，Rが同時に移動を開始してからt秒後には，

$\mathrm{AP}=t$ より，$\mathrm{CP}=10-t$

$\mathrm{BQ}=2t$ より，$\mathrm{AQ}=20-2t$

$\mathrm{CR}=\sqrt{3}t$ より，$\mathrm{BR}=10\sqrt{3}-\sqrt{3}t$

となるから，

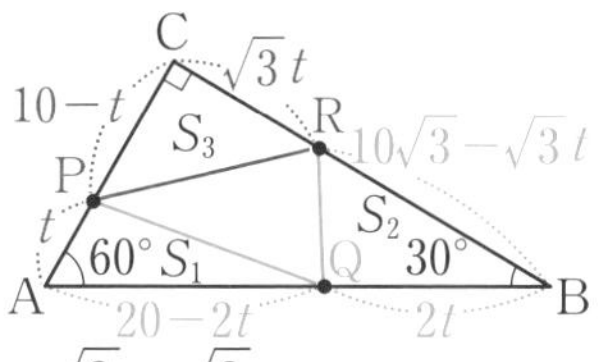

$$S_1=\frac{1}{2}\mathrm{AP}\cdot\mathrm{AQ}\sin 60^\circ=\frac{1}{2}t(20-2t)\cdot\frac{\sqrt{3}}{2}=\frac{\sqrt{3}}{2}t(10-t)$$

$$S_2=\frac{1}{2}\mathrm{BQ}\cdot\mathrm{BR}\sin 30^\circ=\frac{1}{2}\cdot 2t(10\sqrt{3}-\sqrt{3}t)\cdot\frac{1}{2}=\frac{\sqrt{3}}{2}t(10-t)$$

$$S_3=\frac{1}{2}\mathrm{CR}\cdot\mathrm{CP}=\frac{1}{2}\cdot\sqrt{3}t(10-t)=\frac{\sqrt{3}}{2}t(10-t)$$

なんと，すべて同じ式になったね！

つまり，**S_1，S_2，S_3の大小関係は時刻とともに変化せず一定である**ことがいえて，常に$S_1=S_2=S_3$が成り立つんだ。

答え　ケ：⓪　コサシスセ：⓪⓪①⓪②（コ，シ，セは順不同）

POINT

- **身の回りのものを題材として数学的な考察をする問題は，文字を置くなどして見慣れた問題に落とし込んでいこう！**

SECTION 3 図形と計量

THEME 4

総合問題

ここで自きめる!

- (1)を利用して(2)を解こう！
- 空間図形の問題を解こう！

1 面積の最大，体積の最大

過去問にチャレンジ

(1) 点Oを中心とし，半径が5である円Oがある。この円周上に2点A，BをAB=6となるようにとる。また，円Oの円周上に，2点A，Bとは異なる点Cをとる。

(i) sin∠ACB= ア である。また，点Cを∠ACBが鈍角となるようにとるとき，cos∠ACB= イ である。

(ii) 点Cを△ABCの面積が最大となるようにとる。点Cから直線ABに垂直な直線を引き，直線ABとの交点をDとするとき，tan∠OAD= ウ である。また，△ABCの面積は エオ である。

ア ～ ウ の解答群（同じものを繰り返し選んでもよい。）

⓪ $\frac{3}{5}$	① $\frac{3}{4}$	② $\frac{4}{5}$	③ 1
④ $\frac{4}{3}$	⑤ $-\frac{3}{5}$	⑥ $-\frac{3}{4}$	⑦ $-\frac{4}{5}$
⑧ -1	⑨ $-\frac{4}{3}$		

(2) 半径が5である球Sがある。この球面上に3点P，Q，Rをとったとき，これらの3点を通る平面α上でPQ=8，QR=5，RP=9であったとする。

球Sの球面上に点Tを三角錐TPQRの体積が最大となるようにとるとき，その体積を求めよう。

まず，$\cos\angle QPR = \dfrac{\boxed{カ}}{\boxed{キ}}$であることから，△PQRの面積は$\boxed{ク}\sqrt{\boxed{ケコ}}$である。

次に，点Tから平面αに垂直な直線を引き，平面αとの交点をHとする。このとき，PH，QH，RHの長さについて，$\boxed{サ}$が成り立つ。

以上より，三角錐TPQRの体積は

$\boxed{シス}(\sqrt{\boxed{セソ}}+\sqrt{\boxed{タ}})$である。

$\boxed{サ}$の解答群

⓪	PH＜QH＜RH	①	PH＜RH＜QH
②	QH＜PH＜RH	③	QH＜RH＜PH
④	RH＜PH＜QH	⑤	RH＜QH＜PH
⑥	PH＝QH＝RH		

（2023年度共通テスト本試験）

(1)　まずは図をかいていくよ。AB＝6となる線分を**水平に**かこう！

∠ACBが鋭角

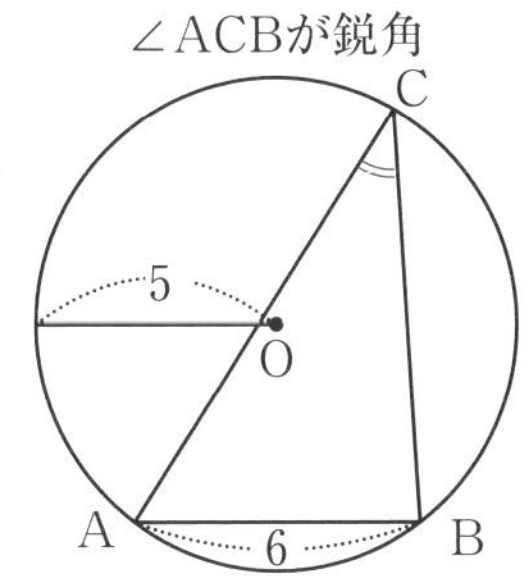

∠ACBが鈍角

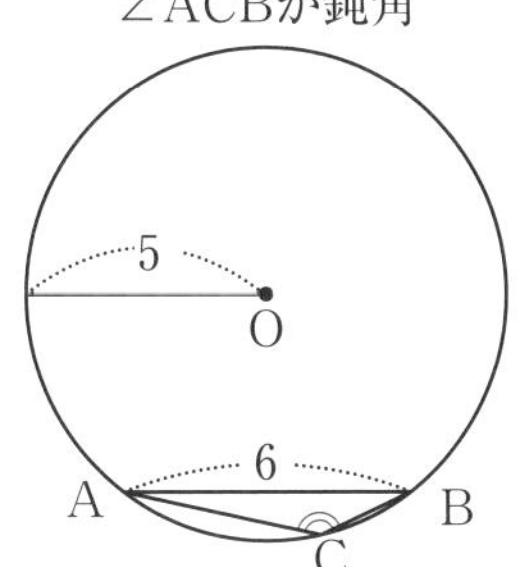

Cが線分ABより円の中心側にあるとき∠ACBは**鋭角**で，線分ABより円の中心の反対側にあるとき∠ACBは**鈍角**になるね。

(i) sin∠ACBを求めていこう！

外接円の半径と**∠ACBの対辺ABの長さ**がわかってるから，
△ABCにおいて**正弦定理**を使えば，

$$\frac{AB}{\sin\angle ACB}=2\cdot 5$$

$$\sin\angle ACB=\frac{6}{10}=\frac{3}{5}$$

∠ACBは鈍角だから，cos∠ACB<0であり，

$$\cos\angle ACB=-\sqrt{1-\sin^2\angle ACB}=-\sqrt{1-\left(\frac{3}{5}\right)^2}=-\frac{4}{5}$$

答え ア：⓪　イ：⑦

(ii) △ABCの面積が最大になるようにするには，AB＝6（一定）より**高さ**を最大にすればいい。円周上の**線分ABから一番遠いところ**に点Cをとればいいね。つまり，**ABに垂直で円の中心Oを通る直線と円との交点**がCになるんだ！

このとき，ABの垂直二等分線と円の交点がCになるから，△ABCはAC＝BCの二等辺三角形になる。つまり，Dは**ABの中点**だ！

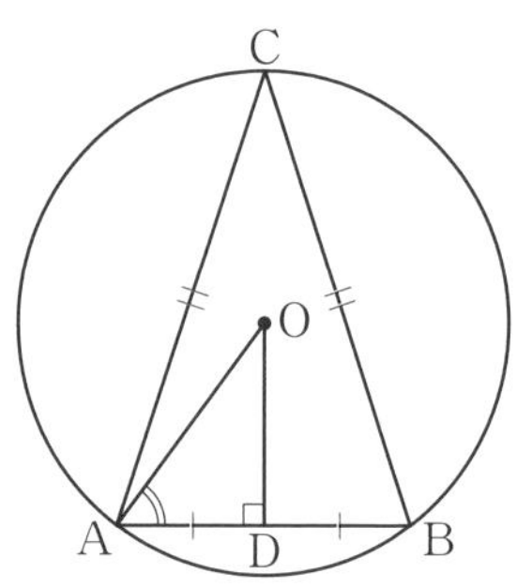

OAは円の半径だから5，

$AD=\frac{1}{2}AB=3$だから，

三平方の定理から，

$$OD=\sqrt{5^2-3^2}=4$$

よって，$\tan\angle OAD=\frac{4}{3}$

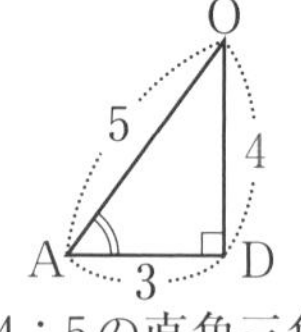

3：4：5の直角三角形

△ABCの面積は，

$$\frac{1}{2}AB\cdot CD=\frac{1}{2}\cdot 6\cdot(5+4)=27$$

答え エオ：27

(2)　まずは△PQRの面積を求めていくよ。

3辺の長さがわかっているから**余弦定理**だ！

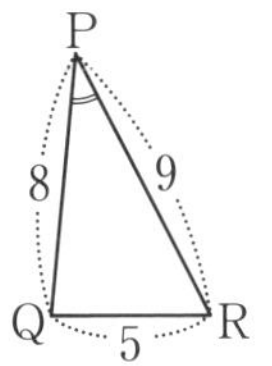

$$\cos\angle QPR = \frac{8^2+9^2-5^2}{2\cdot 8\cdot 9} = \frac{5}{6}$$

答え　**カ：5　キ：6**

三角形の面積は，$\frac{1}{2}PQ\cdot PR\sin\angle QPR$で求められるから，まずは$\sin\angle QPR>0$より，

$$\sin\angle QPR = \sqrt{1-\cos^2\angle QPR} = \sqrt{1-\left(\frac{5}{6}\right)^2} = \frac{\sqrt{11}}{6}$$

したがって，△PQRの面積は，

$$\frac{1}{2}PQ\cdot PR\sin\angle QPR = \frac{1}{2}\cdot 8\cdot 9\cdot\frac{\sqrt{11}}{6} = 6\sqrt{11}$$

答え　**ク：6　ケコ：11**

次は空間図形だよ！

三角錐の体積は$\frac{1}{3}$×**(底面積)**×**(高さ)**だから，底面を△PQRとするとき，**高さ**を最大にするTの位置を考えればいいね。

(1)では底辺AB(一定)で高さを最大にすることで最大の面積を求めたね。これを参考にして(2)を考えていこう。

(1)では，△ABCの面積を最大にする**点CはABから一番遠いところにある点**で，**ABに垂直で円の中心を通る直線と円との交点**だったね！

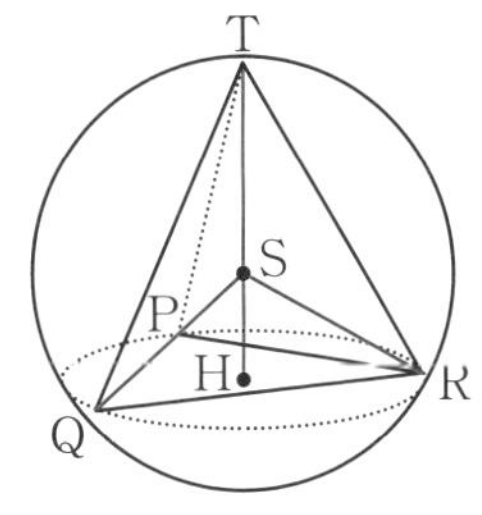

三角錐TPQRの体積を最大にするには，**点Tは3点P，Q，Rを通る平面αから一番遠いところにある点**をとればいいから，**平面αに垂直で球の中心Sを通る直線と円との交点**をTとすればいいんだ。

では，Tから平面αに垂線を引き，平面αとの交点をHとして，PH，QH，RHの長さについて考えていこう！

△SHPと△SHQと△SHRにおいて，球の中心SとP，Q，Rを結ぶと，SP，SQ，SRは球の半径だから，SP＝SQ＝SR＝5

また，SHは共通で，$\angle SHP=\angle SHQ=\angle SHR=90°$

$\triangle SHP$と$\triangle SHQ$と$\triangle SHR$は直角三角形で斜辺（半径）と他の1辺（SH）がそれぞれ等しいから，$\triangle SHP\equiv\triangle SHQ\equiv\triangle SHR$

よって，対応する辺は等しいから，$PH=QH=RH$

答え サ：⑥

つまり，HはP，Q，Rから等距離にある点だから，**△PQRの外接円の中心**だね！

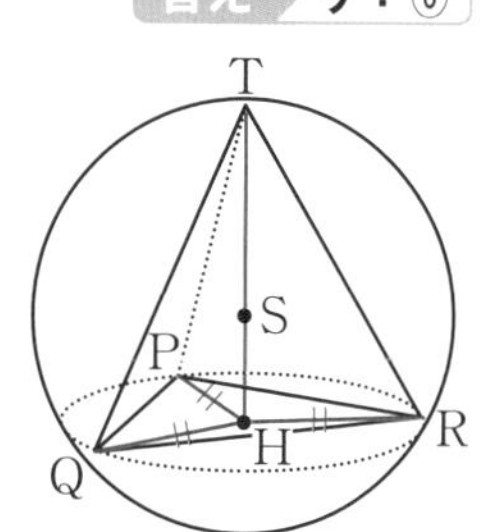

三角錐TPQRの体積は，$\frac{1}{3}\times\triangle PQR\times TH$

だから，THの長さを求めよう。

$$TH=TS+SH$$

TSは球の半径だから，$TS=5$

直角三角形SHPに注目すれば，SPは球の半径5，PHは△PQRの**外接円の半径**だから，**正弦定理**でPHを求めれば，あとは**三平方の定理**でSHが出そうだ。

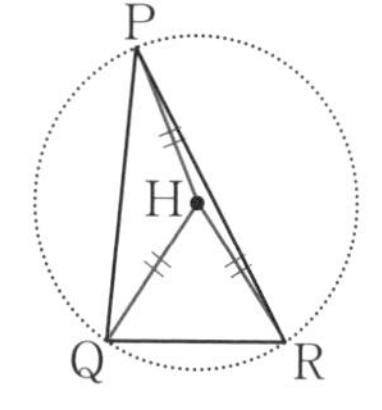

△PQRにおいて**正弦定理**を使えば，

$$2PH=\frac{QR}{\sin\angle QPR}$$

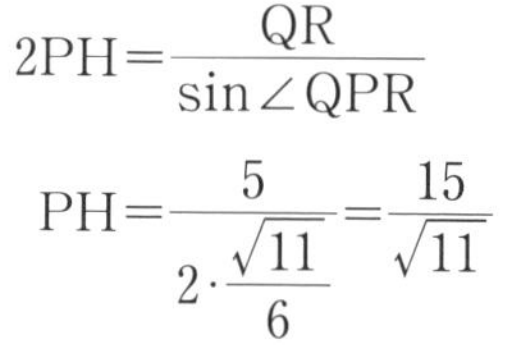

$$PH=\frac{5}{2\cdot\frac{\sqrt{11}}{6}}=\frac{15}{\sqrt{11}}$$

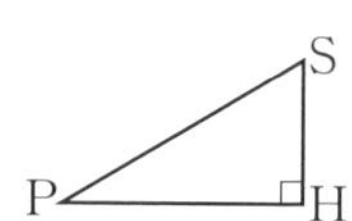

よって，**三平方の定理**より，

$$SH=\sqrt{5^2-\left(\frac{15}{\sqrt{11}}\right)^2}=\sqrt{\frac{5^2\cdot 11-5^2 3^2}{11}}=\sqrt{\frac{5^2(11-9)}{11}}=\frac{5\sqrt{2}}{\sqrt{11}}$$

したがって，四角錐TPQRの体積は

$$\frac{1}{3}\times\triangle PQR\times TH=\frac{1}{3}\cdot 6\sqrt{11}\left(5+\frac{5\sqrt{2}}{\sqrt{11}}\right)=10(\sqrt{11}+\sqrt{2})$$

答え シス：10　セソ：11　タ：2

POINT

- 球に内接する三角錐の問題では，**中心と頂点を結ぼう！**

SECTION

データの分析

THEME

SECTION 4で学ぶこと

「データの分析」は，他の単元と絡めた問題が出しづらく，模試などにも登場しにくいので，多くの受験生は演習量が圧倒的に少ない。問題文が長いものが多く，誘導に合わせて問題を解くために必要な情報とそうでない情報を見極める訓練が必要だ。できれば，センター試験まで遡り，過去問10年分くらいは経験しておきたい。

問題文の必要箇所だけピックアップする速読力を鍛える！

問題文は「花子さんが通う学校では……」なんて始まることが多いけど，このとき必要なのは「賛成と反対の数だけ押さえる」のような**重要情報**のピックアップ。すべてに目をこらして読むのではなく，強弱を付けながら，ある程度飛ばし読みができるようになるのが望ましい。「スキャン」という読み方だが，９割得点するレベルの受験生なら当然持っている能力だ。

少しでもそこに近づくには，**解き直しを丁寧に行うこと**。解答と合わせて問題文をもう一度読むことで，「ここは詳しく読まなくてもよかったんだ」など，情報の取捨選択の部分でも反省点が見えてくる。問題文の読み取り精度が上がると，時間を短縮できるようになる。

また，問題が進むにつれて難易度が上がっていくという構成にはなっていないのも，この単元の特徴だ。中盤や終盤に簡単な問題が不意に現れたりするので，時間配分を意識しつつ，諦めないで最後まで取り組むようにしよう。

ここが問われる！

定義を正しく理解し，公式をきちんと覚えよう！

平均とは？　分散とは？　偏差とは？　標準偏差とは？　といった定義は完璧に！　意味を正しく理解して公式を覚えているかを問うだけの簡単な計算問題はよく出てくる。算出方法（公式）だけでなく定義の意味を理解していると，無駄な計算での時間ロスも防げる。例えば，「あるクラスのテストの点数で分散を出した。採点ミスがあったので，全員に５点追加した。分散はどうなる？」という問題があったとして，「分散＝データの散らばりのこと」と理解していれば，全体の点数が５点上がったとしても，分散（データの散らばり）は変わらないということがわかるよね。でも，計算方法を覚えているだけの人は，計算し直してしまう。言葉の意味を正しく理解しているだけで，問題を解く効率が大きくアップするのが，この単元の特徴だ。

ヒストグラム，散布図，変量変換は出やすい！

出題パターンとしては，**ヒストグラムや散布図の読み取り，変量変換の問題**はよく出るぞ。特に変量変換は，「クラスの生徒の点数をそれぞれ２倍して５点ずつ足して……」といった処理をさせる設定の問題が出やすい。なぜヒストグラムを使うのか，なぜ散布図を使うのか，なぜ標準偏差を使うのかといった図や計算処理の目的と特徴に注意して学ぼう。

「四分位範囲」「四分位偏差」「第3四分位数」みたいな用語も，意味を知っているだけで得点できる問題が出ているよ。確認しておいてね。

THEME 1

代表値

ここできめる！

平均，分散，標準偏差を正しく理解し，求められるようになろう。

1 平均と分散

過去問にチャレンジ

花子さんの通う学校では，生徒会会則の一部を変更することの賛否について生徒全員が投票をすることになった。投票結果に関心がある花子さんは，身近な人たちに尋ねて下調べをしてみようと思い，各回答が賛成ならば1，反対ならば0と表すことにした。このようにして作成される n 人分のデータを x_1，x_2，…，x_n と表す。ただし，賛成と反対以外の回答はないものとする。

例えば，10人について調べた結果が

0，1，1，1，0，1，1，1，1，1

であったならば，$x_1=0$，$x_2=1$，…，$x_{10}=1$ となる。この場合，データの値の総和は8であり，平均値は $\frac{4}{5}$ である。

(1) データの値の総和 $x_1+x_2+\cdots+x_n$ は ア と一致し，平均値 $\overline{x}=\frac{x_1+x_2+\cdots+x_n}{n}$ は イ と一致する。

ア, イ の解答群（同じものを繰り返し選んでもよい。）

⓪ 賛成の人の数
① 反対の人の数
② 賛成の人の数から反対の人の数を引いた値
③ n 人中における賛成の人の割合
④ n 人中における反対の人の割合
⑤ $\dfrac{\text{賛成の人の数}}{\text{反対の人の数}}$ の値

(2) 花子さんは，0と1だけからなるデータの平均値と分散について考えてみることにした。

$m=x_1+x_2+\cdots+x_n$ とおくと，平均値は $\dfrac{m}{n}$ である。また，分散を s^2 で表す。s^2 は，0と1の個数に着目すると

$$s^2=\frac{1}{n}\left\{\boxed{\text{ウ}}\left(1-\frac{m}{n}\right)^2+\boxed{\text{エ}}\left(0-\frac{m}{n}\right)^2\right\}=\boxed{\text{オ}}$$

と表すことができる。

ウ, エ の解答群（同じものを繰り返し選んでもよい。）

⓪ n	① m	② $(n-m)$	③ $\dfrac{m}{n}$
④ $\left(1-\dfrac{m}{n}\right)$	⑤ $\dfrac{n}{2}$	⑥ $\dfrac{m}{2}$	⑦ $\dfrac{n-m}{2}$

オ の解答群

⓪ $\dfrac{m^2}{n^2}$	① $\left(1-\dfrac{m}{n}\right)^2$	② $\dfrac{m(n-m)}{n^2}$
③ $\dfrac{m(1-m)}{n^2}$	④ $\dfrac{m(n-m)}{2n^2}$	⑤ $\dfrac{n^2-3mn+3m^2}{n^2}$
⑥ $\dfrac{n^2-2mn+2m^2}{2n^2}$		

（2023年度共通テスト追試験）

(1) 問題文中で例としてあげられている10人について調べた結果を表にすると，次のようになる。

n	1	2	3	4	5	6	7	8	9	10
x_n	0	1	1	1	0	1	1	1	1	1

この場合，賛成が8人いることがわかるね。
すると，$x_1+x_2+\cdots+x_{10}=8$となるから，
データの総和$x_1+x_2+\cdots+x_n$は**賛成の人の数**と一致するよ。

次に，データの平均$\overline{x}=\dfrac{x_1+x_2+\cdots+x_n}{n}$について考えよう。賛成の人の数（分子）を全体の人数（分母）で割っているから，**この式がn人中における賛成の人の割合**を表していることがわかるね。

答え ア：⓪　イ：③

(2) $m=x_1+x_2+\cdots+x_n$としているから，(1)で確認した通り，mは賛成の人の数を表している。さて，分散のs^2はどのように求められるか考えてみよう。
例えば，最初の10人について調べた結果の場合，分散は

$$s^2=\frac{1}{10}\{(x_1-\overline{x})^2+(x_2-\overline{x})^2+(x_3-\overline{x})^2+\cdots+(x_{10}-\overline{x})^2\}$$

$$=\frac{1}{10}\{(0-\overline{x})^2+(1-\overline{x})^2+(1-\overline{x})^2+\cdots+(1-\overline{x})^2\}$$

となるね。
賛成の人の数は8人だったから，{　}の中の$(1-\overline{x})^2$の数は賛成の人の数である8だけ，$(0-\overline{x})^2$の数は反対の人の数である$10-8(=2)$だけあることになる。よって，

$$s^2=\frac{1}{10}\{8\times(1-\overline{x})^2+(10-8)\times(0-\overline{x})^2\}$$

これをもとに考えると，求める分散s^2は，

$$s^2=\frac{1}{n}\{(賛成の人の数)\times(1-\overline{x})^2+(反対の人の数)(0-\overline{x})^2\}$$

$$=\frac{1}{n}\left\{m\left(1-\frac{m}{n}\right)^2+(n-m)\left(0-\frac{m}{n}\right)^2\right\}$$

$$=\frac{1}{n}\left\{m\left(1-\frac{2m}{n}+\frac{m^2}{n^2}\right)+(n-m)\frac{m^2}{n^2}\right\}$$

$$=\frac{1}{n}\left(m-\frac{2m^2}{n}+\frac{m^3}{n^2}+\frac{m^2}{n}-\frac{m^3}{n^2}\right)$$

$$=\frac{1}{n}\left(m-\frac{m^2}{n}\right)$$

$$=\frac{1}{n}\left(\frac{mn-m^2}{n}\right)$$

$$=\frac{m(n-m)}{n^2}$$

答え ウ：① エ：② オ：②

2 度数分布表・ヒストグラム

過去問にチャレンジ

総務省が実施している国勢調査では都道府県ごとの総人口が調べられており，その内訳として日本人人口と外国人人口が公表されている。また，外務省では旅券（パスポート）を取得した人数を都道府県ごとに公表している。加えて，文部科学省では都道府県ごとの小学校に在籍する児童数を公表している。

そこで，47都道府県の，人口1万人あたりの外国人人口（以下，外国人数），人口1万人あたりの小学校児童数（以下，小学生数），また，日本人1万人あたりの旅券を取得した人数（以下，旅券取得者数）を，それぞれ計算した。

図1は，2010年における47都道府県の，旅券取得者数（横軸）と小学生数（縦軸）の関係を黒丸で，また，旅券取得者数（横軸）と外国人数（縦軸）の関係を白丸で表した散布図である。

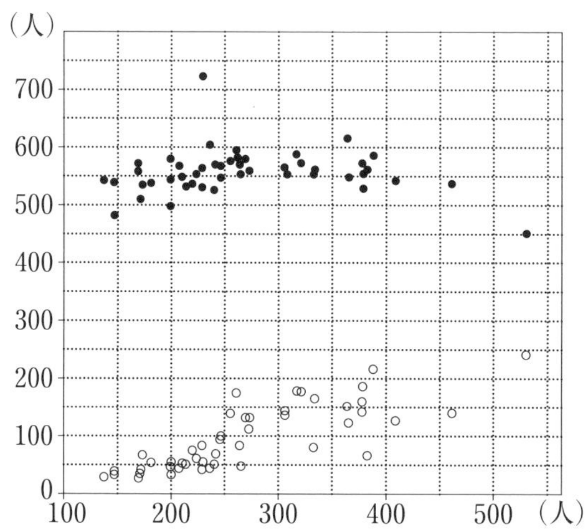

図1　2010年における，旅券取得者数と小学生数の散布図（黒丸），旅券取得者数と外国人数の散布図（白丸）

（出典：外務省，文部科学省および総務省のWebページにより作成）

(1)　一般に，度数分布表

階級値	x_1	x_2	x_3	x_4	$\cdots$	x_k	計
度数	f_1	f_2	f_3	f_4	$\cdots$	f_k	n

が与えられていて，各階級に含まれるデータの値がすべてその階級値に等しいと仮定すると，平均値$\overline{x}$は

$$\overline{x}=\frac{1}{n}(x_1f_1+x_2f_2+x_3f_3+x_4f_4+\cdots\cdots+x_kf_k)$$

で求めることができる。

さらに階級の幅が一定で，その値がhのときは

$x_2=x_1+h$，$x_3=x_1+2h$，$x_4=x_1+3h$，……，$x_k=x_1+(k-1)h$

に注意すると$\overline{x}=$ **ア** と変形できる。

ア の解答群

⓪ $\dfrac{x_1}{n}(f_1+f_2+f_3+f_4+\cdots\cdots+f_k)$

① $\dfrac{h}{n}(f_1+2f_2+3f_3+4f_4+\cdots\cdots+kf_k)$

② $x_1+\dfrac{h}{n}(f_2+f_3+f_4+\cdots\cdots+f_k)$

③ $x_1+\dfrac{h}{n}\{f_2+2f_3+3f_4+\cdots\cdots+(k-1)f_k\}$

④ $\dfrac{1}{2}(f_1+f_k)x_1-\dfrac{1}{2}(f_1+kf_k)$

図2は，2008年における47都道府県の旅券取得者数のヒストグラムである。なお，ヒストグラムの各階級の区間は，左側の数値を含み，右側の数値を含まない。

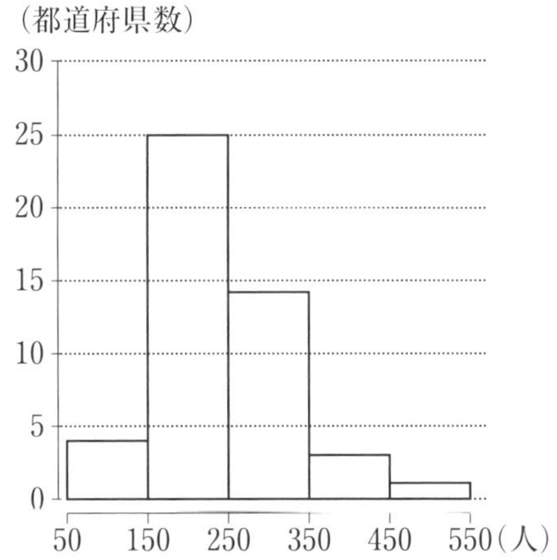

図2　2008年における旅券取得者数のヒストグラム
（出典：外務省のWebページにより作成）

図2のヒストグラムに関して，各階級に含まれるデータの値がすべてその階級値に等しいと仮定する。このとき，平均値 $\overline{x}$ は小数第1位を四捨五入すると イウエ である。

SECTION 4 データの分析

(2) 一般に，度数分布表

階級値	x_1	x_2	…	x_k	計
度数	f_1	f_2	…	f_k	n

が与えられていて，各階級に含まれるデータの値がすべてその階級値に等しいと仮定すると，分散s^2は

$$s^2=\frac{1}{n}\{(x_1-\overline{x})^2f_1+(x_2-\overline{x})^2f_2+\cdots\cdots+(x_k-\overline{x})^2f_k\}$$

で求めることができる。さらにs^2は

$$s^2=\frac{1}{n}\{(x_1{}^2f_1+x_2{}^2f_2+\cdots\cdots+x_k{}^2f_k)-2\overline{x}\times\boxed{\text{オ}}+(\overline{x})^2\times\boxed{\text{カ}}\}$$

と変形できるので

$$s^2=\frac{1}{n}(x_1{}^2f_1+x_2{}^2f_2+\cdots\cdots+x_k{}^2f_k)-\boxed{\text{キ}} \quad \cdots\cdots①$$

である。

オ ～ キ の解答群(同じものを繰り返し選んでもよい。)

⓪ n	① n^2	② $\overline{x}$	③ $n\overline{x}$	④ $2n\overline{x}$
⑤ $n^2\overline{x}$	⑥ $(\overline{x})^2$	⑦ $n(\overline{x})^2$	⑧ $2n(\overline{x})^2$	⑨ $3n(\overline{x})^2$

図2のヒストグラムに関して，各階級に含まれるデータの値がすべてその階級値に等しいと仮定すると，平均値$\overline{x}$は(1)で求めた イウエ である。イウエ の値と式①を用いると，分散s^2は ク である。

ク の解答群

⓪ 3900	① 4900	② 5900	③ 6900
④ 7900	⑤ 8900	⑥ 9900	⑦ 10900

(2021年度共通テスト追試験・改)

1 代表値

(1)　$x_2=x_1+h$，$x_3=x_1+2h$，$x_4=x_1+3h$，……，$x_k=x_1+(k-1)h$
なので，

$$\bar{x}=\frac{1}{n}(x_1f_1+x_2f_2+x_3f_3+x_4f_4+\cdots\cdots+x_kf_k)$$

$$=\frac{1}{n}\{\underline{x_1f_1}+(\underline{x_1}+h)\underline{f_2}+(\underline{x_1}+2h)\underline{f_3}+(\underline{x_1}+3h)\underline{f_4}$$

$$+\cdots\cdots+(\underline{x_1}+(k-1)h)\underline{f_k}\}$$

$$=\frac{1}{n}\{\underline{x_1(f_1+f_2+f_3+f_4+\cdots\cdots+f_k)}$$

$$+(hf_2+2hf_3+3hf_4+\cdots\cdots+(k-1)hf_k)\}$$

ここで，$f_1+f_2+f_3+f_4+\cdots\cdots+f_k=n$だから，

$$\bar{x}=\frac{1}{n}\{x_1n+h(f_2+2f_3+3f_4+\cdots\cdots+(k-1)f_k)\}$$

$$=x_1+\frac{h}{n}\{f_2+2f_3+3f_4+\cdots\cdots+(k-1)f_k\}\quad\cdots\cdots(*)$$

と変形することができるよ。

答え　ア：③

次に，図2のヒストグラムを度数分布表になおしてみよう。

階級値	50以上150未満	150～250	250～350	350～450	450～500	計
度数	4	25	14	3	1	47

さて，(1)で求めた(*)を用いて，$\bar{x}$の値を求めていくよ。
50以上150未満の階級値をx_1とすると，$x_1=100$。階級の幅は100だから$h=100$。これらの値を(*)にあてはめて計算すると，

$$\bar{x}=x_1+\frac{h}{n}(f_2+2f_3+3f_4+4f_5)$$

$$=100+\frac{100}{47}(25+2\times14+3\times3+4\times1)$$

$$=100+\frac{100}{47}\times66$$

$$=240.4\cdots$$

よって，小数第1位を四捨五入すると，$\bar{x}$の値は240となるね。

答え　イウエ：240

(2) 問題文の冒頭で，分散の定義が述べられているよ。

$$s^2=\frac{1}{n}\{(x_1-\overline{x})^2f_1+(x_2-\overline{x})^2f_2+\cdots\cdots+(x_k-\overline{x})^2f_k\} \quad \cdots\cdots(**)$$

これを変形して，新しい分散の公式を導いているわけだ。丁寧に式変形していこう。

{ }の $(x_\square-\overline{x})^2$ をすべて展開して整理すると，

$$\{x_1{}^2-2x_1\overline{x}+(\overline{x})^2\}f_1+\{x_2{}^2-2x_2\overline{x}+(\overline{x})^2\}f_2 +\cdots\cdots+\{x_k{}^2-2x_k\overline{x}+(\overline{x})^2\}f_k$$

$$=(x_1{}^2f_1+x_2{}^2f_2+\cdots+x_k{}^2f_k)-2\overline{x}(x_1f_1+x_2f_2+\cdots+x_kf_k) +(\overline{x})^2(f_1+f_2+\cdots+f_k)$$

と変形できる。ここで，(1)の最初に $x_1f_1+x_2f_2+\cdots+x_kf_k=n\overline{x}$ とあったね。さらに，$f_1+f_2+\cdots+f_k=n$ だから，(**)は

$$s^2=\frac{1}{n}\{(x_1{}^2f_1+x_2{}^2f_2+\cdots+x_k{}^2f_k)-2\overline{x}\times n\overline{x}+(\overline{x})^2\times n\}$$

と変形できる。

答え オ：③　カ：⓪

この式を整理していこう。

$$s^2=\frac{1}{n}\{(x_1{}^2f_1+x_2{}^2f_2+\cdots+x_k{}^2f_k)-2n(\overline{x})^2+n(\overline{x})^2\}$$

$$=\frac{1}{n}\{(x_1{}^2f_1+x_2{}^2f_2+\cdots+x_k{}^2f_k)-n(\overline{x})^2\}$$

$$=\frac{1}{n}(x_1{}^2f_1+x_2{}^2f_2+\cdots+x_k{}^2f_k)-(\overline{x})^2 \quad \cdots\cdots②$$

であることがわかるよ。

答え キ：⑥

②は公式として非常に有名なものなんだ。
$\frac{1}{n}(x_1{}^2f_1+x_2{}^2f_2+\cdots+x_k{}^2f_k)$ は各データの値（階級値）を2乗したものの平均を表しているね。
つまり，分散は

（分散）＝（2乗の平均）－（平均の2乗）

として表すことができるよ。

この問題はその公式を実際に証明したものだったんですね！

さて，これらを踏まえたうえで最後の問題を解いていこう。図3のヒストグラムから分散s^2を求めてみよう。
度数分布表を少し工夫して整理してみると，次のようになるよ。

x	100	200	300	400	500	
x^2	100^2	$2^2\cdot100^2$	$3^2\cdot100^2$	$4^2\cdot100^2$	$5^2\cdot100^2$	
f	4	25	14	3	1	47

したがって，(2乗の平均)は，

$$\frac{1}{47}(100^2\times4+4\cdot100^2\times25+9\cdot100^2\times14+16\cdot100^2\times3+25\cdot100^2\times1)$$

$$=\frac{100^2}{47}(4+100+126+48+25)$$

$$=\frac{100^2\times303}{47}\fallingdotseq64468$$

と計算できる。
一方で，(平均の2乗)は$240^2=57600$となるから，②より，

$$s^2=64468-57600$$
$$=6868$$

と求められたね！
あとは選択肢から最も近い値を選ぼう。

答え ク：③

POINT

- **データの分析で用いられる用語は正しく記憶しておこう！**
- **平均，分散，標準偏差などは，定義（公式）を正しく記憶し，その意味も理解しておこう！**
- **(分散)＝(2乗の平均)－(平均の2乗)は超頻出。こちらを使った方が早く分散を求められないか，常にアンテナを張っておこう！**

THEME

2 データの相関

ここで 覚きめる!

- 箱ひげ図の各名称やその意味を正しく理解しよう。
- 共分散の定義式や計算方法を正しく理解しよう。

1 相関係数

過去問にチャレンジ

ある高校2年生40人のクラスで一人2回ずつハンドボール投げの飛距離のデータを取ることにした。次の図は，1回目のデータを横軸に，2回目のデータを縦軸にとった散布図である。なお，一人の生徒が欠席したため，39人のデータとなっている。

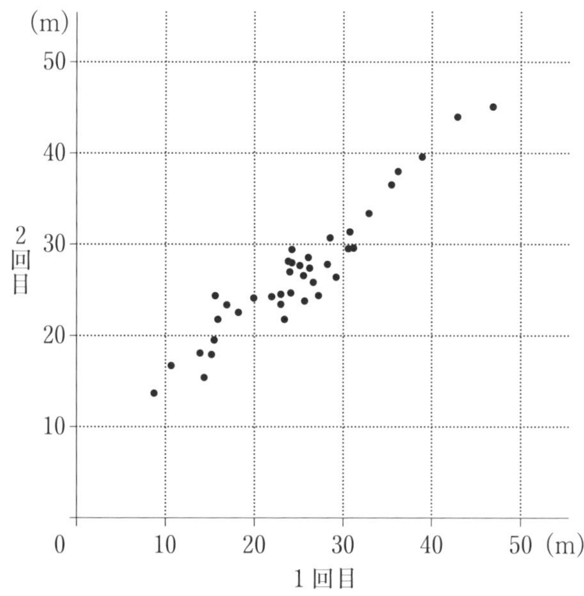

	平均値	中央値	分散	標準偏差
1回目のデータ	24.70	24.30	67.40	8.21
2回目のデータ	26.90	26.40	48.72	6.98

1回目のデータと2回目のデータの共分散	54.30

(共分散とは1回目のデータの偏差と2回目のデータの偏差の積の平均である)

(1) 1回目のデータと2回目のデータの相関係数に最も近い値は，［ア］である。

［ア］の解答群

⓪ 0.67　① 0.71　② 0.75　③ 0.79
④ 0.83　⑤ 0.87　⑥ 0.91　⑦ 0.95
⑧ 0.99　⑨ 1.03

(2) 欠席していた一人の生徒について，別の日に同じようにハンドボール投げの記録を2回取ったところ，1回目の記録が24.7m，2回目の記録は26.9mであった。この生徒の記録を含めて計算し直したときの新しい共分散をA，もとの共分散をB，新しい相関係数をC，もとの相関係数をDとする。AとBの大小関係およびCとDの大小関係について，［イ］が成り立つ。

［イ］の解答群

⓪ $A>B$，$C>D$　① $A>B$，$C=D$
② $A>B$，$C<D$　③ $A=B$，$C>D$
④ $A=B$，$C=D$　⑤ $A=B$，$C<D$
⑥ $A<B$，$C>D$　⑦ $A<B$，$C=D$
⑧ $A<B$，$C<D$

(2015年度センター本試験)

(1) 1回目のデータをx, 2回目のデータをyとおき, s_{xy}をxとyの共分散, s_xをxの標準偏差, s_yをyの標準偏差とすると,
相関係数r_{xy}は,

$$r_{xy}=\frac{s_{xy}}{s_x s_y}$$

で求められるね。表のデータから,

$$s_x=8.21,\ s_y=6.98,\ s_{xy}=54.30$$

がわかるから, 1回目と2回目のデータの相関係数は,

$$\frac{54.30}{8.21\times6.98}=0.947\cdots\cdots\fallingdotseq0.95$$

答え ア：⑦

今回のように, 相関係数が選択肢で与えられているときは, 概数で計算すると計算の手間が省けることもあるよ。

8.21≒8.20, 6.98≒7.00とすると,

$$\frac{54.30}{8.21\times6.98}\fallingdotseq\frac{543000}{820\times700}\fallingdotseq\frac{543}{574}\fallingdotseq0.946$$

と計算できて, 少しだけラクになるんですね！

(2) 欠席していた生徒の1回目, 2回目の記録は, ともに1回目, 2回目の平均値と等しくなっているね。ってことは, **新しい平均値は1回目, 2回目ともに39人で求めたときの平均値と変わらない**わけだ。また, この生徒の1回目, 2回目の記録の偏差(平均値との差)は0で, その他の生徒の偏差は平均値が変わらないから, もとの偏差に等しくなっているね。

$$B=\frac{(偏差の積の和)}{39}$$

出席していた39人の偏差の積の和は$39B$だから, 新しい共分散Aは,

$$A=\frac{39B+0\cdot0}{40}=\frac{39}{40}B$$

と表せる。つまり, $A<B$が成り立つ。

次に相関係数を考えていこう。

相関係数を求めるためには，1回目，2回目のそれぞれのデータの分散が必要になるから，1回目のデータの新しい分散をX_1，もとの分散をX_2，2回目のデータの新しい分散をY_1，もとの分散をY_2とすると，

$$X_1=\frac{39X_2+0^2}{40}=\frac{39}{40}X_2,\quad Y_1=\frac{39Y_2+0^2}{40}=\frac{39}{40}Y_2$$

となる。もとの相関係数Dが，$D=\dfrac{B}{\sqrt{X_2}\sqrt{Y_2}}$であることに注意すると，新しい相関係数$C$は，

$$\begin{aligned}C&=\frac{A}{\sqrt{X_1}\sqrt{Y_1}}\\&=\frac{\frac{39}{40}B}{\sqrt{\frac{39}{40}X_2}\sqrt{\frac{39}{40}Y_2}}\\&=\frac{\frac{39}{40}B}{\frac{39}{40}\sqrt{X_2}\sqrt{Y_2}}\\&=\frac{B}{\sqrt{X_2}\sqrt{Y_2}}\\&=D\end{aligned}$$

よって，$A<B$，$C=D$が成り立つ。

答え　イ：⑦

2　箱ひげ図とヒストグラム

過去問にチャレンジ

就業者の従事する産業は，勤務する事業所の主な経済活動の種類によって，第1次産業（農業，林業と漁業），第2次産業（鉱

業，建設業と製造業），第3次産業（前記以外の産業）の三つに分類される。国の労働状況の調査（国勢調査）では，47の都道府県別に第1次，第2次，第3次それぞれの産業ごとの就業者数が発表されている。ここでは都道府県別に，就業者数に対する各産業に就業する人数の割合を算出したものを，各産業の「就業者数割合」と呼ぶことにする。

(1) 図1は，1975年度から2010年度まで5年ごとの8個の年度（それぞれを時点という）における都道府県別の三つの産業の就業者数割合を箱ひげ図で表したものである。各時点の箱ひげ図は，それぞれ上から順に第1次産業，第2次産業，第3次産業のものである。

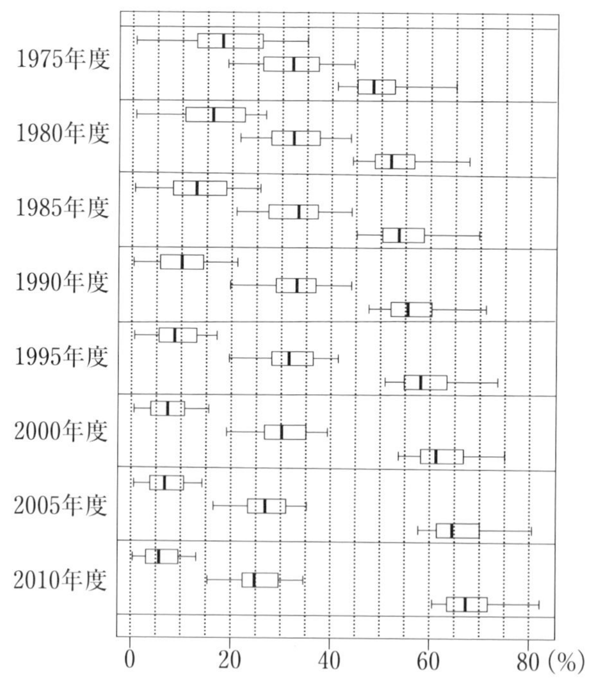

図1　三つの産業の就業者数割合の箱ひげ図　（出典：総務省のWebページにより作成）

図1から読み取れることとして**正しくないもの**は［ア］と［イ］である。

［ア］，［イ］の解答群（解答の順序は問わない。）

⓪　第1次産業の就業者数割合の四分位範囲は，2000年度までは，後の時点になるにしたがって減少している。
①　第1次産業の就業者数割合について，左側のひげの長さと右側のひげの長さを比較すると，どの時点においても左側の方が長い。
②　第2次産業の就業者数割合の中央値は，1990年度以降，後の時点になるにしたがって減少している。
③　第2次産業の就業者数割合の第1四分位数は，後の時点になるにしたがって減少している。
④　第3次産業の就業者数割合の第3四分位数は，後の時点になるにしたがって増加している。
⑤　第3次産業の就業者数割合の最小値は，後の時点になるにしたがって増加している。

(2)　(1)で取り上げた8時点の中から5時点を取り出して考える。各時点における都道府県別の，第1次産業と第3次産業の就業者数割合のヒストグラムを一つのグラフにまとめてかいたものが，次の五つのグラフである。それぞれの右側の網掛けしたヒストグラムが第3次産業のものである。なお，ヒストグラムの各階級の区間は，左側の数値を含み，右側の数値を含まない。

・1985年度におけるグラフは［ウ］である。
・1995年度におけるグラフは［エ］である。

ウ, エ の解答群（同じものを繰り返し選んでもよい。）

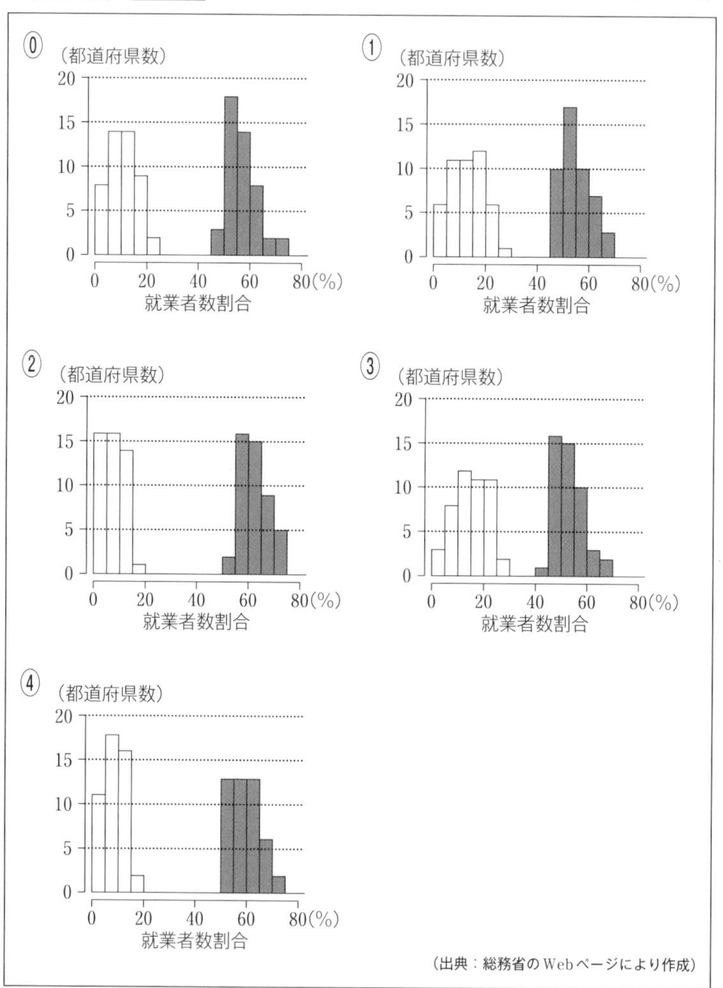

（出典：総務省のWebページにより作成）

(3) 三つの産業から二つずつを組み合わせて都道府県別の就業者数割合の散布図を作成した。図2の散布図群は，左から順に1975年度における第1次産業（横軸）と第2次産業（縦軸）の散布図，第2次産業（横軸）と第3次産業（縦軸）の散布図，および第3次産業（横軸）と第1次産業（縦軸）の散布図である。また，図3は同様に作成した2015年度の散布図群である。

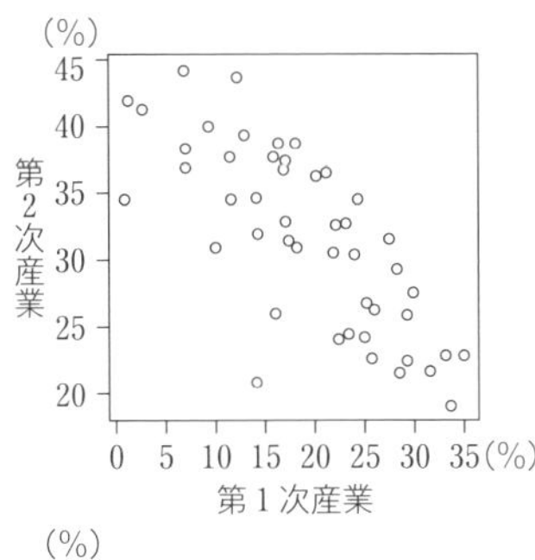

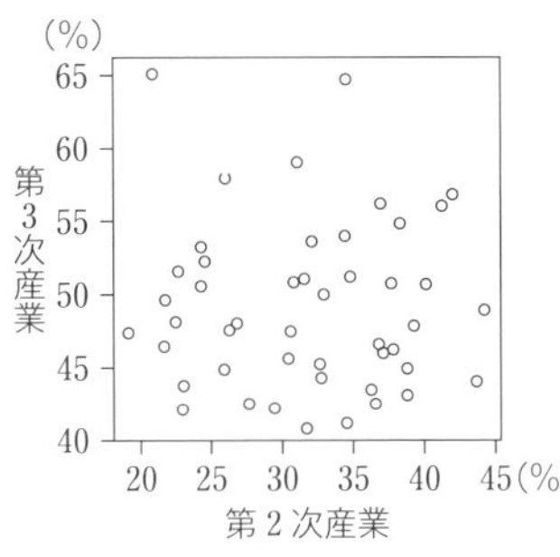

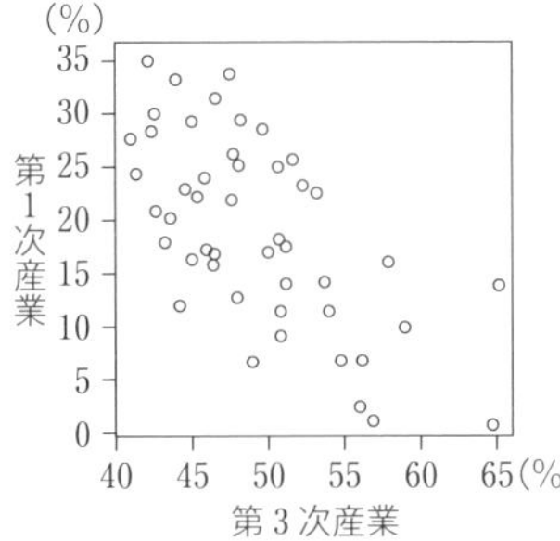

図2 1975年度の散布図群

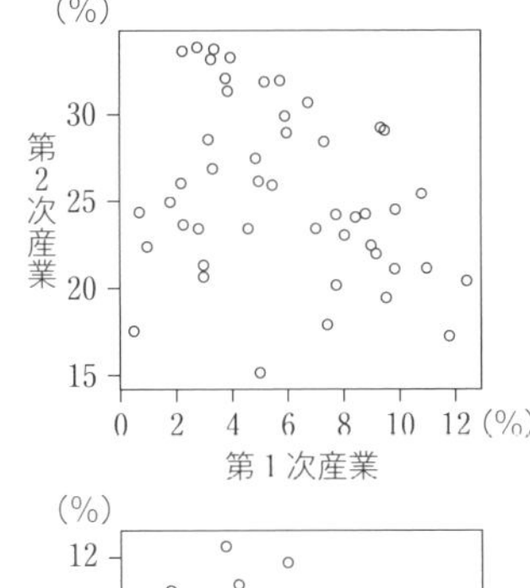

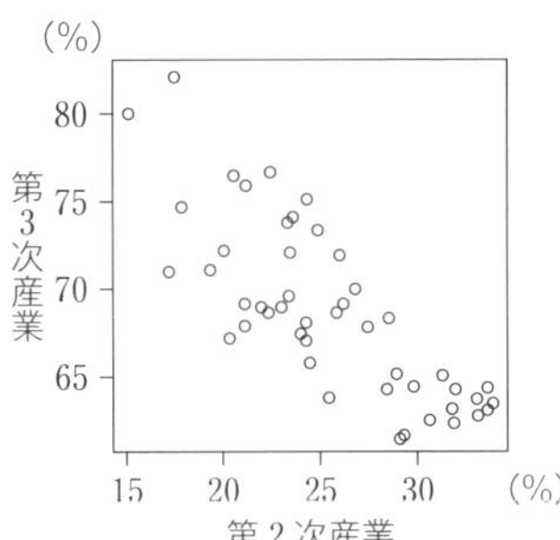

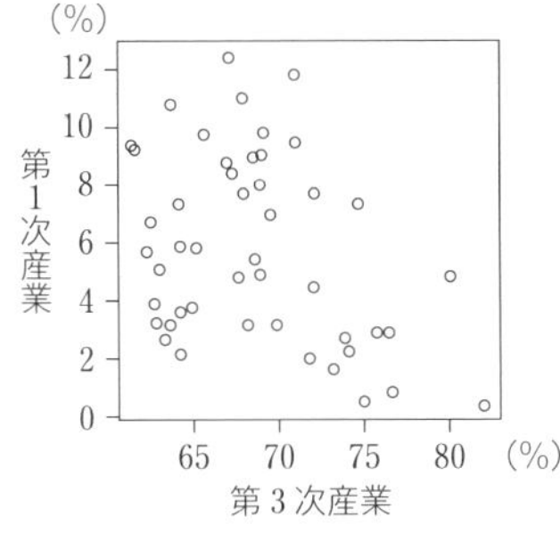

図3 2015年度の散布図群

(出典：図2, 図3はともに総務省のWebページにより作成)

SECTION 4 データの分析

下の(I), (II), (III)は，1975年度を基準としたときの，2015年度の変化を記述したものである。ただし，ここで「相関が強くなった」とは，相関係数の絶対値が大きくなったことを意味する。

(I) 都道府県別の第1次産業の就業者数割合と第2次産業の就業者数割合の間の相関は強くなった。

(II) 都道府県別の第2次産業の就業者数割合と第3次産業の就業者数割合の間の相関は強くなった。

(III) 都道府県別の第3次産業の就業者数割合と第1次産業の就業者数割合の間の相関は強くなった。

(I), (II), (III)の正誤の組合せとして正しいものは オ である。

オ の解答群

	⓪	①	②	③	④	⑤	⑥	⑦
(I)	正	正	正	正	誤	誤	誤	誤
(II)	正	正	誤	誤	正	正	誤	誤
(III)	正	誤	正	誤	正	誤	正	誤

(4) 各都道府県の就業者数の内訳として男女別の就業者数も発表されている。そこで，就業者数に対する男性・女性の就業者数の割合をそれぞれ「男性の就業者数割合」，「女性の就業者数割合」と呼ぶことにし，これらを都道府県別に算出した。図4は，2015年度における都道府県別の，第1次産業の就業者数割合（横軸）と，男性の就業者数割合（縦軸）の散布図である。

各都道府県の，男性の就業者数と女性の就業者数を合計すると就業者数の全体となることに注意すると，2015年度における都道府県別の，第1次産業の就業者数割合（横軸）と，女性の就業者数割合（縦軸）の散布図は カ である。

2 データの相関

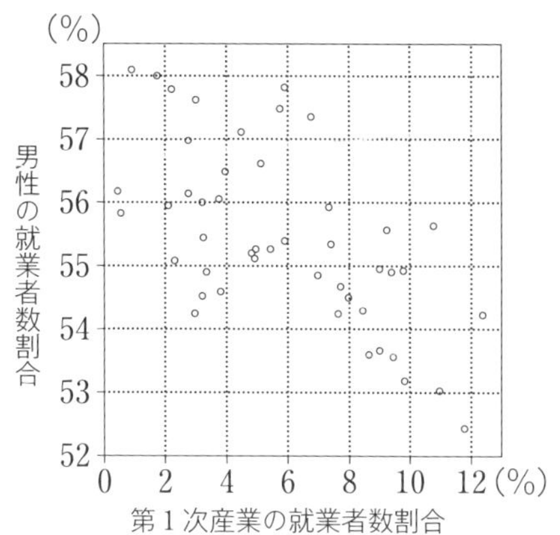

図4　都道府県別の第1次産業の就業者数割合と，男性の就業者数割合の散布図（出典：総務省のWebページにより作成）

カ の解答群（なお，設問の都合で各散布図の横軸と縦軸の目盛りは省略しているが，横軸は右方向，縦軸は上方向がそれぞれ正の方向である。）

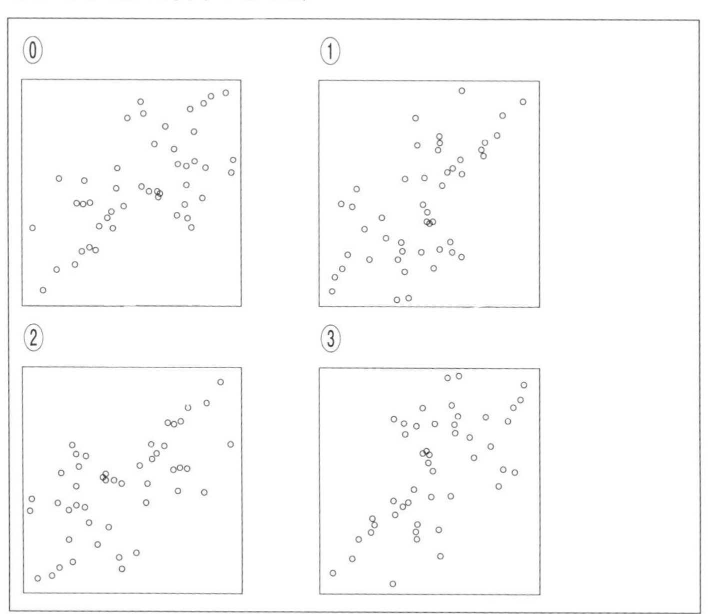

（2021年度センター本試験）

(1) さて，まずは8個ある**箱ひげ図**から読み取れることとして，正しくないものを選んでいく問題だ。選択肢を1つずつ吟味していこう。

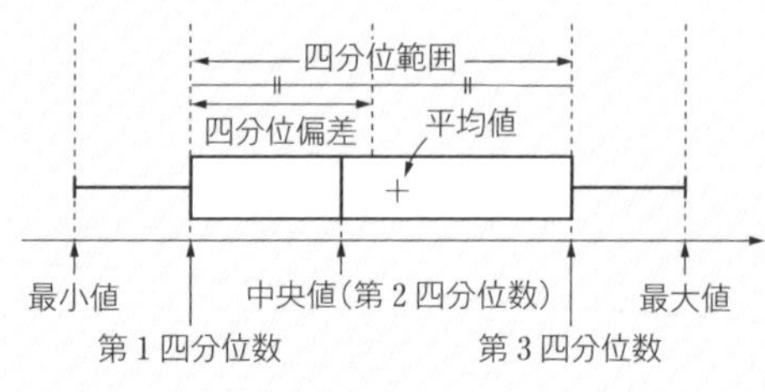

⓪ 第1次産業の就業者数割合の四分位範囲，つまり**箱の長さの変化**を見ていくわけだね。箱ひげ図の変化を見ていこう。2000年度まで見ていくと，明らかに**箱の長さがだんだん小さくなっている**から，この選択肢は**正しい**ね。

① **第1次産業の就業者数割合の左右のひげの長さ**を比較してるわけだね。「どの時点においても左側の方が長い」とあるけど，1990年度，2000年度，2010年度などは適していないね。よって，この選択肢は**正しくない**。

② **第2次産業の就業者数割合の中央値変化**を見ていこう。1990年度以降は，後の時点になるにしたがって**減少している**ことがわかるから，この選択肢は**正しい**ね。

③ **第2次産業の就業者数割合の第1四分位数**，つまり**箱の左側**の値を見ていこう。1975年から1990年にかけては増加する年もあるから，後の時点になるにしたがって減少しているとはいえないね。よって，この選択肢は**正しくない**。

④ **第3次産業の就業者数割合の第3四分位数**，つまり**箱の右側**をみていこう。後の時点になるにしたがって**増加している**ことがわかるから，この選択肢は**正しい**。

⑤ **第3次産業の就業者数割合の最小値**，つまり**ひげの左端**は，後の時点になるにしたがって**増加している**ことがわかるから，この選択肢は**正しい**。

答え ア：① イ：③

(2) 8つの年度のうち，5つの年度が選ばれ，第1次産業と第3次産業の就業者数割合を**ヒストグラム**にしているわけだね。この中から，1985年度のものと1995年度のものを選ぶから，まずこの2つのデータの特徴をそれぞれ考えてみよう。
注目しやすいのは**最大値**や**最小値**なので，そこから候補を絞っていこう。**どのヒストグラムも第1次産業の最小値が0以上5未満なので，それ以外で比較する**のが良さそうだ。

(1985年度)
箱ひげ図から，第1次産業の最大値は25以上30未満（①，③），第3次産業の最小値は45以上50未満（①，②，④），第3次産業の最大値は65以上70未満（①，③）になっている。
これに該当するヒストグラムは①しかないね！
(1995年度)
箱ひげ図から，第1次産業の最大値は15以上20未満（②，④），第3次産業の最小値は50以上55未満（②，④），第3次産業の最大値は70以上75未満（①，②，④）になっている。
これに該当するヒストグラムは②と④だから，この2つを四分位数で比較していこう。
ちなみに，1995年の箱ひげ図と同じようなものは2000年度だから，この2つを比較しよう。すると，第1次産業には差がみられないから，第3次産業で比べていくしかないね！

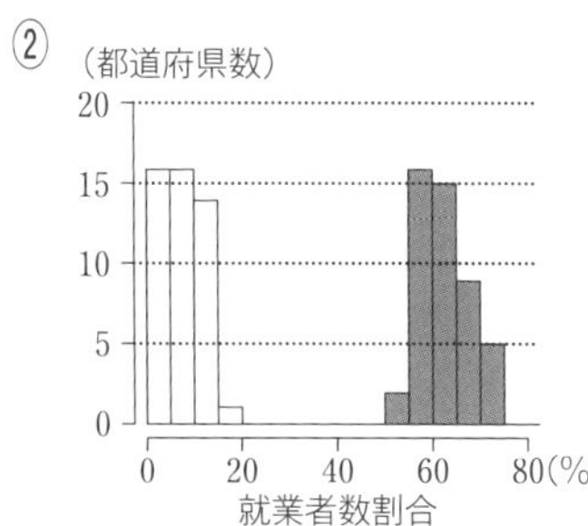

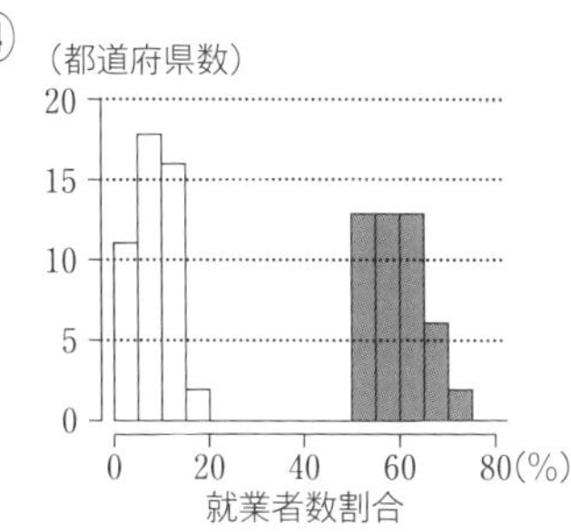

④の第3次産業の就業者数ヒストグラムは，階級の度数が数えやすそうだから，これをみていこう。

SECTION 4 データの分析

データの大きさが47だから，第1四分位数は小さい方から12番目の数，中央値は小さい方から24番目の数，第3四分位数は大きい方から数えて12番目の数だね。

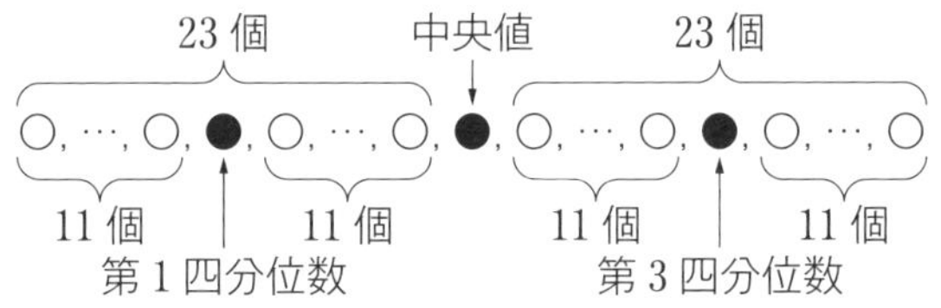

④のヒストグラムは第1四分位数が50以上55未満になっていて，箱ひげ図も第1四分位数が50以上55未満になっているから，これが適しているね。

答え ウ：① エ：④

ちなみに，その他の中央値や第3四分位数も②ではなく④が適しているから確認してみよう。

(3) 散布図から相関について述べたものの正誤判定だ。散布図のみで判断ができるから，箱ひげ図とにらめっこしなくていいね！

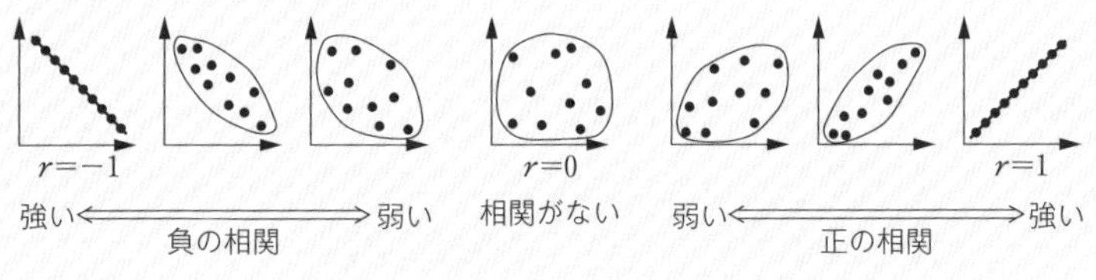

1975年度（図2）を基準にして，2015年度（図3）の変化がどうなっているのかを確認していこう。

(I) 図2と図3の最初の散布図を比べてみよう。点が広がっていることがわかるから，相関は弱くなっているね。よって，この選択肢は**正しくない**。

(II) 図2と図3の2番目の散布図を比べてみよう。点が少しだけまとまって，負の相関が強くなったね。よって，この選択肢は**正しい**。

(Ⅲ) 図2と図3の3番目の散布図を比べてみよう。点の広がりの変化が判断しづらいね。(むしろ，点が若干広がったように見える。) ということは，相関が強くなったとはいえないから，この選択肢は**正しくない**。

答え オ：⑤

(4) これまでの問題と切り離して考えていこう。

図4の散布図は横軸が第1次産業の就業者数割合，縦軸が男子の就業者数割合になっているね。求めたい散布図は，横軸が第1次産業の就業者数割合，縦軸が女性の就業者数割合になっているものなんだけど，問題文の**男性の就業者数と女性の就業者数を合計すると，就業者数の全体となる**というヒントが与えられているね。例えば，男性の就業者数の割合が55%ならば，女性の就業者数の割合が45%になるということだ。ということは，選ぶべき散布図は，**図4の散布図の上下をひっくり返したものになるはず**だね。

そのようなものになっているのは，②だけだ！

②

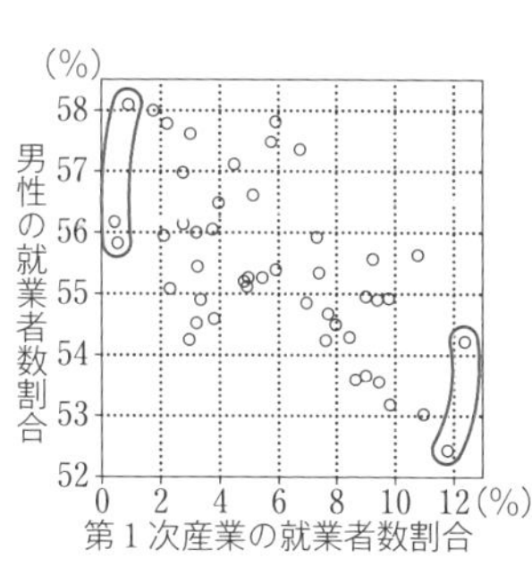

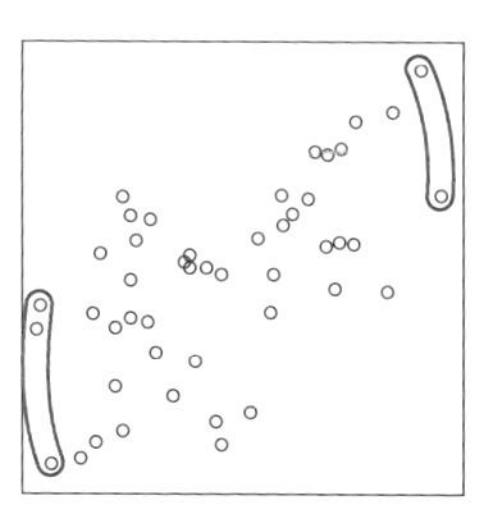

答え カ：②

POINT

- 箱ひげ図の比較では，図どうしの違いを意識して，データを読み取っていこう！
- 散布図どうしの比較では，特徴的な点に注目をしよう！

THEME 3

変量変換

ここで働きめる！

データ $x_1, x_2, \cdots, x_n$ を $y_i=ax_i+b$ によって変換したデータ $y_1,\ y_2,\ \cdots,\ y_n$ の平均，分散，標準偏差がどのように変化するか理解しよう。

1 変量変換

対策問題にチャレンジ

右の表は参加費1000円のゲームに参加した5人の得点である。このゲームには得点の15倍の賞金がある。

プレイヤー	1	2	3	4	5
得点（点）	60	69	51	33	87

つまり得点 X（点）の人の利益 Y（円）は

$$Y=15X-1000$$

によって求めることができる。

(1) X の平均 $\overline{X}$ は［アイ］，分散 $s_X{}^2$ は［ウエオ］，標準偏差 s_X は［カキ］である。

(2) Y の平均 $\overline{Y}$ は［クケコサ］，標準偏差 s_Y は［シスセ］である。

（オリジナル）

(1) まずは，得点の平均 $\overline{X}$ を求めよう。

$$\overline{X}=\frac{60+69+51+33+87}{5}$$

$$=\frac{60+120+120}{5}$$

$$=\frac{300}{5}=60$$

一の位に注目して，69＋51と33＋87を先に計算をすると，10の倍数になって計算が楽だね。

それぞれ偏差 $(X-\overline{X})$ と偏差の2乗 $(X-\overline{X})^2$ を計算すると，次の表のようになる。

X	60	69	51	33	87
$X-\overline{X}$	0	9	−9	−27	27
$(X-\overline{X})^2$	0	81	81	729	729

（X から $X-\overline{X}$：−60，$X-\overline{X}$ から $(X-\overline{X})^2$：2乗）

よって，分散 $s_X{}^2$ は，

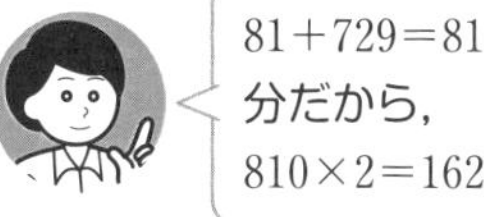

81＋729＝810が2つ分だから，
810×2＝1620だね！

$$s_X{}^2=\frac{0+81+81+729+729}{5}$$

$$=\frac{1620}{5}=324$$

標準偏差 s_X は $s_X=\sqrt{s_X{}^2}$ だから

$$s_X=\sqrt{324}=18$$

答え アイ：60　ウエオ：324　カキ：18

(2)　Y の平均，分散，標準偏差を求めていこう。

$Y=15X-1000$ で5人分の Y をそれぞれ求めれば，(1)と同じように計算ができそうですが……。

でも，5人分の Y の値をだすのも大変だし，X を15倍するから値が大きくなって分散を求めるときの2乗の計算がとても大変になりそうです。

ということで，工夫をして Y の平均，分散，標準偏差を求めていこう！

5人の点数をそれぞれ X_1，X_2，X_3，X_4，X_5 とすると，
$Y_i=15X_i-1000$（円）になるね。
この式のまま，Y の平均を計算すると

$$\overline{Y}=\frac{(15X_1-1000)+(15X_2-1000)+(15X_3-1000)+(15X_4-1000)+(15X_5-1000)}{5}$$

$$=\frac{15X_1+15X_2+15X_3+15X_4+15X_5-(1000+1000+1000+1000+1000)}{5}$$

$$=\frac{15(X_1+X_2+X_3+X_4+X_5)-1000\times 5}{5}$$

$$=15\cdot\frac{X_1+X_2+X_3+X_4+X_5}{5}-\frac{1000\cdot 5}{5}$$

$\dfrac{X_1+X_2+X_3+X_4+X_5}{5}=\overline{X}$だから，$\overline{Y}=15\overline{X}-1000$

$\overline{X}=60$だから，$\overline{Y}=15\cdot 60-1000=-100$

答え　クケコサ：－100

次に，Yの分散を求めていくよ。

i番目（$i=1$，2，3，4，5）の人の利益Y_iについて，

$$Y_i-\overline{Y}=(15X_i-1000)-(15\overline{X}-1000)$$
$$=15(X_i-\overline{X})$$

だから，$(Y_i-\overline{Y})^2=15^2(X_i-\overline{X})^2$となるね。

したがって，

$$s_Y{}^2=\frac{(Y_1-\overline{Y})^2+(Y_2-\overline{Y})^2+(Y_3-\overline{Y})^2+(Y_4-\overline{Y})^2+(Y_5-\overline{Y})^2}{5}$$

$$=\frac{15^2(X_1-\overline{X})^2+15^2(X_2-\overline{X})^2+15^2(X_3-\overline{X})^2+15^2(X_4-\overline{X})^2+15^2(X_5-\overline{X})^2}{5}$$

$$=15^2\cdot\frac{\{(X_1-\overline{X})^2+(X_2-\overline{X})^2+(X_3-\overline{X})^2+(X_4-\overline{X})^2+(X_5-\overline{X})^2\}}{5}$$

$$=15^2 s_X{}^2$$

したがって，

$$s_Y=\sqrt{15^2 s_X{}^2}=15s_X$$

$s_X=18$より，$s_Y=15\cdot 18=270$

答え　シスセ：270

平均と同じように，Xの標準偏差s_XからYの標準偏差s_Yを求めることができました！

このように，データの分析の単元ではYのデータを直接求めることなく，Xの平均，標準偏差と$Y=15X-1000$という式からYの平均，標準偏差を求めることをよくやるよ。

COLUMN $y=ax+b$におけるyの平均，分散，標準偏差

変量変換の公式

n個のデータx_1，x_2，…，x_nについて，平均を$\overline{x}$，分散を${s_x}^2$，標準偏差をs_xとする。
また，$y_i=ax_i+b$（$i=1$，2，…，n）によって得られるデータy_1，y_2，…，y_nについて，平均を$\overline{y}$，分散を${s_y}^2$，標準偏差をs_yとする。このとき，

① 平均　$\overline{y}=a\overline{x}+b$　（$y=ax+b$に$\overline{x}$を代入）

② 分散　${s_y}^2=a^2{s_x}^2$　（xの分散のa^2倍）

③ 標準偏差　$s_y=|a|s_x$　（xの標準偏差の$|a|$倍）

が成り立つ。

[証明]

yの平均$\overline{y}$，分散${s_y}^2$，標準偏差s_yはxの平均$\overline{x}$，分散${s_x}^2$，標準偏差s_xと比べてどのように変化するかを見ていこう。計算は上の問題の解説と同じだよ。

yの平均$\overline{y}$は

$$\overline{y}=\frac{y_1+y_2+\cdots+y_n}{n}$$

$$=\frac{(ax_1+b)+(ax_2+b)+\cdots+(ax_n+b)}{n}$$

$$=\frac{ax_1+ax_2+\cdots+ax_n+(b+b+\cdots+b)}{n}$$

$$=\frac{a(x_1+x_2+\cdots+x_n)+bn}{n}$$

$$=a\cdot\frac{x_1+x_2+\cdots+x_n}{n}+\frac{bn}{n}$$

$\dfrac{x_1+x_2+\cdots+x_n}{n}=\overline{x}$より，$\overline{y}=a\overline{x}+b$

つまり，yの平均はxの平均を$y=ax+b$に代入すれば求められるということだ。

次に，分散を求めていこう！

ここで，$y_i=ax_i+b$，$\overline{y}=a\overline{x}+b$だから偏差は，

$$\begin{aligned} y_i-\overline{y} &= (ax_i+b)-(a\overline{x}+b) \\ &= ax_i-a\overline{x} \\ &= a(x_i-\overline{x}) \end{aligned}$$

つまり，$(y_i-\overline{y})^2=a^2(x_i-\overline{x})^2$だから，

$$\begin{aligned} s_y{}^2 &= \frac{(y_1-\overline{y})^2+(y_2-\overline{y})^2+\cdots+(y_n-\overline{y})^2}{n} \\ &= \frac{a^2(x_1-\overline{x})^2+a^2(x_2-\overline{x})^2+\cdots+a^2(x_n-\overline{x})^2}{n} \\ &= a^2\cdot\frac{(x_1-\overline{x})^2+(x_2-\overline{x})^2+\cdots+(x_n-\overline{x})^2}{n} \end{aligned}$$

$\dfrac{(x_1-\overline{x})^2+(x_2-\overline{x})^2+\cdots+(x_n-\overline{x})^2}{n}=s_x{}^2$より，

$$s_y{}^2=a^2s_x{}^2$$

つまり，$y=ax+b$の関係をもつyの分散はxの分散のa^2倍になるということだ！

分散は平均からの散らばり度合いを表してるから，$y=ax+b$のグラフからも直感的に理解することができるね。

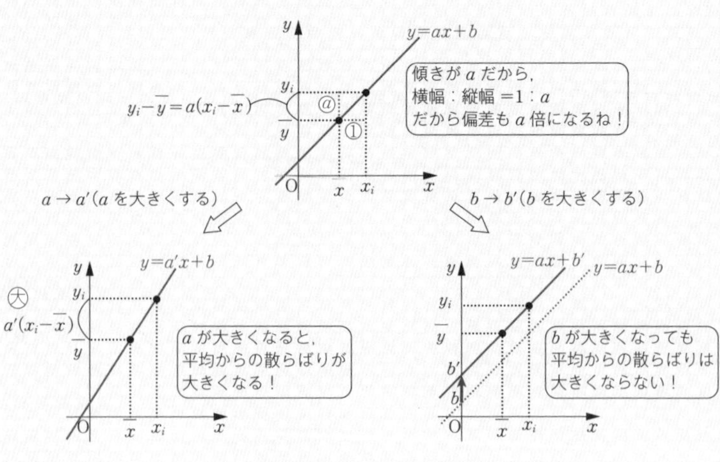

偏差は$y=ax+b$によって，a倍（傾き倍）するから，分散は，計算の過程の2乗によってa^2倍になるんだ。一方，傾きbは平均もbが加わるから，平均からの散らばり（偏差）には影響しないね。
最後に，標準偏差は$s_y=\sqrt{s_y{}^2}$だから，

$$s_y=\sqrt{a^2s_x{}^2}$$

$\sqrt{a^2}=|a|$，$s_x>0$より$\sqrt{s_x{}^2}=s_x$だから，

$$s_y=|a|s_x$$

つまり，yの標準偏差はxの標準偏差の$|a|$倍になるんだ。

$y=ax+b$のデータの変量変換によって平均，分散，標準偏差がどう変化するかはよく出るから，覚えておくのがオススメだよ！

2 箱ひげ図とヒストグラムと変量変換

過去問にチャレンジ

全国各地の気象台が観測した「ソメイヨシノ（桜の種類）の開花日」や，「モンシロチョウの初見日（初めて観測した日）」，「ツバメの初見日」などの日付を気象庁が発表している。気象庁発表の日付は普通の月日形式であるが，この問題では該当する年の1月1日を「1」とし，12月31日を「365」（うるう年の場合は「366」）とする「年間通し日」に変更している。例えば，2月3日は，1月31日の「31」に2月3日の3を加えた「34」となる。

(1) 図1は全国48地点で観測しているソメイヨシノの2012年から2017年までの6年間の開花日を，年ごとに箱ひげ図にして並べたものである。図2はソメイヨシノの開花日の年ごとのヒストグラムである。ただし，順番は年の順に並んでいる

とは限らない。なお，ヒストグラムの各階級の区間は，左側の数値を含み，右側の数値を含まない。

・2013年のヒストグラムは ア である。

・2017年のヒストグラムは イ である。

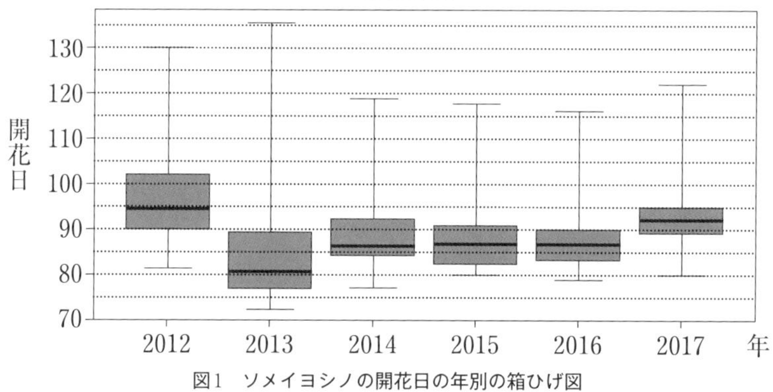

図1　ソメイヨシノの開花日の年別の箱ひげ図

ア，イ の解答群

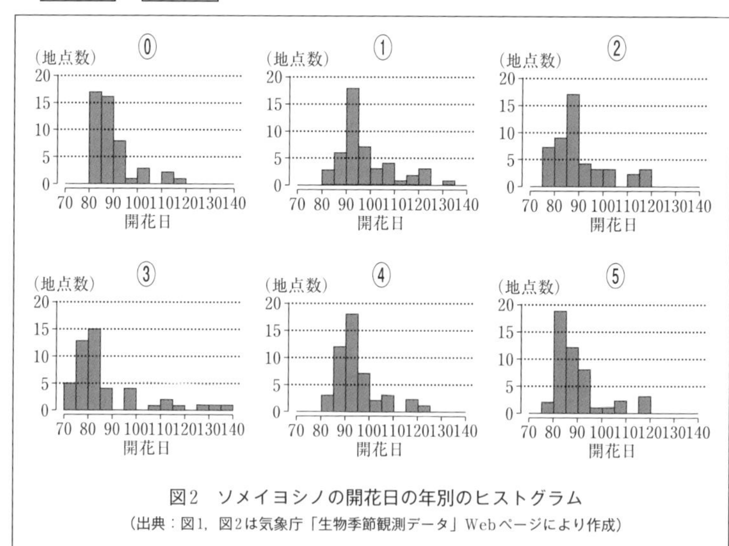

図2　ソメイヨシノの開花日の年別のヒストグラム

（出典：図1，図2は気象庁「生物季節観測データ」Webページにより作成）

(2)　図3と図4は，モンシロチョウとツバメの両方を観測している41地点における，2017年の初見日の箱ひげ図と散布図である。

散布図の点には重なった点が2点ある。なお，散布図には原点を通り傾き1の直線（実線），切片が−15および15で傾きが1の2本の直線（破線）を付加している。

図3，図4から読み取れることとして正しくないものは，ウ，エである。

ウ，エの解答群（解答の順序は問わない。）

⓪ モンシロチョウの初見日の最小値はツバメの初見日の最小値と同じである。
① モンシロチョウの初見日の最大値はツバメの初見日の最大値より大きい。
② モンシロチョウの初見日の中央値はツバメの初見日の中央値より大きい。
③ モンシロチョウの初見日の四分位範囲はツバメの初見日の四分位範囲の3倍より小さい。
④ モンシロチョウの初見日の四分位範囲は15日以下である。
⑤ ツバメの初見日の四分位範囲は15日以下である。
⑥ モンシロチョウとツバメの初見日が同じ所が少なくとも4地点ある。
⑦ 同一地点でのモンシロチョウの初見日とツバメの初見日の差は15日以下である。

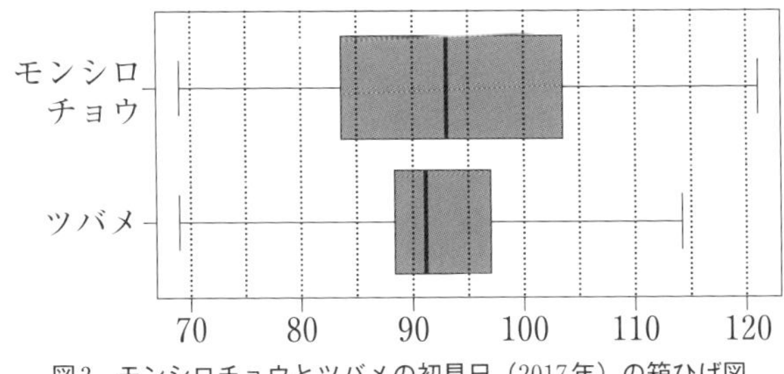

図3　モンシロチョウとツバメの初見日（2017年）の箱ひげ図

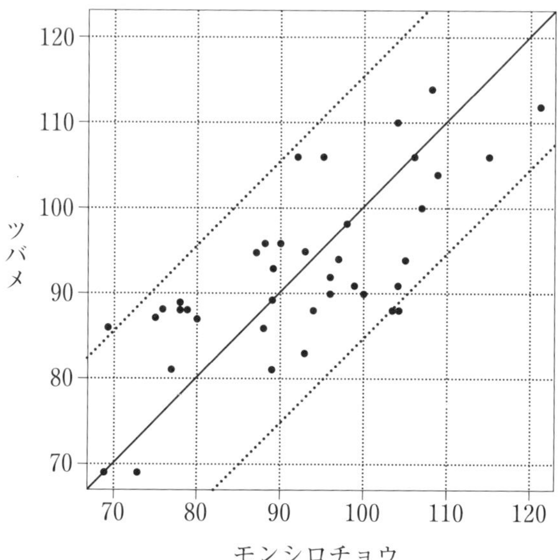

図4　モンシロチョウとツバメの初見日（2017年）の散布図
（出典：図3，図4は気象庁「生物季節観測データ」Webページにより作成）

(3)　一般にn個の数値x_1，x_2，……，x_nからなるデータXの平均値を$\overline{x}$，分散をs^2，標準偏差をsとする。各x_iに対して$x_i'=\dfrac{x_i-\overline{x}}{s}$ $(i=1, 2, \cdots\cdots, n)$と変換した$x_1'$，$x_2'$，……，$x_n'$をデータ$X'$とする。ただし，$n \geqq 2$，$s>0$とする。

・Xの偏差$x_1-\overline{x}$，$x_2-\overline{x}$，……，$x_n-\overline{x}$の平均値は［オ］である。

・X'の平均値は［カ］である。

・X'の標準偏差は［キ］である。

［オ］，［カ］，［キ］の解答群（同じものを繰り返し選んでもよい。）

⓪　0	①　1	②　-1	③　$\overline{x}$	④　s
⑤　$\dfrac{1}{s}$	⑥　s^2	⑦　$\dfrac{1}{s^2}$	⑧　$\dfrac{\overline{x}}{s}$	

3

変量変換

図4で示されたモンシロチョウの初見日のデータMとツバメの初見日のデータTについて前述の変換を行ったデータをそれぞれM'，T'とする。
変換後のモンシロチョウの初見日のデータM'と変換後のツバメの初見日のデータT'の散布図は，M'とT'の標準偏差の値を考慮すると［ク］である。

［ク］の解答群

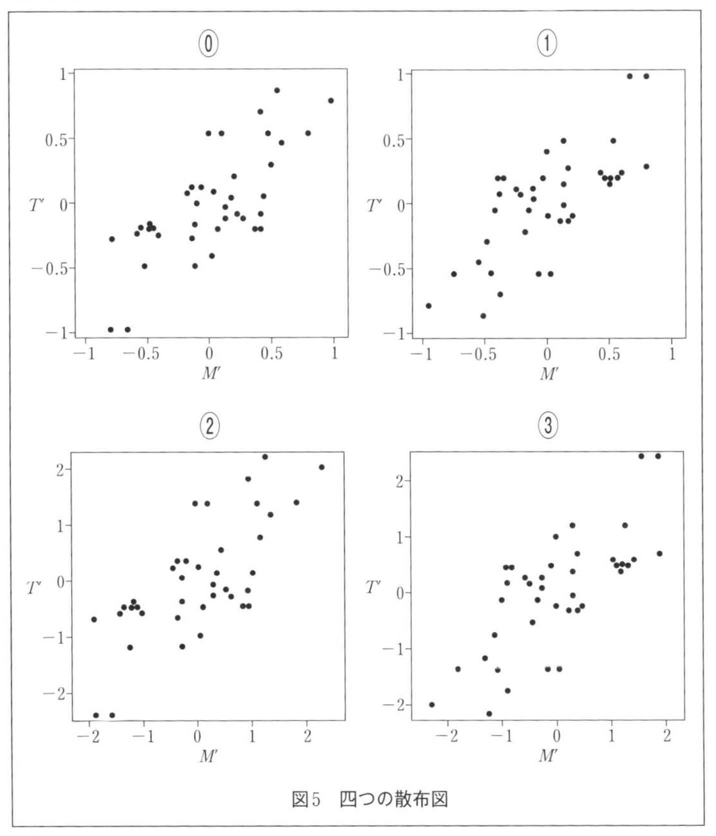

図5　四つの散布図

（2019年度センター本試験）

(1) 代表値に注目して正しい選択肢を選ぼう。箱ひげ図とヒストグラムから読み取れる簡単な代表値は**最大値**と**最小値**だね！
図1より，2013年の開花日の最大値は135以上でこれだけ突出している。だから，2013年のヒストグラムは③だ。 **答え ア：③**
同じく図1より，2017年の開花日の最大値は120以上125未満だから，2017年のヒストグラムは④だ。 **答え イ：④**

(2)

⓪ モンシロチョウの初見日の最小値はツバメの初見日の最小値と同じである。

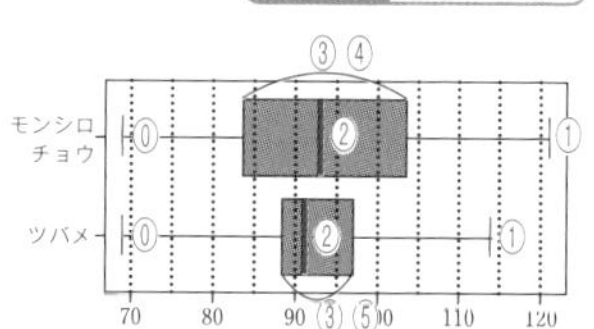

図3 モンシロチョウとツバメの初見日（2017年）の箱ひげ図

最小値の情報だから，図3を見よう。
モンシロチョウの初見日の最小値とツバメの初見日の最小値は同じだね。
だから，**正しい**。

① モンシロチョウの初見日の最大値はツバメの初見日の最大値より大きい。

最大値の情報だから，同じく図3より，モンシロチョウの初見日の最大値はツバメの初見日の最大値より大きい。だから，**正しい**。

② モンシロチョウの初見日の中央値はツバメの初見日の中央値より大きい。

中央値の情報だから，これも図3を見よう。
モンシロチョウの初見日の中央値はツバメの初見日の中央値より大きいから**正しい**。

③ モンシロチョウの初見日の四分位範囲はツバメの初見日の四分位範囲の3倍より小さい。 ④ モンシロチョウの初見日の四分位範囲は15日以下である。 ⑤ ツバメの初見日の四分位範囲は15日以下である。

③，④，⑤をまとめてやっていこう！
③について，図3より，初見日の四分位範囲は，モンシロチョウが約104－84＝20（日）。ツバメが約97－88＝9（日）だね。

したがって，モンシロチョウの初見日の四分位範囲（20日）はツバメの初見日の四分位範囲（9日）の3倍より小さいから，③は**正しい**。

④について，モンシロチョウの初見日の四分位範囲（約20日）は15日より大きいから，④は**正しくない**。

⑤について，ツバメの初見日の四分位範囲（約9日）は15日以下だから，⑤は**正しい**。

⑥　モンシロチョウとツバメの初見日が同じ所が少なくとも4地点ある。

図4にある実線は，原点を通り傾き1の直線（xy平面だと$y=x$）だから，実線上の点がモンシロチョウとツバメの初見日が同じ所を表しているよ。
実線上に少なくとも4点あるから，モンシロチョウとツバメの初見日が同じ所は少なくとも4地点あるということだから**正しい**。

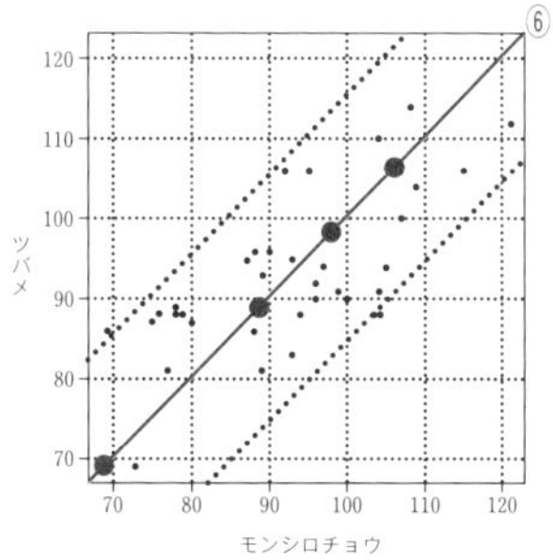

図4　モンシロチョウとツバメの初見日（2017年）の散布図
（出典：図3，図4は気象庁「生物季節観測データ」Webページにより作成）

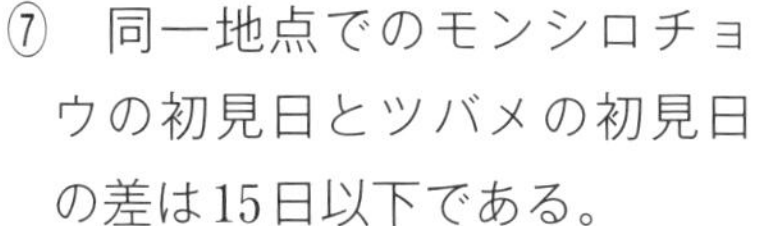
⑦　同一地点でのモンシロチョウの初見日とツバメの初見日の差は15日以下である。

モンシロチョウの初見日をx，ツバメの初見日をyとおくと，その差が15日以下というのは，$|y-x| \leqq 15$とかけるね！　つまり，

$$-15 \leqq y-x \leqq 15$$

$$x-15 \leqq y \leqq x+15$$

図4の破線は，上が$y=x+15$と下が$y=x-15$だから，差が15日以下となるのは破線の間に挟まれた領域のときだ。

破線の外側にも点があるから，モンシロチョウの初見日とツバメの初見日の差が15日より大きい地点が存在するよ。

よって，⑦は**正しくない**。

答え　ウ：④　エ：⑦

(3)　$x_i{}'=\dfrac{x_i-\overline{x}}{s}$ の変量変換の問題だね。

まずは偏差の平均値を求めていこう！

$$\frac{(x_1-\overline{x})+(x_2-\overline{x})+\cdots+(x_n-\overline{x})}{n}$$

$$=\frac{(x_1+x_2+\cdots+x_n)-(\overline{x}+\overline{x}+\cdots+\overline{x})}{n}$$

$$=\frac{x_1+x_2+\cdots+x_n}{n}-\frac{\overline{x}n}{n}$$

$$=\overline{x}-\overline{x}=0$$

$x_i{}'=\dfrac{x_i-\overline{x}}{s}$（$i=1,\ 2,\ \cdots\cdots,\ n$）より，$x'_i=\dfrac{1}{s}x_i-\dfrac{\overline{x}}{s}$ となる。

$\dfrac{1}{s}$ も $-\dfrac{\overline{x}}{s}$ も定数だから，**変量変換の公式**が使えるよ！

変量変換

平均　$\overline{y}=a\overline{x}+b$　　（$y=ax+b$ に $\overline{x}$ を代入）

標準偏差　$s_y=|a|s_x$　　（x の標準偏差の $|a|$ 倍）

$$\overline{x'}=\frac{1}{s}\overline{x}-\frac{\overline{x}}{s}=0$$

$$s'=\left|\frac{1}{s}\right|s=1$$

答え　**オ：⓪　カ：⓪　キ：①**

最後に，M' と T' の散布図を考えるよ。

変換 $x_i{}'=\dfrac{1}{s}(x_i-\overline{x})$ において，$\dfrac{1}{s}>0$ であるから，変換後の散布図は，変換前の散布図（図4）を縦横方向に $\dfrac{1}{s}$ 倍拡大（縮小）して，縦横方向にそれぞれ平行移動したものになるね。

つまり，変換前後で**各点の上下関係などは変わらない**ということなんだ。

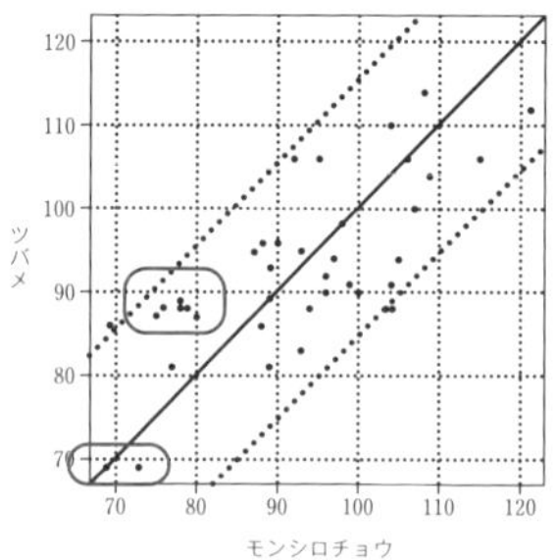

図4　モンシロチョウとツバメの初見日（2017年）の散布図

（出典：図3，図4は気象庁「生物季節観測データ」Webページにより作成）

図4の左下の水平な2点など，枠で囲った特徴的な点に注目すると①，③は適さないことがわかるね。
あとは，⓪，②の違いに注目しよう！
標準偏差が1であることに気を付けると，⓪において，散布図上のすべての点はM'，T'ともに-1から1の間にある。
M'，T'ともに偏差の平方は1より小さいものを2乗するから，その平均である分散も1より小さくなるね。

⓪が不適な理由

データがすべて-1から1 ⟹ 平均が0だから$(x_i'-\overline{x}')^2$の値は1より小さい

⟹ $(x_i'-\overline{x}')^2$の平均である分散s^2は1より小さい ⟹ $s'=\sqrt{s'^2}$だから標準偏差も1より小さい

したがって，分散の正の平方根の標準偏差も1より小さくなるから，⓪は適さないことがわかるんだ！

答え　ク：②

POINT

n個のデータx_1，x_2，…，x_nの平均を$\overline{x}$，分散を$s_x{}^2$，標準偏差をs_xとする。
また，$y_i=ax_i+b$（$i=1$，2，…，n）によって得られるデータy_1，y_2，…，y_nの平均を$\overline{y}$，分散を$s_y{}^2$，標準偏差をs_yとする。
このとき，

平均　$\overline{y}=a\overline{x}+b$　（$y=ax+b$に$\overline{x}$を代入）

分散　$s_y{}^2=a^2s_x{}^2$　（xの分散のa^2倍）

標準偏差　$s_y=|a|s_x$　（xの標準偏差の$|a|$倍）

THEME 4

仮説検定

ここできめる！ 仮説検定のしくみを理解しよう。

1 仮説検定

過去問にチャレンジ

太郎さんと花子さんはＰ空港で，利便性に関するアンケート調査が実施されていることを知った。

太郎：Ｐ空港を利用した30人に，Ｐ空港は便利だと思うかどうかをたずねたとき，どのくらいの人が「便利だと思う」と回答したらＰ空港の利用者全体のうち便利だと思う人のほうが多いとしてよいのかな。

花子：例えば，20人だったらどうかな。

二人は，30人のうち20人が便利だと思うと回答した場合に，「Ｐ空港は便利だと思う人のほうが多い」といえるかどうかを，次の方針で考えることにした。

方針

- “Ｐ空港の利用者全体のうちで「便利だと思う」と回答する割合と，「便利だと思う」と回答しない割合が等しい”という仮説をたてる。
- この仮説のもとで，30人抽出したうちの20人以上が「便利だと思う」と回答する確率が5％未満であれば，その仮説は誤っていると判断し，5％以上であれば，その仮説は誤っているとは判断しない。

次の実験結果は，30枚の硬貨を投げる実験を1000回行ったとき，表が出た枚数ごとの回数の割合を示したものである。

実験結果

表の枚数	0	1	2	3	4	5	6	7
割合	0.0%	0.0%	0.0%	0.0%	0.0%	0.0%	0.0%	0.0%
表の枚数	8	9	10	11	12	13	14	15
割合	0.1%	0.8%	3.2%	5.8%	8.0%	11.2%	13.8%	14.4%
表の枚数	16	17	18	19	20	21	22	23
割合	14.1%	9.8%	8.8%	4.2%	3.2%	1.4%	1.0%	0.0%
表の枚数	24	25	26	27	28	29	30	
割合	0.1%	0.0%	0.1%	0.0%	0.0%	0.0%	0.0%	

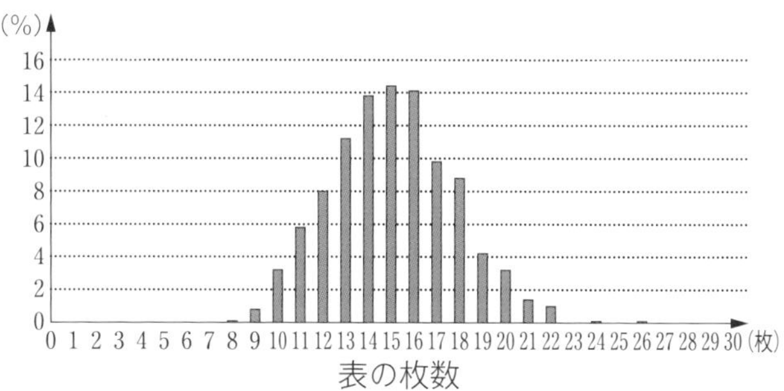

実験結果を用いると，30枚の硬貨の20枚以上が表となった割合は ア . イ %である。これを，30人のうち，20人以上が「便利だと思う」と回答する確率とみなし，**方針**に従うと，「便利だと思う」と回答する割合と，「便利だと思う」と回答しない割合が等しいという仮説は ウ ，P空港は便利だと思う人の方が エ 。

ウ の解答群

⓪ 誤っていると判断され
① 誤っているとは判断されず

エ の解答群

⓪ 多いといえる　　① 多いとはいえない

（2025年度共通テスト試作問題）

仮説検定について，簡単に復習しておこう。
仮説検定は**データから，ある仮説が正しいかどうかを判断する手法**だよ！

仮説検定の手順

① 主張したいことに反する仮説を設定する。

② 仮説のもとで，**実現したデータ以上に極端になる確率**を計算する。

③ 計算した確率がある値より小さければ，その仮説は誤っていると判断する。
確率がそのある値より大きければ，その仮説は正しいか誤っているか判断できないとする。

①の仮説を**帰無仮説**というよ。
また，②で帰無仮説が誤っているか判断するのに使う値のことを，**有意水準**というよ。
今回の問題においてP空港は**「便利だと思う」**人のほうが多いことを主張したいから，**"P空港の利用者全体のうちで「便利だと思う」と回答する割合と，「便利だと思う」と回答しない割合が等しい"**という仮説が**帰無仮説**だね。また，5%（0.05）が**有意水準**だ！
まずは，実験結果から30枚の硬貨のうち20枚以上が表となった割合を計算しよう。
20枚以上が表となる割合を合計すると，

$$3.2+1.4+1.0+0.1+0.1=5.8\%$$

答え ア．イ：5.8

方針では，30人抽出したうちの20人以上が「便利だと思う」と回答する確率が5%（有意水準）以上であれば，帰無仮説は誤っていると判断**しない**から **答え** ウ：① となるね！
つまり，P空港は便利だと思う人の方が多いとは言えないから **答え** エ：① となるね！

この検定では，「便利だと思うと回答する割合と便利だと思うと回答しない割合は等しい」というのは正しいか誤っているかまでは判断できないんだ。

POINT

① 仮説を設定する。（この仮説を帰無仮説という）

② 仮説のもとで，**実現したデータ以上に極端になる確率**を計算する。

③ あらかじめ設定された有意水準に対し，
計算した確率が有意水準より小さければ，その仮説は誤っていると判断する。
確率が有意水準より大きければ，その仮説は正しいか誤っているか判断できないとする。

THEME

5 総合問題

ここで 直きめる!

- 変量変換をしたときの共分散，相関係数の変化がわかるようになろう。
- ヒストグラム・散布図・箱ひげ図の関係を理解しよう。

1 いろいろなグラフと相関係数

過去問 にチャレンジ

世界4都市(東京，O市，N市，M市)の2013年の365日の各日の最高気温のデータについて考える。

(1) 次のヒストグラムは，東京，N市，M市のデータをまとめたもので，この3都市の箱ひげ図は下のa，b，cのいずれかである。

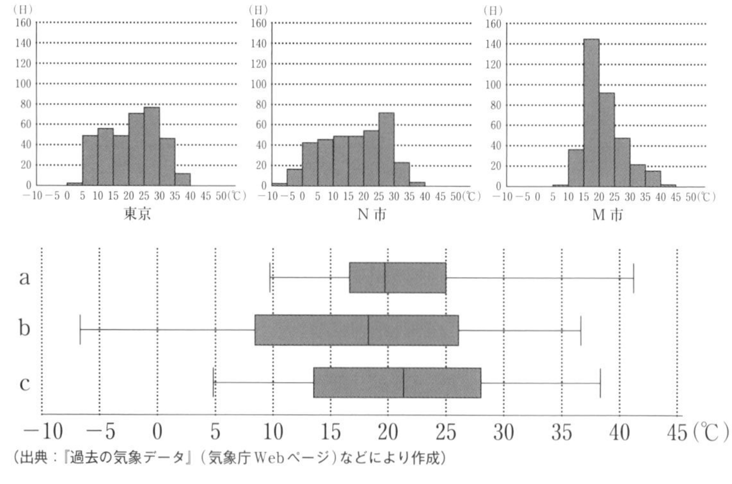

(出典：『過去の気象データ』(気象庁Webページ)などにより作成)

都市名と箱ひげ図の組合せとして正しいものは，［ア］である。

［ア］の解答群

⓪	東京—a，N市—b，M市—c
①	東京—a，N市—c，M市—b
②	東京—b，N市—a，M市—c
③	東京—b，N市—c，M市—a
④	東京—c，N市—a，M市—b
⑤	東京—c，N市—b，M市—a

(2) 次の3つの散布図は，東京，O市，N市，M市の2013年の365日の各日の最高気温のデータをまとめたものである。それぞれ，O市，N市，M市の最高気温を縦軸にとり，東京の最高気温を横軸にとってある。

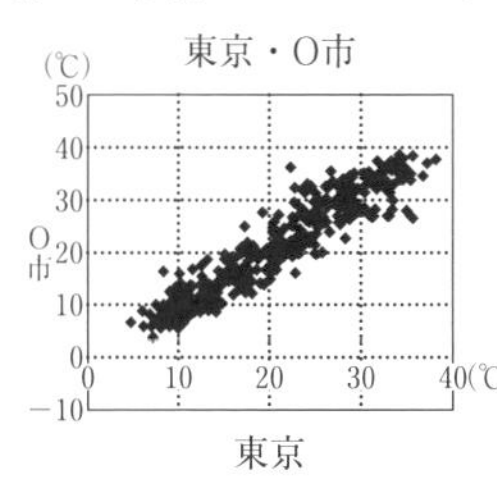

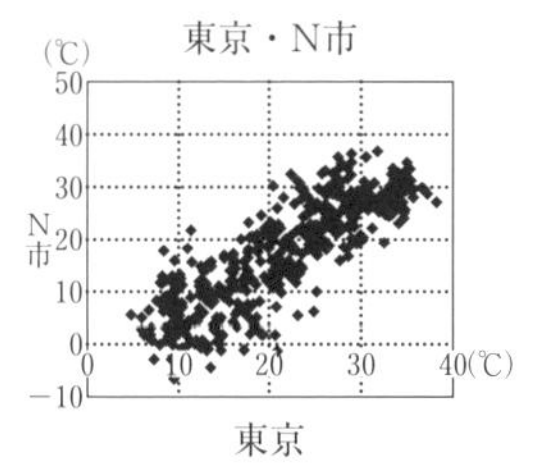

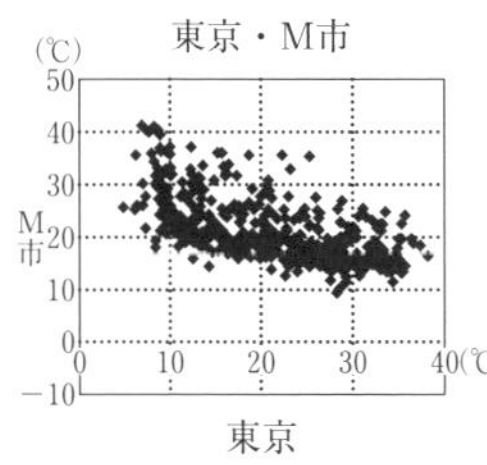

(出典：『過去の気象データ』
(気象庁Webページ)などにより作成)

これらの散布図から読み取れることとして正しいものは，［イ］と［ウ］である。

SECTION 4 データの分析

イ, ウ の解答群（解答の順序は問わない。）

⓪ 東京とN市，東京とM市の最高気温の間にはそれぞれ正の相関がある。
① 東京とN市の最高気温の間には正の相関，東京とM市の最高気温の間には負の相関がある。
② 東京とN市の最高気温の間には負の相関，東京とM市の最高気温の間には正の相関がある。
③ 東京とO市の最高気温の間の相関の方が，東京とN市の最高気温の間の相関より強い。
④ 東京とO市の最高気温の間の相関の方が，東京とN市の最高気温の間の相関より弱い。

(3) N市では温度の単位として摂氏（℃）のほかに華氏（°F）も使われている。華氏（°F）での温度は，摂氏（℃）での温度を$\frac{9}{5}$倍し，32を加えると得られる。例えば，摂氏10℃は，$\frac{9}{5}$倍し32を加えることで華氏50°Fとなる。

したがって，N市の最高気温について，摂氏での分散をX，華氏での分散をYとすると，$\frac{Y}{X}$は エ になる。

東京（摂氏）とN市（摂氏）の共分散をZ，東京（摂氏）とN市（華氏）の共分散をWとすると，$\frac{W}{Z}$は オ になる（ただし，共分散は2つの変量のそれぞれの偏差の積の平均値）。

東京（摂氏）とN市（摂氏）の相関係数をU，東京（摂氏）とN市（華氏）の相関係数をVとすると，$\frac{V}{U}$は カ になる。

エ, オ, カ の解答群（同じものを繰り返し選んでもよい。）

⓪	$-\dfrac{81}{25}$	①	$-\dfrac{9}{5}$	②	-1	③	$-\dfrac{5}{9}$
④	$-\dfrac{25}{81}$	⑤	$\dfrac{25}{81}$	⑥	$\dfrac{5}{9}$	⑦	1
⑧	$\dfrac{9}{5}$	⑨	$\dfrac{81}{25}$				

（2016年センター本試験）

(1) a，b，cの箱ひげ図の違いに注目してみよう。**最低気温**だけでも違いがあるね！

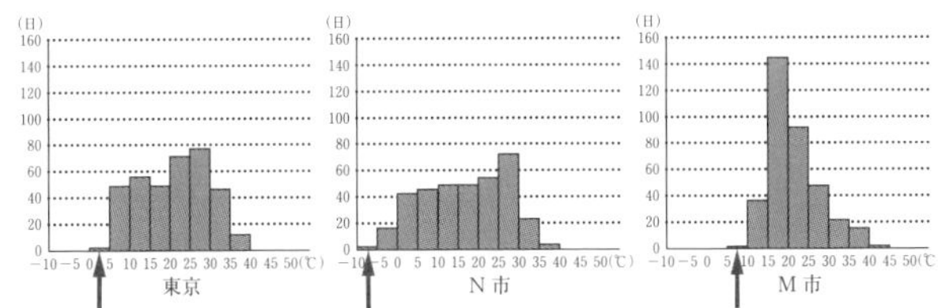

各都市のヒストグラムから，最低気温を読み取ると

東京は　0℃～5℃

N市は　−10℃～−5℃

M市は　5℃～10℃

したがって，都市名と箱ひげ図の組み合わせは

東京―c，N市―b，M市―a

答え　ア：⑤

(2) 3つの散布図について，相関を確認していこう。

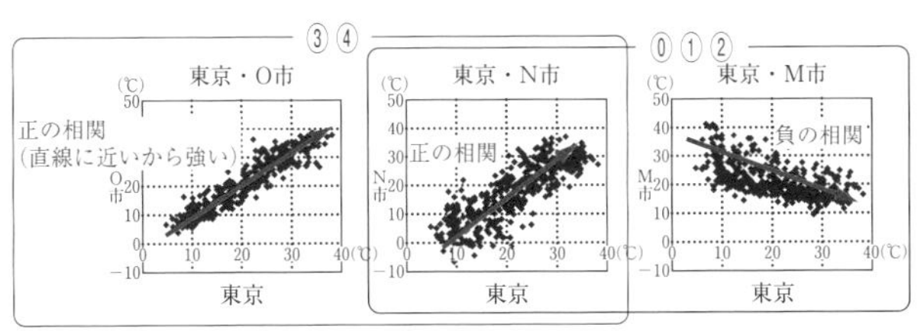

⓪　東京とN市，東京とM市の最高気温の間にはそれぞれ**正の相関**がある。
①　東京とN市の最高気温の間には**正の相関**，東京とM市の最高気温の間には**負の相関**がある。
②　東京とN市の最高気温の間には**負の相関**，東京とM市の最高気温の間には**正の相関**がある。

⓪，①，②　散布図から，東京とN市の最高気温の間には**正の相関**があり，東京とM市の最高気温の間には**負の相関**があるから，①**だけが正しい**ね！

③　東京とO市の最高気温の間の相関の方が，東京とN市の最高気温の間の相関より**強い**。
④　東京とO市の最高気温の間の相関の方が，東京とN市の最高気温の間の相関より**弱い**。

③，④は散布図から，東京とO市の散布図の点の方が，東京とN市の散布図の点より，もっと直線に近い分布になっている。つまり，東京とO市の最高気温の間の相関の方が，東京とN市の最高気温の間の相関より**強い**ことがわかるから，③**が正しい**ね！

答え　イ：①　ウ：③（順不同）

(3)　**THEME 3**変量変換の問題だ。

N市の摂氏での最高気温x_{N}のデータをx_{N_1}，x_{N_2}，……，$x_{\mathrm{N}_{365}}$，華氏での最高気温y_{N}のデータをy_{N_1}，y_{N_2}，……，$y_{\mathrm{N}_{365}}$とすると，

$$y_{\mathrm{N}_i}=\frac{9}{5}x_{\mathrm{N}_i}+32\ (i=1,\ 2,\ \cdots,\ 365)$$

が成り立つね。

このとき，x_{N}の分散Xの$\left(\frac{9}{5}\right)^2$倍が$y_{\mathrm{N}}$の分散$Y$になるから，

$$Y=\left(\frac{9}{5}\right)^2X$$

よって，$\frac{Y}{X}=\frac{81}{25}$が成り立つよ！

答え　エ：⑨

N市の摂氏での平均値を$\overline{x_{\mathrm{N}}}$，華氏での平均値を$\overline{y_{\mathrm{N}}}$とすると，

$y_{\mathrm{N}_i}=\dfrac{9}{5}x_{\mathrm{N}_i}+32$ $(i=1,\ 2,\ \cdots,\ 365)$ より，

$$\overline{y_{\mathrm{N}}}=\frac{9}{5}\overline{x_{\mathrm{N}}}+32$$

が成り立つね。

共分散についても，THEME 3 変量変換のときと同じように計算してみよう！

よって，$y_{\mathrm{N}_i}-\overline{y_{\mathrm{N}}}=\left(\dfrac{9}{5}x_{\mathrm{N}_i}+32\right)-\left(\dfrac{9}{5}\overline{x_{\mathrm{N}}}+32\right)=\dfrac{9}{5}(x_{\mathrm{N}_i}-\overline{x_{\mathrm{N}}})$

東京（摂氏）の最高気温x_{T}のデータをx_{T_1}，x_{T_2}，……，$x_{\mathrm{T}_{365}}$，平均値を$\overline{x_{\mathrm{T}}}$とすると，共分散の定義から，

$$W=\frac{(x_{\mathrm{T}_1}-\overline{x_{\mathrm{T}}})(y_{\mathrm{N}_1}-\overline{y_{\mathrm{N}}})+(x_{\mathrm{T}_2}-\overline{x_{\mathrm{T}}})(y_{\mathrm{N}_2}-\overline{y_{\mathrm{N}}})+\cdots\cdots+(x_{\mathrm{T}_{365}}-\overline{x_{\mathrm{T}}})(y_{\mathrm{N}_{365}}-\overline{y_{\mathrm{N}}})}{365}$$

$$=\frac{(x_{\mathrm{T}_1}-\overline{x_{\mathrm{T}}})\cdot\frac{9}{5}(x_{\mathrm{N}_1}-\overline{x_{\mathrm{N}}})+(x_{\mathrm{T}_2}-\overline{x_{\mathrm{T}}})\cdot\frac{9}{5}(x_{\mathrm{N}_2}-\overline{x_{\mathrm{N}}})+\cdots\cdots+(x_{\mathrm{T}_{365}}-\overline{x_{\mathrm{T}}})\cdot\frac{9}{5}(x_{\mathrm{N}_{365}}-\overline{x_{\mathrm{N}}})}{365}$$

$$=\frac{9}{5}\cdot\frac{(x_{\mathrm{T}_1}-\overline{x_{\mathrm{T}}})(x_{\mathrm{N}_1}-\overline{x_{\mathrm{N}}})+(x_{\mathrm{T}_2}-\overline{x_{\mathrm{T}}})(x_{\mathrm{N}_2}-\overline{x_{\mathrm{N}}})+\cdots\cdots+(x_{\mathrm{T}_{365}}-\overline{x_{\mathrm{T}}})(x_{\mathrm{N}_{365}}-\overline{x_{\mathrm{N}}})}{365}$$

$$=\frac{9}{5}Z$$

ゆえに，$\dfrac{W}{Z}=\dfrac{9}{5}$

答え　オ：⑧

N市の摂氏での標準偏差をs_X，華氏での標準偏差をs_Yとすると，

$y_{\mathrm{N}_i}=\dfrac{9}{5}x_{\mathrm{N}_i}+32$ $(i=1,\ 2,\ \cdots,\ 365)$ より，

$$s_Y=\left|\frac{9}{5}\right|s_X$$

が成り立つね！

東京（摂氏）の標準偏差をs_Tとすると，相関係数の定義から，

$$V=\frac{W}{s_T\cdot s_Y}=\frac{\frac{9}{5}Z}{s_T\cdot\frac{9}{5}s_X}=\frac{Z}{s_T\cdot s_X}=U$$

よって，$\frac{V}{U}=1$

答え　カ：⑦

5

総合問題

COLUMN　変量変換と共分散の相関係数

共分散や相関係数も，THEME 3のように変量変換の公式があるよ！

変量変換の公式

データの組$(x_1,\ y_1)$，$(x_2,\ y_2)$，…，$(x_n,\ y_n)$に対して，

変換　$u_i=ax_i+b$，$v_i=cy_i+d$　$(i=1,\ 2,\ \cdots,\ n)$

によって得られるデータの組$(u_1,\ v_1)$，$(u_2,\ v_2)$，…，$(u_n,\ v_n)$について，

データx，y，u，vの平均を$\overline{x}$，$\overline{y}$，$\overline{u}$，$\overline{v}$，

標準偏差をs_x，s_y，s_u，s_v

xとyの共分散をs_{xy}，相関係数をr_{xy}，

uとvの共分散をs_{uv}，相関係数をr_{uv}とすると，

①　$\boldsymbol{\overline{u}=a\overline{x}+b,\ \overline{v}=c\overline{y}+d,\ s_u=|a|s_x,\ s_v=|c|s_y}$

②　$\boldsymbol{s_{uv}=acs_{xy},\ r_{uv}=\frac{ac}{|ac|}r_{xy}}$

が成り立つ。

[証明]

共分散s_{uv}や相関係数r_{uv}はxとyのときと比べてどのように変化するかを考えてみよう。

uとvの共分散s_{uv}を，xとyの共分散s_{xy}で表すと，

$$\begin{aligned}(u_i-\overline{u})(v_i-\overline{v})&=\{(ax_i+b)-(a\overline{x}+b)\}\{(cy_i+d)-(c\overline{y}+d)\}\\&=(ax_i-a\overline{x})(cy_i-c\overline{y})\\&=ac(x_i-\overline{x})(y_i-\overline{y})\end{aligned}$$

だから，

$$s_{uv}=\frac{(u_1-\overline{u})(v_1-\overline{v})+(u_2-\overline{u})(v_2-\overline{v})+\cdots+(u_n-\overline{u})(v_n-\overline{v})}{n}$$

$$=\frac{ac(x_1-\overline{x})(y_1-\overline{y})+ac(x_2-\overline{x})(y_2-\overline{y})+\cdots+ac(x_n-\overline{x})(y_n-\overline{y})}{n}$$

$$=ac\cdot\frac{(x_1-\overline{x})(y_1-\overline{y})+(x_2-\overline{x})(y_2-\overline{y})+\cdots+(x_n-\overline{x})(y_n-\overline{y})}{n}$$

したがって，$\boldsymbol{s_{uv}=acs_{xy}}$

相関係数 r_{uv} は，

$$r_{uv}=\frac{s_{uv}}{s_u s_v}=\frac{acs_{xy}}{|a|s_x|c|s_y}=\frac{ac}{|ac|}\cdot\frac{s_{xy}}{s_x s_y}$$

だから，$\boldsymbol{r_{uv}=\frac{ac}{|ac|}r_{xy}}$

つまり，$ac>0$ のときは，$r_{uv}=r_{xy}$

$ac<0$ のときは，$r_{uv}=-r_{xy}$

SECTION 4 データの分析

2 相関係数がらみの変量変換

過去問にチャレンジ

スキージャンプは，飛距離および空中姿勢の美しさを競う競技である。選手は斜面を滑り降り，斜面の端から空中に飛び出す。飛距離D（単位はm）から得点Xが決まり，空中姿勢から得点Yが決まる。ある大会における58回のジャンプについて考える。

(1) 得点X，得点Yおよび飛び出すときの速度V(単位はkm/h)について，図1の3つの散布図を得た。

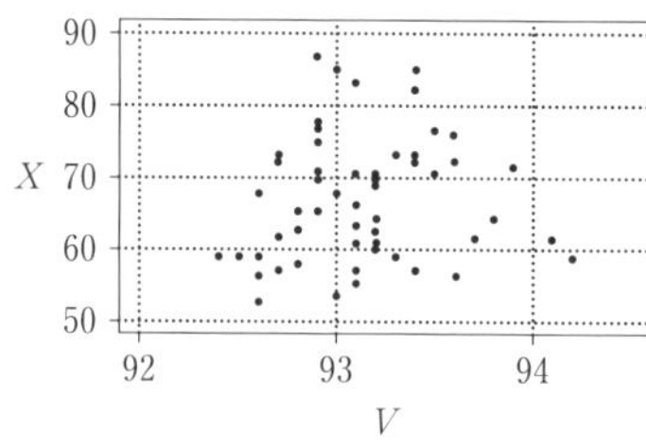

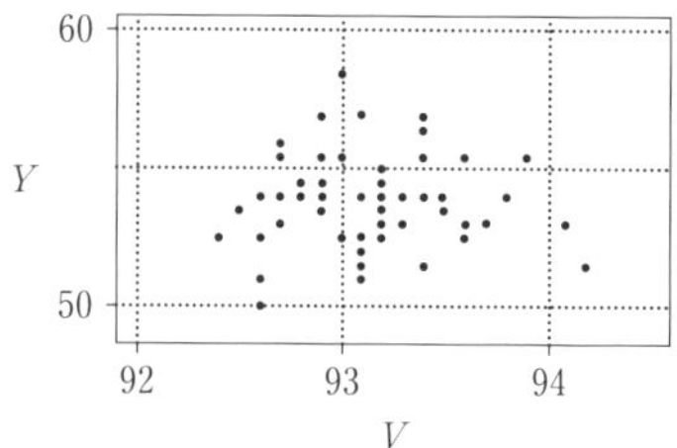

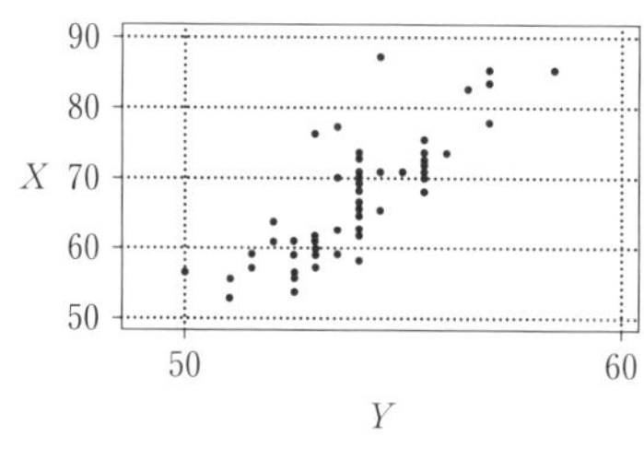

図1
（出典：国際スキー連盟のWebページにより作成）

図1から読み取れることとして正しいものは，［ア］，［イ］，［ウ］である。

ア，イ，ウ の解答群（解答の順序は問わない。）

⓪ XとVの間の相関は，XとYの間の相関より強い。
① XとYの間には正の相関がある。
② Vが最大のジャンプは，Xも最大である。
③ Vが最大のジャンプは，Yも最大である。
④ Yが最小のジャンプは，Xは最小ではない。
⑤ Xが80以上のジャンプは，すべてVが93以上である。
⑥ Yが55以上かつVが94以上のジャンプはない。

(2) 得点Xは，飛距離Dから次の計算式によって算出される。

$$X=1.80\times(D-125.0)+60.0$$

- Xの分散は，Dの分散の エ 倍になる。
- XとYの共分散は，DとYの共分散の オ 倍である。
  ただし，共分散は，2つの変量のそれぞれにおいて平均値からの偏差を求め，偏差の積の平均値として定義される。
- XとYの相関係数は，DとYの相関係数の カ 倍である。

エ，オ，カ の解答群（同じものを繰り返し選んでもよい。）

⓪ −125	① −1.80	② 1	③ 1.80
④ 3.24	⑤ 3.60	⑥ 60.0	

(3) 58回のジャンプは29名の選手が2回ずつ行ったものである。1回目の$X+Y$(得点Xと得点Yの和)の値に対するヒストグラムと2回目の$X+Y$の値に対するヒストグラムは図2のA，Bのうちのいずれかである。また，1回目の$X+Y$の値に対する箱ひげ図と2回目の$X+Y$の値に対する箱ひげ図は図3のa，bのうちのいずれかである。ただし，1回目の$X+Y$の最小値は108.0であった。

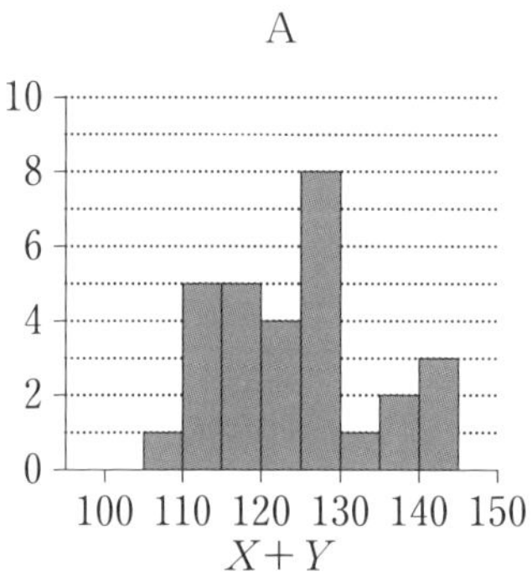

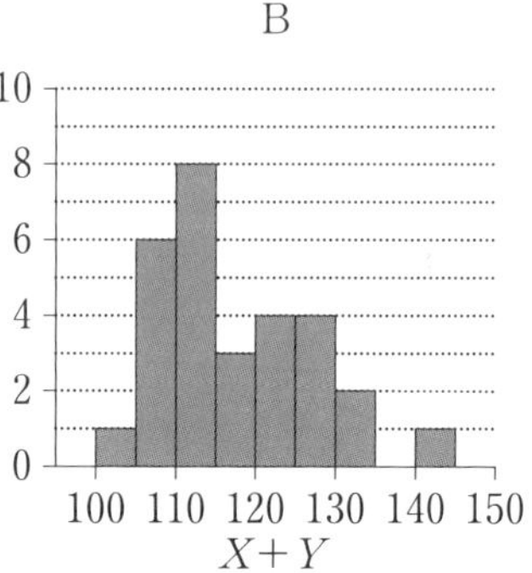

図2
（出典：国際スキー連盟のWebページにより作成）

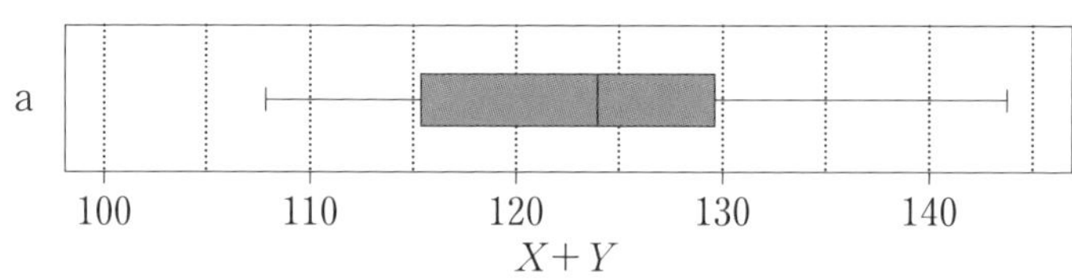

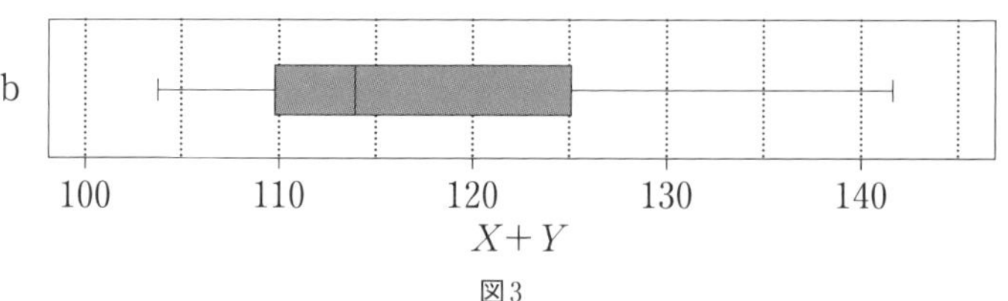

図3
（出典：国際スキー連盟のWebページにより作成）

1回目の$X+Y$の値について，ヒストグラムおよび箱ひげ図の組合せとして正しいものは，［キ］である。

［キ］の解答群

	⓪	①	②	③
ヒストグラム	A	A	B	B
箱ひげ図	a	b	a	b

図3から読み取れることとして正しいものは，［ク］である。

［ク］の解答群

⓪ 1回目の$X+Y$の四分位範囲は，2回目の$X+Y$の四分位範囲より大きい。
① 1回目の$X+Y$の中央値は，2回目の$X+Y$の中央値より大きい。
② 1回目の$X+Y$の最大値は，2回目の$X+Y$の最大値より小さい。
③ 1回目の$X+Y$の最小値は，2回目の$X+Y$の最小値より小さい。

（2017年度センター本試験）

(1) 選択肢から正しいものを3つ選ぶ問題だね。

⓪ XとVの間の相関は，XとYの間の相関より強い。
① XとYの間には正の相関がある。

図1より，XとV，YとVには相関関係は見られないが，XとYには正の相関が見られる。
よって，⓪は**誤り**で①は**正しい**ね！

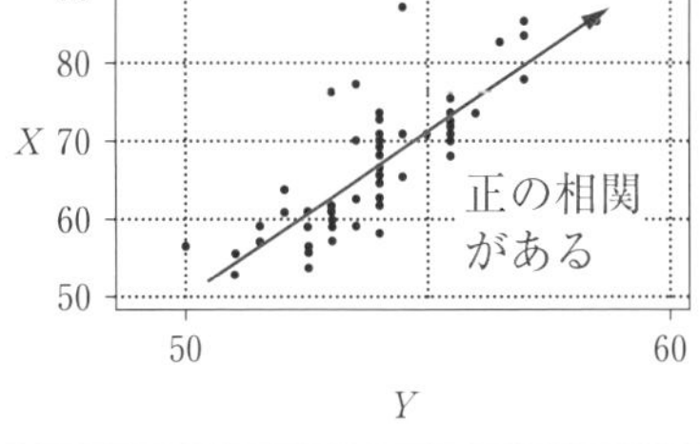

② Vが最大のジャンプは，Xも最大である。

XとVの散布図をみると，Vが最大のジャンプとXが最大のジャンプは異なるから**誤り**だね。

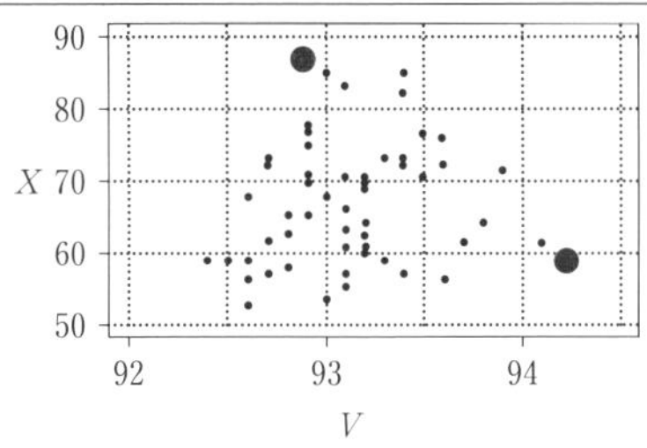

③　Vが最大のジャンプは，Yも最大である。

VとYの散布図をみると，Vが最大のジャンプとYが最大のジャンプは異なるから**誤り**だね。

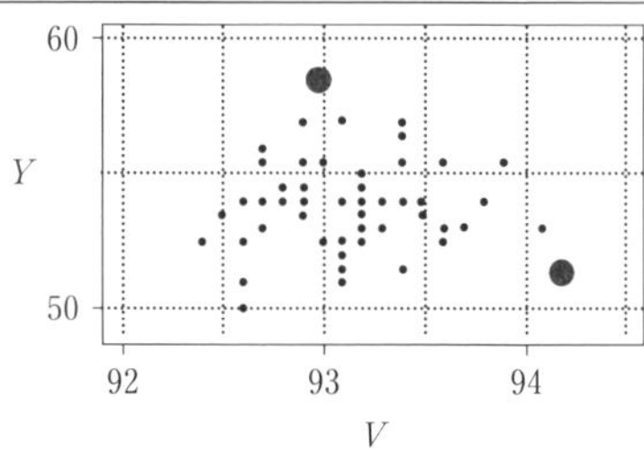

④　Yが最小のジャンプは，Xは最小ではない。

XとYの散布図をみると，Yが最小のジャンプとXが最小のジャンプは異なるから**正しい**ね！

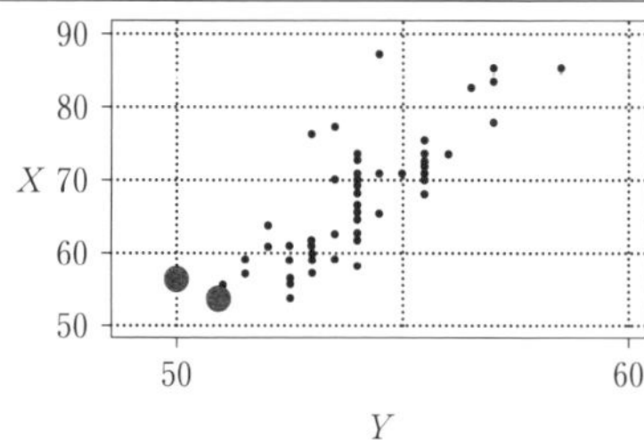

⑤　Xが80以上のジャンプは，すべてVが93以上である。

XとVの散布図をみると，Xが80以上のジャンプの中に，Vが93未満のジャンプがあるね(Vが最大のジャンプの点)。したがって，**誤り**だね。

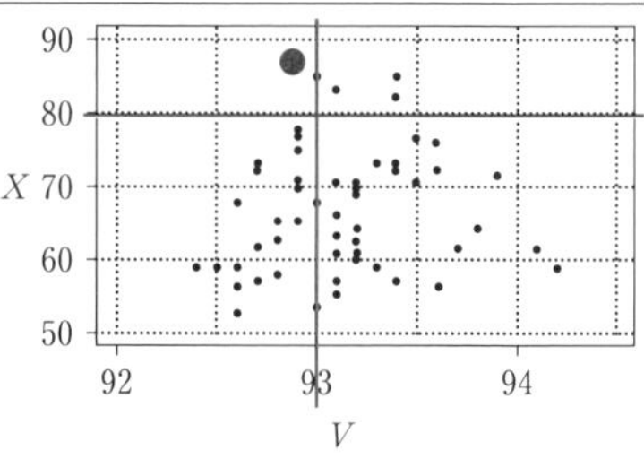

⑥　Yが55以上かつVが94以上のジャンプはない。

YとVの散布図をみると，$Y=55$と$V=94$の線を引いたときに右上の領域に点がない。

つまり，**正しい**。

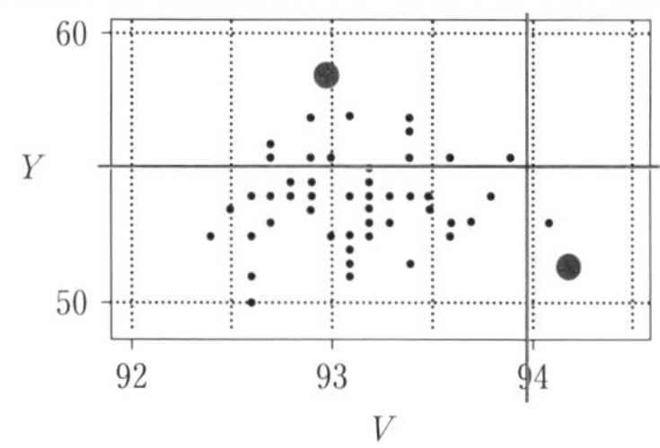

答え　**ア：①　イ：④　ウ：⑥（順不同）**

(2)　得点X，得点Y，飛距離Dのデータの各値をそれぞれX_i，Y_i，D_i（$i=1$，2，……，58）と表し，それぞれの標準偏差をs_X，s_Y，s_Dと表すと，$X=1.80\times(D-125.0)+60.0=1.8D-165$であるから，

$$s_X{}^2=1.8^2s_D{}^2=3.24s_D{}^2$$

したがって，$\dfrac{s_X{}^2}{s_D{}^2}=3.24$

答え　エ：④

XとY，DとYのデータの共分散をそれぞれs_{XY}，s_{DY}とすると，$X=1.8D-165$より，

$$s_{XY}=1.8\times s_{DY}$$

したがって，$\dfrac{s_{XY}}{s_{DY}}=1.80$

答え　オ：③

XとY，DとYのデータの相関係数をそれぞれr_{XY}，r_{DY}とすると，

$$r_{XY}=\frac{1.8}{|1.8|}r_{DY}$$

したがって，$\dfrac{r_{XY}}{r_{DY}}=1$

答え　カ：②

(3)　1回目の$X+Y$の最小値が108.0という情報からヒストグラムと箱ひげ図を決定しよう！

ヒストグラムBの最小値は105.0未満だから，1回目のヒストグラムは**A**だね。

さらに，最小値が108.0の箱ひげ図は**a**だから，1回目の$X+Y$の値に対する組合せは**A**と**a**で，2回目の$X+Y$の値に対するヒストグラムは**B**で箱ひげ図は**b**だ！　**答え　キ：⓪**

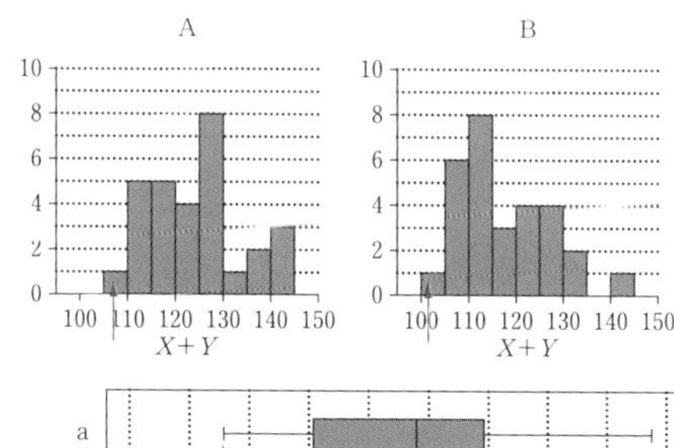

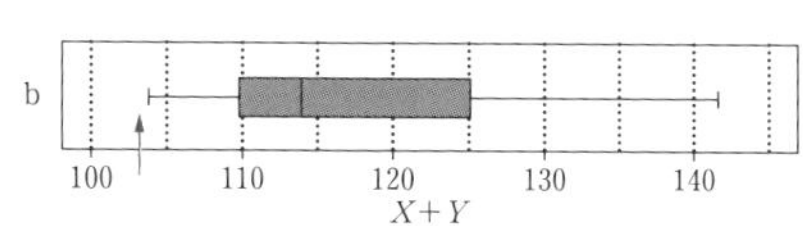

まず，箱ひげ図を見ると最小値，中央値，最大値は1回目の方が大きいことがわかるね。本番は，この時点で①と選んでしまおう。

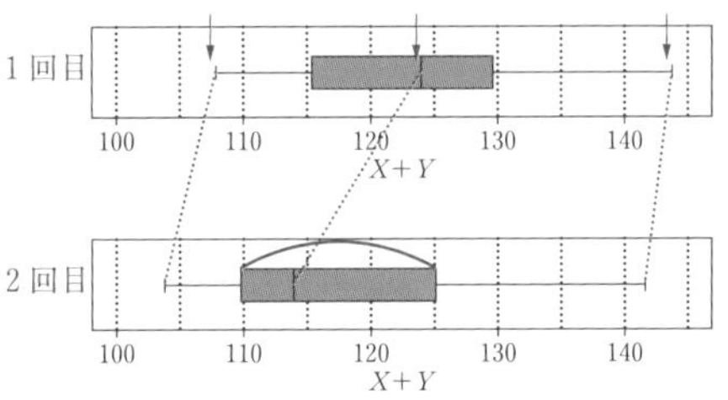

ちなみに四分位範囲は，

1回目がおよそ，129－116＝13

2回目がおよそ，125－109＝16

だから，四分位範囲は**2回目の方が大きい**ことがわかる。

よって，正しいものは①だ！

答え　ク：①

POINT

- データの分析の問題文はとにかく長い！
  ざっと全体像を掴んで，問題を解き進めながら適宜振り返って必要な情報を拾いにいこう。
- 問題演習のときには，まずは時間を気にせず1つ1つの式の意味などを考察する癖をつけておこう！

SECTION

場合の数と確率

THEME

1　場合の数
2　期待値
3　条件付き確率
4　総合問題

SECTION 5で学ぶこと

この単元の攻略法として，まず言いたいのは「とにかく手を動かせ」。計算も大事だけど，問題の状況について，手を動かしていろいろ調べる作業を忘れないように。学校の試験では「5人を一列に並べて，二種類の帽子をかぶらせ……」みたいに決まったパターンの出題で公式を使えば解けてしまうことも多い。そのせいで「この単元は得意」「得点源にできる」と思っている人もいるが，それは勘違い。共通テストでは，公式を使うだけでは解けない問題も多く，問題が示す状況をきちんと理解する必要がある。そのために手を動かしながらよく調べ，正解への糸口を見つける必要があるのだ。

ここが問われる！ 問題文の流れを感じながら解き進めることに慣れよう

共通テストでは，「少ない個数で実験したらどうなる？」→「大きい個数で実験したら？」というように，簡単な状況から複雑な状況へと展開していく問題が増えている。前の問題で用いた考え方で，より複雑な計算を行うというパターンが多いので，**前の問題の解き方が使えないか**という視点を，常に意識するようにしよう。

ここが問われる！ 「なぜ間違えたのか？」は徹底的に究明せよ！

「場合の数」や「確率」の勉強で非常に多いのが，「なぜ自分が間違えたのかがわからない」というケース。自分の答えは間違っていて，解答を見たら，その解き方が正しいことと解説の意味もわかる。

例えば，答えは「30通り」なのに，自分の答えは「15通り」になった。解答で「30通り」になる理由はわかったけど，自分の答えがなぜ「15通り」になったのかがわからない，といった状況だ。また，場合の数や確率の問題は，計算ミスより数え間違い（見落とし）が間違いの素になることも多いよ。これらを放っておかず，間違えた原因はしっかり究明しよう。**なぜ自分が間違えたのか**を人に説明できるくらいまで，よく調べてくれ！

「なぜその公式が成り立つか？」をよく理解すること

円順列や反復試行の確率には公式があるが，丸暗記だと共通テストでは高得点は期待できない。「なぜその公式で答えが出せるのか？」を理解する過程を大切にしてほしい。「場合の数」と「確率」は，その場で考えて計算して答えを出すことも可能であり，究極，公式はないと言っても過言ではない。「公式はなんだっけ？」と思い出すのではなく，手を動かしながら，自然と計算がはかどるくらいにまで理解を深めて欲しい。

条件を表す図の書き方にも何種類もあるけれど，どんなときにどんな図を使って考えたら早いのかは，練習を重ねて身につけていくしかない。解説でも盛んに図が出てくるが，これをただ書き写すだけでも，作業を通して考え方が伝わってきて勉強になる。目と頭だけでなく，手を使って学ぶ習慣を身につけよう。

「自分はなぜ間違えたのか？」を他の単元以上に気にして，ミスや見落としのクセを見つけてほしい！

THEME 1 場合の数

ここで 聞きめる!

- 最短経路の問題をマスターしよう。
- 円順列の考え方を理解しよう。
- はじめて見る設定の問題に対応できるようにしよう。

1 経路数

過去問にチャレンジ

図のように，東西にはしる道が4本，南北にはしる道が4本ある。

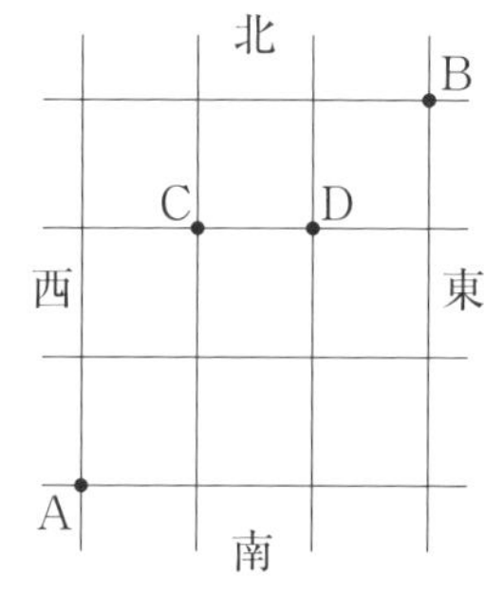

(1) A地点からB地点に行く経路のうち最短の経路は **アイ** 通りある。

(2) A地点からB地点に行き，続いてC地点に行く経路のうち最短の経路は **ウエ** 通りある。
ただし，A地点からB地点に行くときにC地点を通ることがあってもよい。

(3) A地点からC地点とD地点の両方を通ってB地点に行く経路のうち最短の経路は **オ** 通りある。

(4) A地点からB地点に行く最短の経路のうち，C地点とD地点の少なくとも一つの地点を通るものは **カキ** 通りある。

(2004年度センター本試験・改)

経路の問題だ。定番の考え方があるから，確認していこう。

(1)　例えば図のように，A地点からB地点まで最短の経路で進む場合を考えてみよう。北へ1進むことを↑，東へ1進むことを→で表すことにすると，この経路は，

→↑↑→↑→

という進み方になるね。

このように，**A地点からB地点に行く最短の経路の数は，↑3個と→3個を1列に並べる場合の数と等しくなっている**よ。

以後，P地点からQ地点に行く最短の経路をP～Qと表すことにするね。

同じものを含む順列

n個のもののうち，同じものがそれぞれp個，q個，r個，……含まれるとする。

このn個を1列に並べる総数は

$$\frac{n!}{p!q!r!\cdots\cdots}\ (\text{通り})\quad (p+q+r+\cdots\cdots=n)$$

よって，A～Bの最短の経路は，

$$\frac{6!}{3!3!}=\frac{6\cdot5\cdot4}{3\cdot2\cdot1}=20\ (\text{通り})$$

${}_6C_3(\cdot{}_3C_3)=20$でも計算できますね！

答え　アイ：20

(2)　(1)と同じように考えてみよう。

A～Bの最短の経路はすでに(1)で20通りと求めているから，**B～Cの最短の経路の数**を求めよう。

南へ1進むことを↓，西へ1進むことを←と表すことにすると，B～Cの最短の経路の数は，↓1個と←2個を1列に並べる場合の数と等しいから，

$$\frac{3!}{1!2!}=3\ (\text{通り})$$

よって，A～B～Cの最短の経路は，

$20\times3=60$（通り）

答え ウエ：60

(3) A～Bの最短の経路のうち，C地点を通るものをC，D地点を通るものをDと表すと，求める最短の経路は$\boldsymbol{n(C\cap D)}$**通り**と表せるね。この経路は，A～C～D～Bとなるから，**A～C，C～D，D～Bの最短の経路の数**を求めよう。

A～Cの最短の経路の数は，↑2個と→1個を1列に並べる場合の数と等しいから，

$$\frac{3!}{2!1!}=3\text{（通り）}$$

C～Dの最短の経路の数は，1通り

D～Bの最短の経路の数は，↑1個と→1個を1列に並べる場合の数と等しいから，

$$\frac{2!}{1!1!}=2\text{（通り）}$$

よって，求める最短の経路は，

$n(C\cap D)=3\times1\times2=6$（通り）

答え オ：6

(4) 求める場合の数は，$\boldsymbol{n(C\cup D)}$と表せるね。

$$n(C\cup D)=n(C)+n(D)-n(C\cap D)$$

が成り立つから，$n(C)$，$n(D)$をそれぞれ求めよう。

$n(C)$はA～C～Bの最短の経路の数なので，

$$\frac{3!}{2!1!}\times\frac{3!}{1!2!}=9\text{（通り）}$$

$n(D)$はA～D～Bの最短の経路の数なので，

$$\frac{4!}{2!2!}\times\frac{2!}{1!1!}=12\text{（通り）}$$

(3)から，$n(C\cap D)=6$だから，求める最短の経路は，

$$n(C\cup D)=n(C)+n(D)-n(C\cap D)$$
$$=9+12-6=15\text{（通り）}$$

答え カキ：15

2 円順列

過去問にチャレンジ

1から8までの8個の整数から互いに異なる6個を選んで，平面上の正六角形の各頂点に1個ずつ配置する。ただし，平面上でこの正六角形をその中心のまわりに回転させたとき重なりあうような配置は同じとみなす。

(1) 1から8までの8個の整数から互いに異なる6個を選ぶ方法は［アイ］通りである。

(2) 上のような配置は［ウエオカ］通りある。

(3) 1と8が正六角形の中心に関して点対称な位置に置かれているような配置は［キクケ］通りある。

(4) 中心に関して点対称な位置にある2個の数の和がどれも9になるような配置は［コサ］通りある。

（1999年度センター追試験）

円順列の問題だね。
ポイントは，公式を丸暗記しないこと！
「基準から見た景色が何通りあるのか？」を考えていこうね。

(1) これは難しくないね！

$${}_8C_6 = 28 \text{（通り）}$$

答え アイ：28

(2) これは，選んだ6個の異なる整数を円形に並べる場合の数だ。例えば，選んだ整数が1，2，3，4，5，6だった場合を考えてみよう。ここで，基準となるものを1とすると，残り5個をグルッと1列に並べただけだから，

$28(6-1)!=3360$（通り）

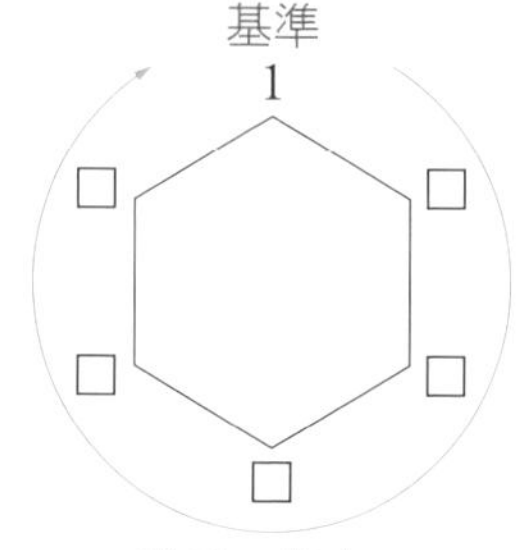

答え ウエオカ：3360

(3) まず，図のように1と8を点対称な位置に置いてみよう。
図の□の位置に，4つの整数を配置すればいいだけだ。1，8を除いた残り6個の整数から，4個を選んで並べるだけだから，

$_6P_4=6\times5\times4\times3=360$（通り）

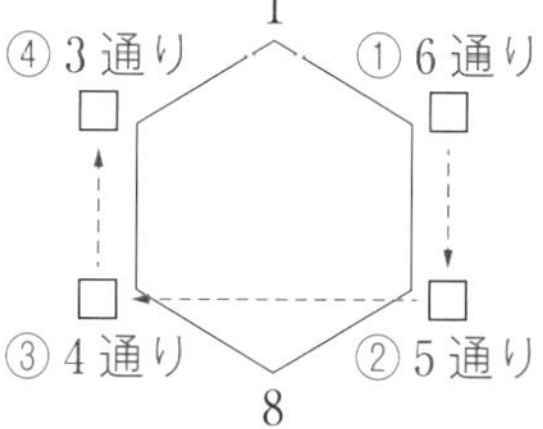

答え キクケ：360

図の①～④の順に数を入れていくイメージですね！

(4) 2個の和が9になる整数の組は，(1，8)，(2，7)，(3，6)，(4，5)の4組あるね。ここから3つの組を選ぶ方法は，

$_4C_3=4$（通り）

さて，基準を決めよう。
例えば，選んだ3つの組が，(1，8)，(2，7)，(3，6)のとき，1の場所を決めると，自動的に8の場所は決まるね。
次に，2の置き方が4通りあって，2を置いたら自動的に7の場所も決まる。
最後は，3の置き方が2通りあって，3を置いたら自動的に6が決まるよ。

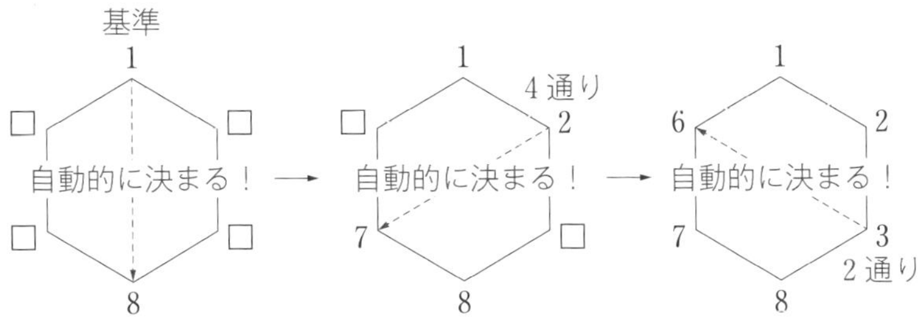

したがって，このときの数字の並べ方は，

4×2＝8（通り）

よって，求める場合の数は，**(数の組の選び方)×(並べ方)** だから，

4×8＝32（通り）

答え コサ：32

3 色の塗り分け

過去問にチャレンジ

番号によって区別された複数の球が，何本かのひもでつながれている。ただし，各ひもはその両端で二つの球をつなぐものとする。次の**条件**を満たす球の塗り分け方（以下，球の塗り方）を考える。

条件
- それぞれの球を用意した5色（赤，青，黄，緑，紫）のうちのいずれか1色で塗る。
- 1本のひもでつながれた二つの球は異なる色になるようにする。
- 同じ色を何回使ってもよく，使わない色があってもよい。

例えば図Aでは，三つの球が2本のひもでつながれている。この三つの球を塗るとき，球1の塗り方が5通りあり，球1を塗った後，球2の塗り方は4通りあり，さらに球3の塗り方は4通りある。したがって，球の塗り方の総数は80である。

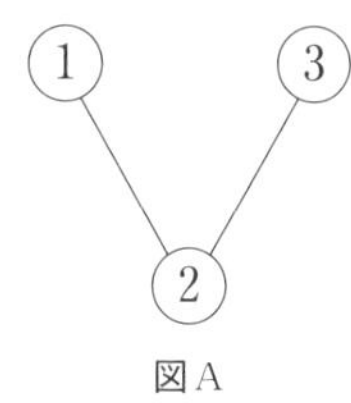
図A

(1) 図Bにおいて，球の塗り方は **アイウ** 通りある。

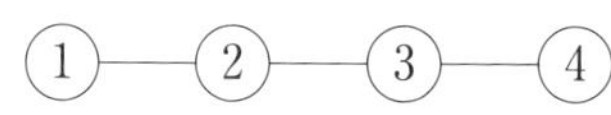
図B

(2) 図Cにおいて，球の塗り方は **エオ** 通りある。

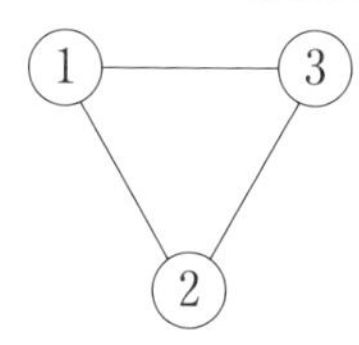
図C

(3) 図Dにおける球の塗り方のうち，赤をちょうど2回使う塗り方は **カキ** 通りある。

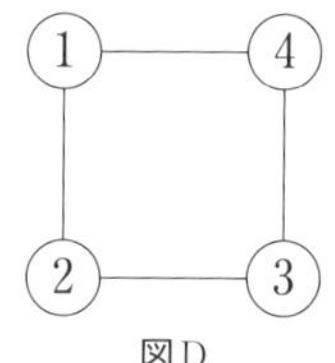
図D

(4) 図Eにおける球の塗り方のうち，赤をちょうど3回使い，かつ青をちょうど2回使う塗り方は **クケ** 通りある。

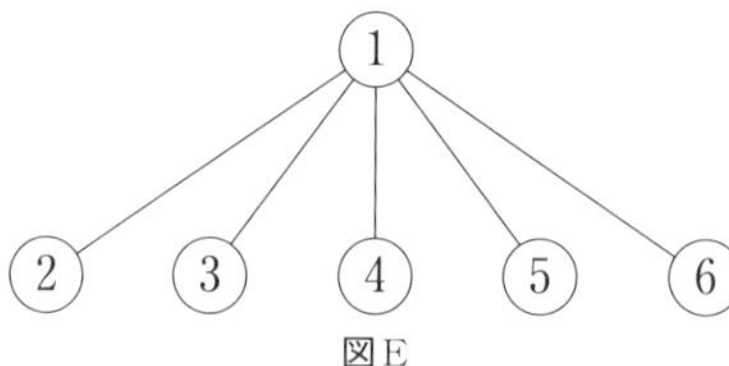
図E

(5) 図Dにおいて，球の塗り方の総数を求める。

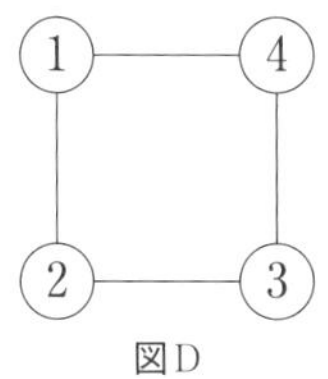

図D

そのために，次の**構想**を立てる。

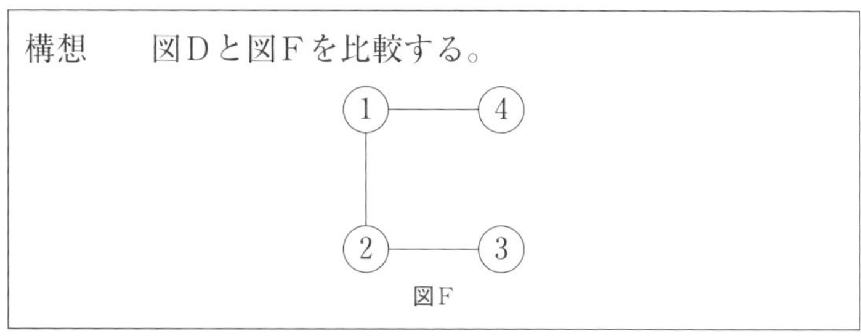

構想　図Dと図Fを比較する。

図F

図Fでは球3と球4が同色になる球の塗り方が可能であるため，図Dよりも図Fの球の塗り方の総数の方が大きい。

図Fにおける球の塗り方は，図Bにおける球の塗り方と同じであるため，全部で **アイウ** 通りある。そのうち球3と球4が同色になる球の塗り方の総数と一致する図として，後の⓪～④のうち，正しいものは **コ** である。

したがって，図Dにおける球の塗り方は **サシス** 通りある。

コ の解答群

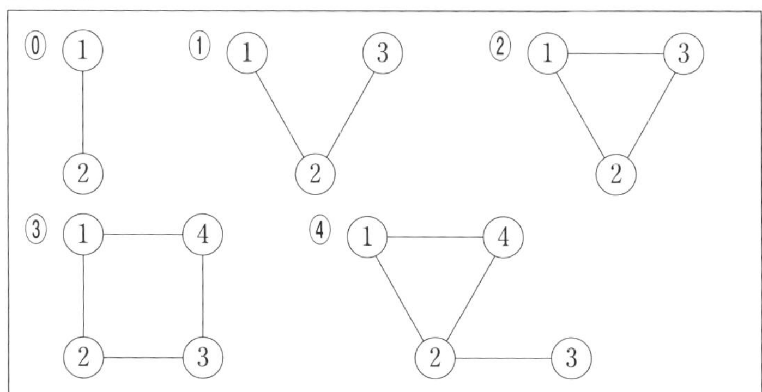

(6) 図Gにおいて，球の塗り方は［セソタチ］通りある。

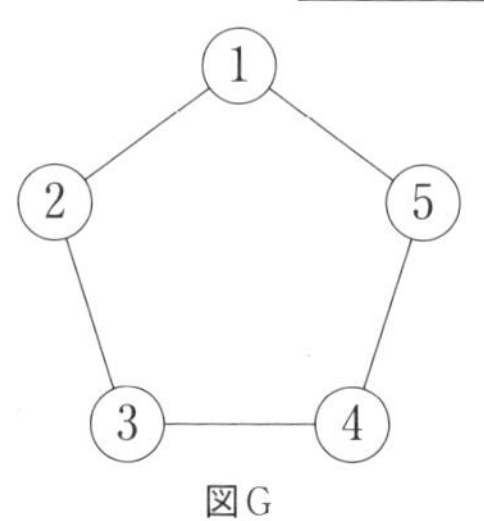

図G

（2023年度共通テスト本試験）

(1) 図Bにおける球の塗り方は，

球1について，色は全5色だから5通り，

球2について，球1の色以外の4色だから4通り，

球3について，球2の色以外の4色だから4通り，

球4について，球3の色以外の4色だから4通り。

したがって，5·4·4·4＝320（通り）

答え アイウ：320

(2) 図Cにおける球の塗り方は，球1について，色は全5色だから5通り，球2について，球1の色以外の4色だから4通り，球3について，球1と球2の色以外の3色だから3通り。

したがって，5·4·3＝60（通り）

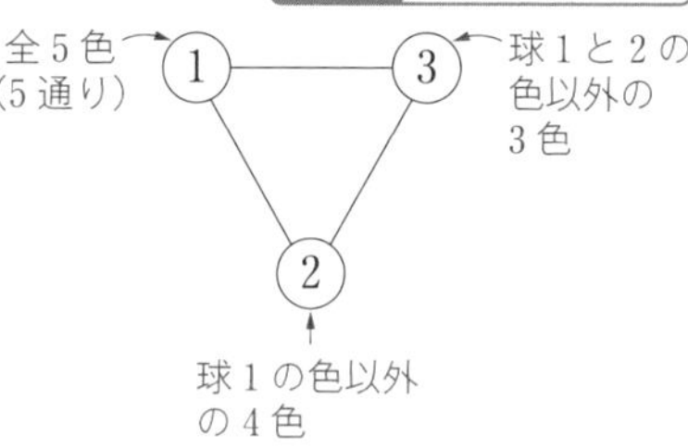

答え エオ：60

(3) 図Dにおいて，赤をちょうど2回塗る場合は，条件から同じ色は隣り合ってはいけないから**赤色を塗る球から考えよう！**

「球1と球3で赤色の場合」と**「球2と球4で赤色の場合」**があるね。

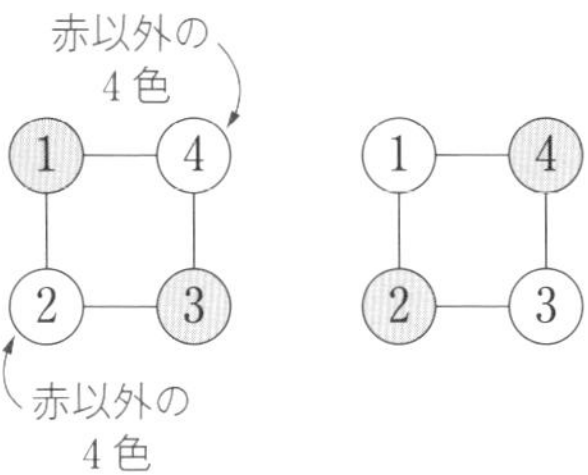

球1と球3で赤色のとき，
球2と球4はそれぞれ赤以外の色を塗るそれぞれ4通りがあるから，

$4\cdot4=16$（通り）

球2と球4が赤色の場合も同様だから，

$16\cdot2=32$（通り）

答え カキ：32

(4) 図Eにおいて，赤を3回，青を2回使う塗り方を考えていこう。
場合の数・確率の単元に限らず，はじめて出会う数学の問題は，**試しに色々考えてみること（実験）**が重要になるよ。
ここでは，赤と青の塗り方が重要になりそうだね！
例えば，球1に赤を塗ると，球2～球6には赤が塗れないことになるから不適だ。青についても同様の理由で球1には塗れないよ。

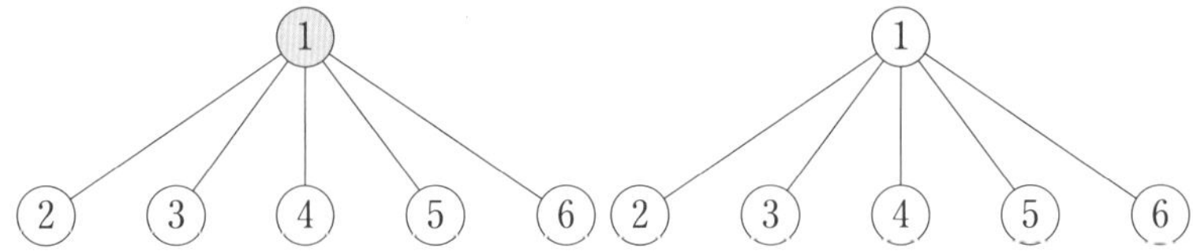

つまり，球1は赤と青以外の3色のうちの1色を塗って，球2～球6で赤で3球，青で2球塗ればいいんだ！
球2～球6の塗り方については，赤を塗る球を選んでしまえば，残りは青を塗ればいいね。
赤を塗る球の選び方は${}_5C_3=10$（通り）だから，図Eの塗り方は

$3\cdot10=30$（通り）

答え クケ：30

(5) 図Fの球の塗り方は，4個の球を1列に並べたときと同じだから，図Bの塗り方から320通りだ。

SECTION 5 場合の数と確率

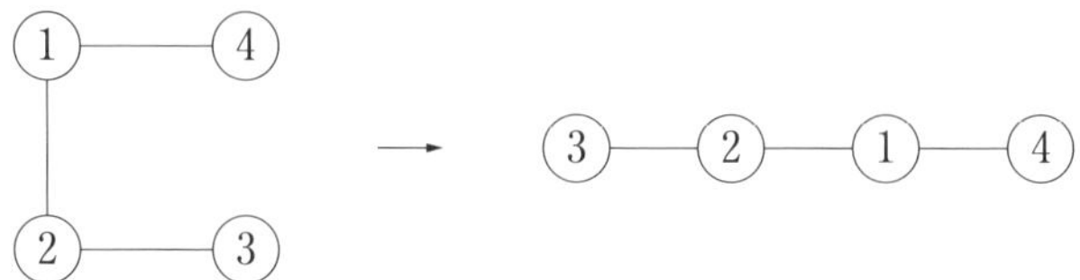

球3と球4が同じ色で塗られるとき，球1と球2は3，4で塗られた以外の色の2色から塗るから（次の図は例えば球3と球4が赤のとき），球3と球4を一つの球だと思えば **答え コ：②** と同じものになるね。

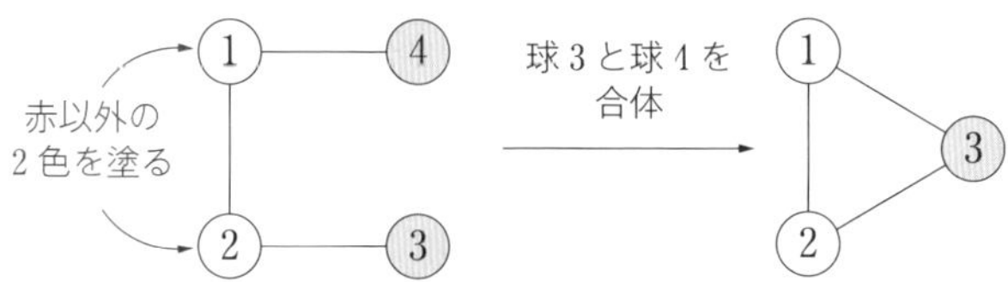

図Dの塗り方の総数は，図Fの塗り方から②（図C）の塗り方を除けばいいから，

320－60＝260（通り）

答え サシス：260

(6) 図Gの球の塗り方を考えていくよ。

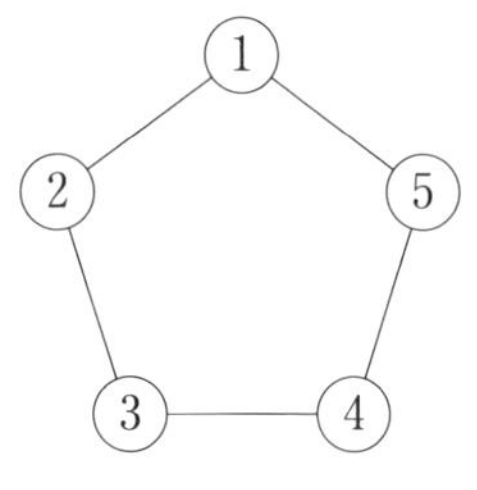

数学の問題においては，前の問題がヒントになることが多い。今回も(5)の考え方を使って解いていこう。

四角形（図D）の色の塗り方は，1箇所ひも（球1と球4）をなくして直線にしてから，

(直線の塗り方)－(直線のうち端が同じ色の塗り方)

によって求めたね！

球1と球5を結ぶひもを除いた状態の色の塗り方は，

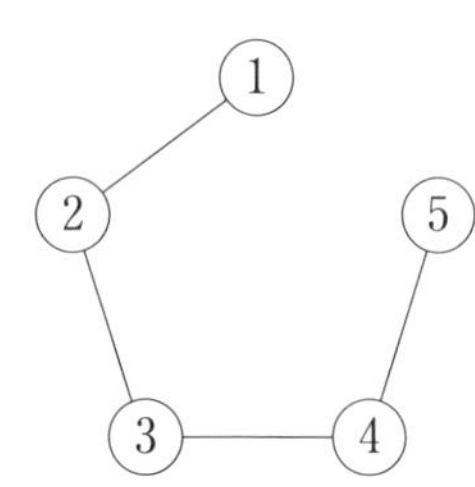

$5\cdot4\cdot4\cdot4\cdot4=1280$（通り）

球1と球5の色が同じときの色の塗り方は，球1と球5を合体した図Dの球の塗り方と同じだから，

(5)より，260通り。

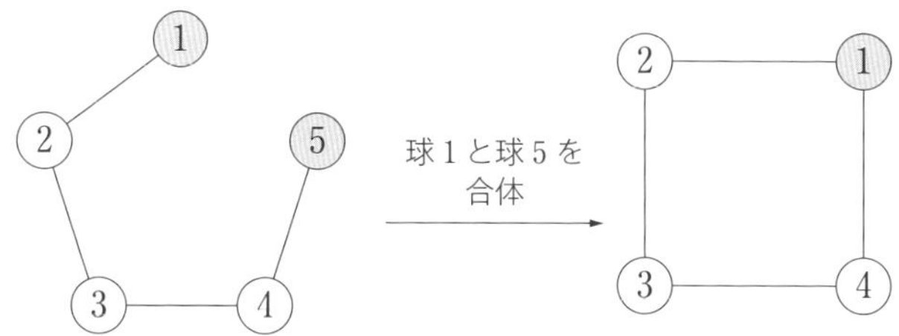

したがって，1280－260＝1020（通り）

答え セソタチ：1020

このように，小さい数の問題（今回は球4個の環状）を誘導で解かせたあと，それを利用して大きい数の問題（今回は球5個の環状）を解かせることがあるよ！

後半の難しい問題になっても，前の問題が利用できないか常に意識して問題を解くことが大事なんですね。

POINT

- 色の塗り分けなどの順列がからむ問題では，**条件がキツいものや特徴的なもの**から塗る！
- はじめて出会う数学の問題では，試しに色々実験してみて解法を見つけていこう。
- 大きい数の問題は誘導にある小さい数の問題を利用して解こう。

THEME 2
期待値

ここで働きめる！

- 確率の典型問題をマスターして，期待値の考え方を理解しよう。
- 反復試行の確率は共通テストの定番！　公式を丸暗記せず，意味を理解しよう。

1 重複順列と期待値

過去問にチャレンジ

(1) 1から4までの数字を，重複を許して並べてできる4桁の自然数は，全部で［アイウ］個ある。

(2) (1)の［アイウ］個の自然数のうちで，1から4までの数字を重複なく使ってできるものは［エオ］個ある。

(3) (1)の［アイウ］個の自然数のうちで，1331のように，異なる二つの数字を2回ずつ使ってできるものの個数を，次の考え方に従って求めよう。

(i) 1から4までの数字から異なる二つを選ぶ。この選び方は［カ］通りある。

(ii) (i)で選んだ数字のうち小さい方を，一・十・百・千の位のうち，どの2箇所に置くか決める。置く2箇所の決め方は［キ］通りある。小さい方の数字を置く場所を決めると，大きい方の数字を置く場所は残りの2箇所に決まる。

(iii) (i)と(ii)より，求める個数は［クケ］個である。

(4) (1)の［アイウ］個の自然数を，それぞれ別々のカードに書く。できた［アイウ］枚のカードから1枚引き，それに書かれた数の四つの数字に応じて，得点を次のように定める。

- 四つとも同じ数字のとき　9点
- 2回現れる数字が二つあるとき　3点
- 3回現れる数字が一つと，1回だけ現れる数字が一つあるとき　2点
- 2回現れる数字が一つと，1回だけ現れる数字が二つあるとき　1点
- 数字の重複がないとき　0点

(i)　得点が9点となる確率は $\dfrac{\boxed{\text{コ}}}{\boxed{\text{サシ}}}$，得点が3点となる確率

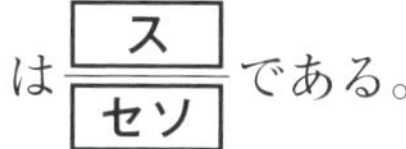

である。

(ii)　得点が2点となる確率は $\dfrac{\boxed{\text{タ}}}{\boxed{\text{チツ}}}$，得点が1点となる確率

である。

(iii)　得点の期待値は $\dfrac{\boxed{\text{ニ}}}{\boxed{\text{ヌ}}}$ 点である。

（2013年度センター本試験）

(1)　いわゆる**重複順列**だね。

千の位，百の位，十の位，一の位の選び方がそれぞれ1から4の4通りずつあるから，求める自然数の個数は，

$4^4=256$（個）

答え アイウ：256

(2)　異なる4つの自然数(1，2，3，4)を1列に並べるだけだから，求める自然数の個数は，

$4!=24$（個）

答え エオ：24

(3)　(1)の256個の自然数のうち，異なる二つの数字を2回ずつ使ってできるものの個数を，誘導にしたがって求めていくわけだね。

(i)　1から4までの数字から異なる二つを選ぶ選び方は，

$${}_4C_2=6\text{（通り）}$$

(ii)　(i)で選んだ数字のうち，小さい方の数を置く2箇所の決め方は，**四つの場所（千の位，百の位，十の位，一の位）から二つの場所を選ぶ**場合の数なので，

$${}_4C_2=6\text{（通り）}$$

「小さい方の数字を置く場所を決めると，大きい方の数字を置く場所は残りの2箇所に決まる。」とあるけど，これは**残りの二つの場所から二つの場所を選ぶ**わけだから，

$${}_2C_2=1\text{（通り）}$$

(iii)　(i)，(ii)から求めたい自然数の個数は，

$$6\times6=36\text{（個）}$$

答え　**カ**：6　**キ**：6　**クケ**：36

(4)　さて，ルールをしっかり確認しよう！

> (1)の256個の自然数を，それぞれ別々のカードに書く。できた256枚のカードから1枚引き，それに書かれた数の四つの数字に応じて，得点を次のように定める。
>
> - 四つとも同じ数字のとき　9点
> - 2回現れる数字が二つあるとき　3点
> - 3回現れる数字が一つと，1回だけ現れる数字が一つあるとき　2点
> - 2回現れる数字が一つと，1回だけ現れる数字が二つあるとき　1点
> - 数字の重複がないとき(1234など)　0点

ここからは確率の問題だ。分母になる全体の場合の数は256だね。

(i)　得点が9点となるのは**四つとも同じ数字のとき**で，そんなカードは4通り(1111，2222，3333，4444)しかないね！

よって，得点が9点となる確率は，

$\frac{4}{256}=\frac{1}{64}$

得点が3点となるカードは**2回現れる数字が二つあるとき**で，例えば1133みたいなカードだね。これは，(3)で36個あることを確認している。

よって，得点が3点となる確率は，

$\frac{36}{256}=\frac{9}{64}$

答え $\frac{\text{コ}}{\text{サシ}}$: $\frac{1}{64}$ $\frac{\text{ス}}{\text{セソ}}$: $\frac{9}{64}$

(ii) 得点が2点となるのは**3回現れる数字が一つと，1回だけ現れる数字が一つあるとき**だ。例えば，1112みたいなカードだね。条件を満たす自然数の個数は，(3)のように**(数の組の選び方)×(並べ方)** を意識して求めていこう！

まず，3回現れる数字の選び方が${}_4C_1$通り，1回現れる数字は，残りの3つの数字から1つ選ぶから${}_3C_1$通りある。

したがって，数字の選び方は，

${}_4C_1 \cdot {}_3C_1=12$（通り）

選んだ数を並べると，4通りの並べ方（例えば，1，1，1，2の並べ方は，1112，1121，1211，2111の4通り）があるから，得点が2点となるカードの選び方は全部で

$12 \cdot 4=48$（通り）

よって，得点が2点となる確率は，

$\frac{48}{256}=\frac{3}{16}$

次に得点が1点となるのは**2回現れる数字が一つと，1回だけ現れる数字が二つあるとき**。例えば，1124みたいなカードだね。

まず，2回現れる数字の選び方が${}_4C_1$通り，1回現れる数字は残り3つの数字から2つ選ぶから${}_3C_2$通りある。

したがって，数字の選び方は，

${}_4C_1 \cdot {}_3C_2=12$（通り）

選んだ数を並べるんだけど，これは**同じものを含む順列**と考えよう。例えば，1，1，2，4を1列に並べる場合の数は，

$$\frac{4!}{2!}=12\text{（通り）}$$

よって，得点が1点となるカードは，

$$12\cdot12=144\text{（通り）}$$

したがって，得点が1点となる確率は，

$$\frac{144}{256}=\frac{9}{16}$$

答え $\frac{\text{タ}}{\text{チツ}}:\frac{3}{16}$　$\frac{\text{テ}}{\text{トナ}}:\frac{9}{16}$

2

期待値

(iii) さぁ，最後に得点の期待値を求めていこう！

期待値について簡単にまとめておくね。

期待値とは

右の表のように，ある試行の結果によって，値がx_1，x_2，x_3，……，x_nのいずれかをとるような変量をXとし，Xがそれぞれの値をとるときの確率をp_1，p_2，p_3，……，$p_n(p_1+p_2+p_3+\cdots\cdots+p_n=1)$とする。

このとき，期待値Eを次のように定義する。

Xの値	x_1	x_2	x_3	…	x_n	計
確率	p_1	p_2	p_3	…	p_n	1

$$E=x_1p_1+x_2p_2+x_3p_3+\cdots\cdots+x_np_n$$

今回のゲームでの得点とその確率を表にまとめると，次のようになる。この表を**確率分布**というよ。

得点	9	3	2	1	0	計
確率	$\frac{4}{256}$	$\frac{36}{256}$	$\frac{48}{256}$	$\frac{144}{256}$	$\frac{24}{256}$	1

よって，得点の期待値は，

$$9\cdot\frac{4}{256}+3\cdot\frac{36}{256}+2\cdot\frac{48}{256}+1\cdot\frac{144}{256}=\frac{3}{2}$$

答え $\frac{\text{ニ}}{\text{ヌ}}:\frac{3}{2}$

期待値を求めるときは，確率分布の表を書くことで計算ミスが減るぞ。

COLUMN 得点が0のときは……

本来ならば期待値の式は，

$$9\cdot\frac{4}{256}+3\cdot\frac{36}{256}+2\cdot\frac{48}{256}+1\cdot\frac{144}{256}+0\cdot\frac{24}{256}$$

となるわけなんだけど，得点が0の場合はどのような期待値の計算をするときにも不要なので，あえて書いていない。

ちなみに，得点が0点になる確率は，(2)より，$\frac{24}{256}$と求められるよ。

すべての起こり得る確率の和は1になることを利用すると，

$$\frac{4}{256}+\frac{36}{256}+\frac{48}{256}+\frac{144}{256}+\frac{24}{256}=1$$

となることが確認できるね。
これによって，(4)の(i)(ii)で求めた確率が間違っていた場合，和が1にならないので，計算ミスの確認ができるんだ。
問題を解くうえでは求める必要はないけど，起こり得る場合の確率をすべて求めておくと検算ができることも覚えておこう！

2 反復試行の確率と期待値

過去問にチャレンジ

A, B, Cの3人がいる。また,「A」と書かれた玉が3個,「B」と書かれた玉が2個,「C」と書かれた玉が1個ある。「A」と書かれた玉の持ち主はAで,「B」と書かれた玉の持ち主はB,「C」と書かれた玉の持ち主はCである。

(1) 全部の玉を一つの袋に入れておき,袋から1個の玉を取り出して,出た玉の持ち主を勝者とするゲームを考える。ゲームが1回終わるごとに,出た玉を袋に戻す。

(i) ゲームを4回行うとき,勝者が順にA, A, B, Cとなる確率は $\dfrac{\boxed{ア}}{\boxed{イウ}}$ である。

(ii) ゲームを4回行うとき,Bが2回以上勝つ確率は $\dfrac{\boxed{エオ}}{\boxed{カキ}}$ である。

(iii) ゲームを6回行うとき,Aが3回,Bが2回,Cが1回勝つ確率は $\dfrac{\boxed{ク}}{\boxed{ケコ}}$ である。

(2) こんどは,A, B, Cのうち2人の対戦を考える。2人の対戦では,対戦者2人が持つ玉だけを全部合わせて一つの袋に入れ,袋から1個の玉を取り出して,出た玉の持ち主を勝者とする。1回対戦が終わるごとに,すべての玉を持ち主に返す。優勝賞金を60万円用意して,AとB, AとC, BとCが1回ずつ対戦する「総当り戦」を行い,勝った回数が最も多い人が優勝賞金を受け取る。該当者が複数いる場合は,該当者の間で等分する。

(i) A，B，Cが20万円ずつ受け取る確率は$\frac{\boxed{サ}}{\boxed{シ}}$である。

(ii) Aが20万円以上受け取る確率は$\frac{\boxed{スセ}}{\boxed{ソタ}}$である。

(iii) Aが受け取る優勝賞金の期待値は［チツ］万円，Bが受け取る優勝賞金の期待値は［テト］万円，Cが受け取る優勝賞金の期待値は［ナ］万円である。

(2014年度センター追試験)

(1) まずは，A，B，Cのそれぞれが勝者となる確率を求めておこう！

勝者がAとなる確率は　$\frac{3}{6}=\frac{1}{2}$，

勝者がBとなる確率は　$\frac{2}{6}=\frac{1}{3}$，

勝者がCとなる確率は　$\frac{1}{6}$

となるね。今回のゲームにおいて，玉はいつも袋に戻すからこの確率は変わらないよ。

(i) 勝者がA，A，B，Cとなる確率は，

$$\frac{1}{2}\cdot\frac{1}{2}\cdot\frac{1}{3}\cdot\frac{1}{6}=\frac{1}{72}$$

答え $\frac{ア}{イウ}$：$\frac{1}{72}$

(ii) Bが勝つ確率が$\frac{1}{3}$だから，B以外が勝つ確率は$1-\frac{1}{3}=\frac{2}{3}$だね。Bが2回以上勝つ，つまり**Bが2勝または3勝または4勝する確率**を求めたいわけだ。

さて，このように同じ試行を繰り返し行うときの確率を**反復試行の確率**というよ。次ページからの例題で簡単に復習しておこう。

「反復試行の確率はバッチリ！」という人は，一気に答えまで読み飛ばしても大丈夫だよ！

 Bが2勝する確率を求めよ。

簡略化するために，Bが勝つ場合を○，Bが負ける場合を×と表すとしよう。1回目，2回目，3回目，4回目の結果が順に「○○××」のようになると，Bは2勝していることになる。
この「○○××」の確率を求めると，

$$\frac{1}{3}\cdot\frac{1}{3}\cdot\frac{2}{3}\cdot\frac{2}{3}=\left(\frac{1}{3}\right)^2\left(\frac{2}{3}\right)^2$$

さて，Bが2勝する場合はほかにもあるよね。例えば，1回目，2回目，3回目，4回目の結果が順に「○×○×」となるときもBは2勝している。
この確率を求めると，やはり，

$$\frac{1}{3}\cdot\frac{2}{3}\cdot\frac{1}{3}\cdot\frac{2}{3}=\left(\frac{1}{3}\right)^2\left(\frac{2}{3}\right)^2$$

このように，Bが2勝する確率はどのような場合でも常に
$\left(\frac{1}{3}\right)^2\left(\frac{2}{3}\right)^2$となるわけだね。
では，Bが2勝する場合を全部書き出してみるよ。

Bが2勝する場合	計算式	確率
○○××	$\frac{1}{3}\cdot\frac{1}{3}\cdot\frac{2}{3}\cdot\frac{2}{3}$	$\left(\frac{1}{3}\right)^2\left(\frac{2}{3}\right)^2$
○×○×	$\frac{1}{3}\cdot\frac{2}{3}\cdot\frac{1}{3}\cdot\frac{2}{3}$	$\left(\frac{1}{3}\right)^2\left(\frac{2}{3}\right)^2$
○××○	$\frac{1}{3}\cdot\frac{2}{3}\cdot\frac{2}{3}\cdot\frac{1}{3}$	$\left(\frac{1}{3}\right)^2\left(\frac{2}{3}\right)^2$
×○○×	$\frac{2}{3}\cdot\frac{1}{3}\cdot\frac{1}{3}\cdot\frac{2}{3}$	$\left(\frac{1}{3}\right)^2\left(\frac{2}{3}\right)^2$
×○×○	$\frac{2}{3}\cdot\frac{1}{3}\cdot\frac{2}{3}\cdot\frac{1}{3}$	$\left(\frac{1}{3}\right)^2\left(\frac{2}{3}\right)^2$
××○○	$\frac{2}{3}\cdot\frac{2}{3}\cdot\frac{1}{3}\cdot\frac{1}{3}$	$\left(\frac{1}{3}\right)^2\left(\frac{2}{3}\right)^2$

さて，これらの確率の和が，Bが2勝する確率だ。

$$\left(\frac{1}{3}\right)^2\left(\frac{2}{3}\right)^2+\left(\frac{1}{3}\right)^2\left(\frac{2}{3}\right)^2+\left(\frac{1}{3}\right)^2\left(\frac{2}{3}\right)^2+\cdots$$

として，$\left(\frac{1}{3}\right)^2\left(\frac{2}{3}\right)^2$ を足していけばいいね。何個足せばいいかな？

Bの2勝する場合というのは，結局のところ**○2個と×2個を1列に並べたときの並べ方の数**と一致している。つまり，

$\frac{4!}{2!2!}(=6)$ 通りなので，求める確率は，

$$\frac{4!}{2!2!}\times\left(\frac{1}{3}\right)^2\left(\frac{2}{3}\right)^2$$

これで，**Bが2勝する1つの例**（**○○××など**）**の確率**に**○2個と×2個の並び替え**（**Bが2勝するすべての場合の数**）を掛け合わせることで求められることがわかったよ。まとめると，

（並び替えの総数）×（1つの例が起きる確率）

ということなんだね。

ちなみに，○2個，×2個の並び替えは $_4C_2$ と表すこともできるから，$_4C_2\left(\frac{1}{3}\right)^2\left(\frac{2}{3}\right)^2$ と求めることもできる。こちらの形の方が，よくある「反復試行の確率の公式」として紹介されているので目にしたことがある人も多いかもね。
結局は，**（並び替えの総数）×（1つの例が起きる確率）**なので，どちらの形でも大丈夫だよ！

少し長くなってしまったけど，本題に戻ろう！
いまは，Bが**2勝以上**する確率を求めているんだったね。

Bが2勝する確率は $_4C_2\left(\frac{1}{3}\right)^2\left(\frac{2}{3}\right)^2$ と求めたので，次にBが3勝する確率を求めてみよう。

先ほどと同じように考えれば，例えば○○○×という確率は，

$$\frac{1}{3}\cdot\frac{1}{3}\cdot\frac{1}{3}\cdot\frac{2}{3}=\left(\frac{1}{3}\right)^3\left(\frac{2}{3}\right)$$

さらに，〇〇〇×の並び替えは${}_4C_3\left(\text{または}{}_4C_1\text{または}\dfrac{4!}{3!}\right)$通りあるから，求める確率は，${}_4C_3\left(\dfrac{1}{3}\right)^3\left(\dfrac{2}{3}\right)$

そして，Bが4勝する確率は〇〇〇〇になる確率なので，$\left(\dfrac{1}{3}\right)^4$

よって，Bが2回以上勝つ確率は，

$${}_4C_2\left(\frac{1}{3}\right)^2\left(\frac{2}{3}\right)^2+{}_4C_3\left(\frac{1}{3}\right)^3\left(\frac{2}{3}\right)+\left(\frac{1}{3}\right)^4=\frac{24}{81}+\frac{8}{81}+\frac{1}{81}=\frac{11}{27}$$

答え エオ/カキ：$\dfrac{11}{27}$

2

期待値

【別解】

Bが2勝未満の確率を求めて，全体の確率1から引く方法でも計算できる。

Bが0勝 → $\left(\dfrac{2}{3}\right)^4$，Bが1勝 → ${}_4C_1\left(\dfrac{1}{3}\right)\left(\dfrac{2}{3}\right)^3$

だから，

$$1-\left\{\left(\frac{2}{3}\right)^4+{}_4C_1\left(\frac{1}{3}\right)\left(\frac{2}{3}\right)^3\right\}=1-\left(\frac{16}{81}+\frac{32}{81}\right)=\frac{11}{27}$$

(iii) Aが勝つ場合をa，Bが勝つ場合をb，Cが勝つ場合をcと表すとしよう。ゲームを6回行うとき，Aが3回，Bが2回，Cが1回勝つような場合は，例えば「$abcaba$」のようなときだね。この確率は，

$$\frac{1}{2}\cdot\frac{1}{3}\cdot\frac{1}{6}\cdot\frac{1}{2}\cdot\frac{1}{3}\cdot\frac{1}{2}=\left(\frac{1}{2}\right)^3\left(\frac{1}{3}\right)^2\left(\frac{1}{6}\right)$$

Aが3回，Bが2回，Cが1回勝つ場合は，aが3個，bが2個，cが1個の並び替えの総数と等しいから，求める確率は，

$$\frac{6!}{3!2!}\left(\frac{1}{2}\right)^3\left(\frac{1}{3}\right)^2\left(\frac{1}{6}\right)=\frac{5}{36}$$

答え ク/ケコ：$\dfrac{5}{36}$

3種類の反復試行になっても**(並び替えの総数)×(1つの例が起きる確率)**となることは変わらないんですね！

(2) 総当たり戦で，すべての対戦パターンに対して，A，B，Cの勝つ確率を求めておこう。

〈A vs B〉

玉の総数は，Aが3つ，Bが2つの計5つ。よって，

Aが勝つ確率は$\frac{3}{5}$，Bが勝つ確率は$\frac{2}{5}$

〈B vs C〉

玉の総数は，Bが2つ，Cが1つの計3つ。よって，

Bが勝つ確率は$\frac{2}{3}$，Cが勝つ確率は$\frac{1}{3}$

〈C vs A〉

玉の総数は，Cが1つ，Aが3つの計4つ。よって，

Cが勝つ確率は$\frac{1}{4}$，Aが勝つ確率は$\frac{3}{4}$

(i) A，B，Cが20万ずつ受け取るのは，全員が1勝1敗になるときだね。〈A vs B〉〈B vs C〉〈C vs A〉の対戦に対して，それぞれの対戦の勝者を表にまとめると，次の①か②の場合が考えられるよ。ポイントは，**A vs Bの勝者が決まると，〈B vs C〉，〈C vs A〉の勝敗が決まる**ということなんだ。

対戦	A vs B	B vs C	C vs A
①	A	B	C
②	B	C	A

①の確率は，$\frac{3}{5}\cdot\frac{2}{3}\cdot\frac{1}{4}$

②の確率は，$\frac{2}{5}\cdot\frac{1}{3}\cdot\frac{3}{4}$

よって，求める確率は，

$$\frac{3}{5}\cdot\frac{2}{3}\cdot\frac{1}{4}+\frac{2}{5}\cdot\frac{1}{3}\cdot\frac{3}{4}=\frac{1}{5}$$

答え $\frac{サ}{シ}$：$\frac{1}{5}$

(ii) Aが20万円以上受け取るのは，Aが2回勝ったとき(60万円get)か，A，B，Cがそれぞれ1回ずつ勝ったときだね。気を

SECTION 5 場合の数と確率

つけたいのは，**「Aが1勝するだけ」では20万円の賞金は受け取れないところ**だ。なぜなら「Aが1勝(1敗)，Bが2勝(0敗)，Cが0勝(2敗)」となった場合，Bが優勝することになるので，Aの獲得賞金は0円になってしまう。また，**優勝者が2人の場合もない**ね。

Aが2回勝つ確率は，$\frac{3}{5}\cdot\frac{3}{4}=\frac{9}{20}$

A，B，Cがそれぞれ1回ずつ勝つのは，(i)より，$\frac{1}{5}$

よって，求める確率は，

$$\frac{9}{20}+\frac{1}{5}=\frac{13}{20}$$

答え スセ/ソタ：$\frac{13}{20}$

(iii)　(ii)からAが受け取る優勝賞金と確率は，次の表のようになるね。賞金が0の確率は$1-\left(\frac{9}{20}+\frac{1}{5}\right)=\frac{7}{20}$だけど，今回は求める必要はないよ。

賞金	60	20	0	計
確率	$\frac{9}{20}$	$\frac{1}{5}$	$\left(\frac{7}{20}\right)$	1

よって，Aが受け取る優勝賞金の期待値は，

$$60\cdot\frac{9}{20}+20\cdot\frac{1}{5}=31\ (\text{万円})$$

答え チツ：31

同じようにして，B，Cも考えていこう！

Bが賞金60万円をgetする（2回勝つ）確率は，$\frac{2}{5}\cdot\frac{2}{3}=\frac{4}{15}$

Bが賞金20万円をgetする（全員1勝ずつする）確率は$\frac{1}{5}$だから，Bが受け取る優勝賞金と確率は，次の表のようになる。

2
期待値

賞金	60	20	0	計
確率	$\frac{4}{15}$	$\frac{1}{5}$	$\left(\frac{8}{15}\right)$	1

よって，Bが受け取る優勝賞金の期待値は，

$$60\cdot\frac{4}{15}+20\cdot\frac{1}{5}=20\text{（万円）}$$

答え テト：20

最後だ！

Cが賞金60万円をgetする（2回勝つ）確率は，$\frac{1}{3}\cdot\frac{1}{4}=\frac{1}{12}$

Cが賞金20万円をgetする（全員1勝ずつする）確率は$\frac{1}{5}$だから，Cが受け取る優勝賞金と確率は，次の表のようになる。

賞金	60	20	0	計
確率	$\frac{1}{12}$	$\frac{1}{5}$	$\left(\frac{43}{60}\right)$	1

よって，Cが受け取る優勝賞金の期待値は，

$$60\cdot\frac{1}{12}+20\cdot\frac{1}{5}=9\text{（万円）}$$

答え ナ：9

どうだったかな？
表では( )としているけど，余事象の確率から，
Aが賞金を受け取れない確率は，

$$1-\frac{13}{20}=\frac{7}{20}$$

Bが賞金を受け取れない確率は，

$$1-\left(\frac{4}{15}+\frac{1}{5}\right)=\frac{8}{15}$$

Cが賞金を受け取れない確率は，

$$1-\left(\frac{1}{12}+\frac{1}{5}\right)=\frac{43}{60}$$

とそれぞれ求めて入れているだけだよ。

3 反復試行の確率と期待値2

過去問にチャレンジ

1個のさいころを投げるとき，4以下の目が出る確率pは

$\dfrac{\boxed{ア}}{\boxed{イ}}$であり，5以上の目が出る確率$q$は$\dfrac{\boxed{ウ}}{\boxed{エ}}$である。

以下では，1個のさいころを8回繰り返して投げる。

(1) 8回の中で4以下の目がちょうど3回出る確率は$\boxed{オカ}p^3q^5$である。

第1回目に4以下の目が出て，さらに次の7回の中で4以下の目がちょうど2回出る確率は$\boxed{キク}p^3q^5$である。

第1回目に5以上の目が出て，さらに次の7回の中で4以下の目がちょうど3回出る確率は$\boxed{ケコ}p^3q^5$である。

(2) 得点を次のように定める。

8回の中で4以下の目がちょうど3回出た場合，

$n=1, 2, 3, 4, 5, 6$について，第n回目に初めて4以下の目が出たとき，得点はn点とする。

また，4以下の目が出た回数がちょうど3回とならないときは，得点を0点とする。

このとき，得点が6点となる確率は$p^{\boxed{サ}}q^{\boxed{シ}}$であり，得点が3点となる確率は$\boxed{スセ}p^{\boxed{サ}}q^{\boxed{シ}}$である。

また，得点の期待値は$\dfrac{\boxed{ソタチ}}{\boxed{ツテト}}$である。

(2011年度センター本試験・改)

最初の問題は難しくないね！　後半を解くための準備だ。

1個のさいころを投げるとき，

4以下の目が出る確率pは，$p=\frac{4}{6}=\frac{2}{3}$

5以上の目が出る確率qは，$q=\frac{2}{6}=\frac{1}{3}$

答え $\frac{ア}{イ}$：$\frac{2}{3}$　$\frac{ウ}{エ}$：$\frac{1}{3}$

(1)　さぁ，**反復試行の確率**だ！

4以下の目が出る事象をA，5以上の目が出る事象をBとすると，8回の中で4以下の目がちょうど3回出るのは，例えば，

$AAABBBBB$

のような場合だ。この確率は，p^3q^5となる。

Aを3つ，Bを5つ，1列に並べる場合の数は，${}_8C_3$または$\frac{8!}{3!5!}$となる。

したがって，求める確率は，

${}_8C_3p^3q^5=56p^3q^5$

答え オカ：56

次に1回目に4以下の目が出て，次の7回の中で4以下の目がちょうど2回出る確率を求めてみよう。例えば，

$ABBBBBAA$　……(*)

のような場合だ。この確率は，$p\times q^5p^2=p^3q^5$となる。

次に並び替えだけど，ここは間違えやすいから注意をしよう。**1回目はAと固定されている**から，並び替えを考えるのは，2回目以降のAを2つ，Bを5つ，1列に並べる場合の数だね。したがって，求める確率は，

$A\underline{BBBBBAA}$
並び替え

${}_7C_2p^3q^5=21p^3q^5$

答え キク：21

さらに，1回目に5以上の目が出て，次の7回の中で4以下の目がちょうど3回出る確率を求めてみよう。これも例をあげると，

$BAAABBBB$　……　(**)

のような場合だ。この確率は，$q\times p^3q^4=p^3q^5$ となる。

並び替えは，これも**1回目の B は固定されている**から，2回目以降の A を3つ，B を4つを並び替えることになる。

$B\underline{AAABBBB}$
並び替え

したがって，求める確率は，

$${}_7\mathrm{C}_3p^3q^5=35p^3q^5$$

答え ケコ：35

(2) 改めて，ルールを確認しておこう！

> 得点を次のように定める。
> 8回の中で4以下の目がちょうど3回出た場合，
> $n=1$，2，3，4，5，6について，第 n 回目に初めて4以下の目が出たとき，得点は n 点とする。
> また，4以下の目が出た回数がちょうど3回とならないときは，得点を0点とする。

例えば，8回の結果が $BBABABBA$ のときは，3回目にはじめて4以下の目が出たから3点，

$BAAABABB$（A が4回）や $BBABBBBA$（A が2回）は0点だよ。

まずは，得点が n 点になる確率を P_n とおいておこう。

得点が6点になるとき，はじめて A が現れるのが6回目で，計3回 A が出るから，初めの5回は B，残りの3回(6回目，7回目，8回目)は A だね。

つまり P_6 は $BBBBBAAA$ となる確率だから，

$$P_6=q^5\times p^3=p^3q^5$$

答え サ：3　シ：5

次に，得点が3点になるときを考えよう。

初めの2回は B，3回目は A となり，残りの5回の中で A が2回，B が3回出るときだから，

$$P_3=q^2\times p\times{}_5\mathrm{C}_2p^2q^3=10p^3q^5$$

$BBA\underbrace{○○○○○}$
$A\times2$，$B\times3$ を
1列に並べる

答え スセ：10

期待値を求めるために，ほかの$P_n (n=1, 2, 4, 5)$についても求めていこう！

得点が1点となるのは，初めにAが出て，残りの7回の中でAが2回，Bが5回出るときだから，

$$P_1 = p \times {}_7C_2 p^2 q^5 = 21p^3q^5$$

得点が2点となるのは，初めはB，2回目はAとなり，残りの6回の中でAが2回，Bが4回出るときだから，

$$P_2 = q \times p \times {}_6C_2 p^2 q^4 = 15p^3q^5$$

得点が4点となるのは，初めの3回はB，4回目はAとなり，残りの4回の中でAが2回，Bが2回出るときだから，

$$P_4 = q^3 \times p \times {}_4C_2 p^2 q^2 = 6p^3q^5$$

得点が5点となるのは，初めの4回はB，5回目はAとなり，残りの3回の中でAが2回，Bが1回出るときだから，

$$P_5 = q^4 \times p \times {}_3C_2 p^2 q = 3p^3q^5$$

全部の得点に対する確率が求まったら，表で整理しておこう。

得点	1	2	3	4	5	6
確率	$21p^3q^5$	$15p^3q^5$	$10p^3q^5$	$6p^3q^5$	$3p^3q^5$	p^3q^5

よって，得点の期待値は，

$$\begin{aligned}
&1\times P_1 + 2\times P_2 + 3\times P_3 + 4\times P_4 + 5\times P_5 + 6\times P_6 \\
&= (1\cdot 21 + 2\cdot 15 + 3\cdot 10 + 4\cdot 6 + 5\cdot 3 + 6\cdot 1)p^3q^5 \\
&= (21+30+30+24+15+6)p^3q^5 \\
&= 126p^3q^5
\end{aligned}$$

ここで，$p=\frac{2}{3}$，$q=\frac{1}{3}$だから，求める期待値は，

$$126\cdot\left(\frac{2}{3}\right)^3\cdot\left(\frac{1}{3}\right)^5 = \frac{112}{729}$$

答え $\frac{ソタチ}{ツテト}$: $\frac{112}{729}$

POINT

- 反復試行の確率は，公式を丸暗記せず**（並び替えの総数）×（1つの例が起きる確率）**で考えよう。
- 期待値の計算は，表などにわかりやすく整理をしよう！

SECTION 5 場合の数と確率

THEME 3

条件付き確率

ここできめる!

- 条件付き確率の意味を理解したうえで問題を解こう。
- 時間の流れが逆であるような原因の確率を求めよう。

1 条件付き確率

過去問にチャレンジ

複数人がそれぞれプレゼントを一つずつ持ち寄り，交換会を開く。ただし，プレゼントはすべて異なるとする。
プレゼントの交換は次の手順で行う。

手順
外見が同じ袋を人数分用意し，各袋にプレゼントを一つずつ入れたうえで，各参加者に袋を一つずつでたらめに配る。各参加者は配られた袋の中のプレゼントを受け取る。

交換の結果，1人でも自分の持参したプレゼントを受け取った場合は，交換をやり直す。そして，全員が自分以外の人の持参したプレゼントを受け取ったところで交換会を終了する。

(1) 2人または3人で交換会を開く場合を考える。

(i) 2人で交換会を開く場合，1回目の交換で交換会が終了するプレゼントの受け取り方は［ア］通りである。
したがって，1回目の交換で交換会が終了する確率は$\dfrac{\boxed{イ}}{\boxed{ウ}}$である。

(ii) 3人で交換会を開く場合，1回目の交換で交換会が終了するプレゼントの受け取り方は［エ］通りである。

したがって，1回目の交換で交換会が終了する確率は

$\dfrac{\boxed{\text{オ}}}{\boxed{\text{カ}}}$ である。

(iii) 3人で交換会を開く場合，4回以下の交換で交換会が終了する確率は $\dfrac{\boxed{\text{キク}}}{\boxed{\text{ケコ}}}$ である。

(2) 4人で交換会を開く場合，1回目の交換で交換会が終了する確率を次の**構想**に基づいて求めてみよう。

構想

1回目の交換で交換会が終了しないプレゼントの受け取り方の総数を求める。そのために，自分の持参したプレゼントを受け取る人数によって場合分けをする。

1回目の交換で，4人のうち，ちょうど1人が自分の持参したプレゼントを受け取る場合は $\boxed{\text{サ}}$ 通りあり，ちょうど2人が自分のプレゼントを受け取る場合は $\boxed{\text{シ}}$ 通りある。このように考えていくと，1回目のプレゼントの受け取り方のうち，1回目の交換で交換会が終了しない受け取り方の総数は $\boxed{\text{スセ}}$ である。

したがって，1回目の交換で交換会が終了する確率は $\dfrac{\boxed{\text{ソ}}}{\boxed{\text{タ}}}$ である。

(3) 5人で交換会を開く場合，1回目の交換で交換会が終了する確率は $\dfrac{\boxed{\text{チツ}}}{\boxed{\text{テト}}}$ である。

(4) A，B，C，D，Eの5人が交換会を開く。1回目の交換でA，B，C，Dがそれぞれ自分以外の人の持参したプレゼントを受け取ったとき，その回で交換会が終了する条件付き確率は $\dfrac{\boxed{\text{ナニ}}}{\boxed{\text{ヌネ}}}$ である。

(2022年度共通テスト本試験)

(1)(i)　AとBの2人でプレゼント交換をしたとする。A，Bのプレゼントをそれぞれa，bとすると，受け取り方は右の表のようになる。

A	B
a	b
b	a

したがって，1回目の交換で交換会が終了するプレゼントの受け取り方は1通り。
プレゼントの受け取り方は2通りあるから，
1回目の交換で交換会が終了する確率は，$\dfrac{1}{2}$

答え　ア：1　$\dfrac{イ}{ウ}$：$\dfrac{1}{2}$

(ii)　A，B，Cの3人でプレゼント交換をしたとする。3人のプレゼントをそれぞれa，b，cとすると，受け取り方は右の表のようになる。

A	B	C
a	b	c
a	c	b
b	a	c
b	c	a
c	a	b
c	b	a

したがって，1回目の交換で交換会が終了するプレゼントの受け取り方は2通り。
プレゼントの受け取り方は6通りあるから，
1回目の交換で交換会が終了する確率は，$\dfrac{2}{6}=\dfrac{1}{3}$

答え　エ：2　$\dfrac{オ}{カ}$：$\dfrac{1}{3}$

プレゼントの受け取り方は，a，b，cを1列に並べる順列と考えて，$3!=6$(通り）と考えることもできるね！

(iii)　3人で交換会を開く場合に，**4回以下**の交換で交換会が終了する場合を考えるよ。でも，「1回で終了する場合」「2回で終了する場合」「3回で終了する場合」「4回で終了する場合」と考えるのは場合分けが多くて大変だね。こんなふうに直接求めるのが大変なときに活躍するのが，**余事象の確率**なんだ！
ここでの余事象は，**プレゼント交換会を4回しても終了しな**

3　条件付き確率

い事象となるよ。つまり，1回のプレゼント交換会で終了しない確率は$\frac{2}{3}$で，それが4回連続起こる確率だから，

$$\left(\frac{2}{3}\right)^4=\frac{16}{81}$$

よって，求める確率は，

$$1-\frac{16}{81}=\frac{65}{81}$$

答え キク/ケコ：$\frac{65}{81}$

(2) A，B，C，Dの4人でプレゼント交換をしたとして，4人のプレゼントをそれぞれa，b，c，dとする。
まずは，4人のうち，ちょうど1人が自分のプレゼントを受け取る場合を考えてみよう。Dが自分のプレゼントを受け取ったとすると，このとき，A，B，Cの3人は自分のプレゼントを受け取らなければいいから，(1)(ii)より2通り。
ただし，自分のプレゼントを受け取った人がA，B，Cそれぞれの場合もあるから，$4\times2=8$（通り）になるね！

答え サ：8

次に，ちょうど2人が自分のプレゼントを受け取る場合も，1人が自分のプレゼントを受け取る場合と同じように求めてみよう。
（自分のプレゼントを受け取る人の場合の数）×
（他の人のプレゼントの受け取り方）
自分のプレゼントを受け取る人の場合の数は，4人中2人を選ぶから，${}_4C_2=6$（通り）
残り2人は自分のものではないプレゼントを受け取る（残り2人でプレゼントを交換する）から，(1)(i)の［ア］より，$6\times1=6$（通り）だね！

答え シ：6

最後に，1回の交換で交換会が終了しない受け取り方は，自分のプレゼントを受け取る人が**「ちょうど1人」または「ちょうど2人」または「全員」のいずれか**だね。

SECTION 5 場合の数と確率

全員が自分のプレゼントを受け取るのは1通りだから,

$8+6+1=15$（通り）

答え スセ：15

3人が自分のプレゼントを受け取るとき,
残り1人も自分のプレゼントになるね！

4人でプレゼント交換をするときのプレゼントの受け取り方はプレゼント a, b, c, d を1列に並べた順列だから,

$4!=24$（通り）

よって, 1回目の交換で交換会が終了するのは,

$24-15=9$（通り） …①

だから, 1回目の交換で交換会が終了する確率は,

$\dfrac{9}{24}=\dfrac{3}{8}$

答え $\dfrac{ソ}{タ}$：$\dfrac{3}{8}$

(3) 5人で交換会を開く場合に1回目の交換で交換会が終了する確率も, (2)と同じように, 1回目の交換で交換会が終了しない確率をつかって求めていこう！

1回の交換で交換会が終了しない受け取り方は, 自分のプレゼントを受け取る人が **「ちょうど1人」「ちょうど2人」「ちょうど3人」「全員」のいずれか**だね。

ちょうど1人のときは, 自分のプレゼントをもらう人の選び方が5人中1人の5通りで, 残り4人が自分のものではないプレゼントを受け取るのは①より, 9通りだから,

$5\times 9=45$（通り）

ちょうど2人のときは, 自分のプレゼントをもらう人の選び方が ${}_5C_2=10$（通り）, 残り3人が自分のものではないプレゼントを受け取るのは(1)(ii)より2通りだから,

$10\times 2=20$（通り）

ちょうど3人のときは, 自分のプレゼントをもらう人の選び方が

${}_5C_3=10$（通り），残り2人が自分のものではないプレゼントをもらうのは交換し合えばいいから1通り。したがって，

$$10\times1=10\text{（通り）}$$

全員が自分のプレゼントをもらうのは1通りだから，
1回の交換で交換会が終了しないのは，

$$45+20+10+1=76\text{（通り）}$$

5人のプレゼントの交換の仕方は$5!=120$だから，
1回の交換で交換会が終了するのは，

$$120-76=44\text{（通り）}$$

したがって，求める確率は，

$$\frac{44}{120}=\frac{11}{30}$$

答え $\frac{\text{チツ}}{\text{テト}}$：$\frac{11}{30}$

(4)　さぁ，最後は条件付き確率だね。

条件付き確率

事象Aが起こった条件のもとで事象Bが起こる確率を，Aが起こったときにBが起こる条件付き確率といい，$P_A(B)$と表す。

確率は$\dfrac{\text{当てはまる事象の場合の数}}{\text{全場合の数}}$で求めていたのが，条件である事象$A$が全事象になるから

$$P_A(B)=\frac{\text{事象}A\text{のうち事象}B\text{でもある場合の数}}{\text{事象}A\text{の場合の数}}=\frac{n(A\cap B)}{n(A)}$$

で求めることができるんだ！

ここで$n(A)$は事象Aが起こる場合の数だよ。

例題 大小二つのさいころを投げて出た目の和が8だったとき，2の目が出ていた条件付き確率を求めてみよう。

目の和が8となるのは，(大，小)＝(2，6)，(3，5)，(4，4)，(5，3)，(6，2)の5通り。そのうち2の目が出ているのは，(2，6)，(6，2)の2通り。

よって，求める条件付き確率は，$\frac{2}{5}$

さぁ，1回目の交換でA，B，C，Dがそれぞれ自分以外の人の持参したプレゼントを受け取ったとき，その回で交換会が終了する条件付き確率を求めてみよう！

まず，その回で交換会が終了する場合の数は，(3)から**44通り**。

次に，条件である**A，B，C，Dがそれぞれ自分以外の人の持参したプレゼントを受け取る**ときの場合の数は，**Eが自分のプレゼントをもらう場合ともらわない場合に分けられる**ね。

Eが自分のプレゼントをもらうときは，A，B，C，Dの4人でプレゼント交換したときに交換会が1回で終了する場合の数だから，(2)より**9通り**。

Eが自分のプレゼントをもらわないときは，A，B，C，D，Eの5人全員が自分のものではないプレゼントをもらうときだから**44通り**。

したがって，**A，B，C，Dがそれぞれ自分以外の人の持参したプレゼントを受け取る**のは，

$$44+9=53\ (\text{通り})$$

よって，求める条件付き確率は，$\frac{44}{53}$

答え ナニ/ヌネ：$\frac{44}{53}$

2 条件付き確率2

過去問にチャレンジ

赤い袋には赤球2個と白球1個が入っており，白い袋には赤球1個と白球1個が入っている。最初に，さいころ1個を投げて，3の倍数の目が出たら白い袋を選び，それ以外の目が出たら赤い袋を選び，選んだ袋から球を1個取り出して，球の色を確認してその袋に戻す。ここまでの操作を1回目の操作とする。
2回目と3回目の操作では，直前に取り出した球の色と同じ色の袋から球を1個取り出して，球の色を確認してその袋に戻す。

(1) 1回目の操作で，赤い袋が選ばれ赤球が取り出される確率は $\frac{\boxed{ア}}{\boxed{イ}}$ であり，白い袋が選ばれ赤球が取り出される確率は $\frac{\boxed{ウ}}{\boxed{エ}}$ である。

(2) 2回目の操作が白い袋で行われる確率は $\frac{\boxed{オ}}{\boxed{カキ}}$ である。

(3) 1回目の操作で白球を取り出す確率を p で表すと，2回目の操作で白球が取り出される確率は $\frac{\boxed{ク}}{\boxed{ケ}}p+\frac{1}{3}$ と表される。よって，2回目の操作で白球が取り出される確率は $\frac{\boxed{コサ}}{\boxed{シスセ}}$ である。
同様に考えると，3回目の操作で白球が取り出される確率は $\frac{\boxed{ソタチ}}{\boxed{ツテト}}$ である。

(4) 2回目の操作で取り出した球が白球であったとき，その球を取り出した袋の色が白である条件付き確率は$\frac{\boxed{ナニ}}{\boxed{ヌネ}}$である。

また，3回目の操作で取り出した球が白球であったとき，はじめて白球が取り出されたのが3回目の操作である条件付き確率は$\frac{\boxed{ノハ}}{\boxed{ヒフヘ}}$である。

(2019年度センター本試験)

(1)

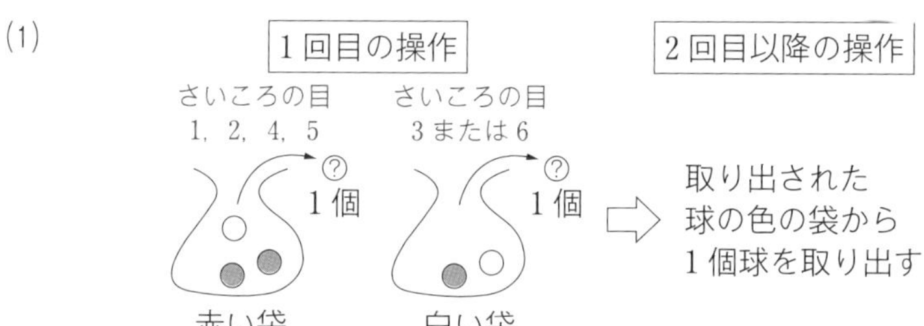

1回目の操作で，赤い袋から赤球が取り出される確率は

「さいころで3の倍数以外が出る」かつ「赤い袋から赤球が出る」確率だから，

$$\frac{4}{6}\times\frac{2}{3}=\frac{4}{9}$$

答え $\frac{\text{ア}}{\text{イ}}$：$\frac{4}{9}$

1回目の操作で，白い袋から赤球が取り出される確率は

「さいころで3の倍数が出る」かつ「白い袋から赤球が出る」確率だから，

$$\frac{2}{6}\times\frac{1}{2}=\frac{1}{6}$$

答え $\frac{\text{ウ}}{\text{エ}}$：$\frac{1}{6}$

(2) 2回目の操作が白い袋で行われるには，1回目の操作で白球が取り出されればいいね！

したがって，(1)と同様にして，

$$\underset{\text{赤い袋から白球}}{\frac{4}{6}\times\frac{1}{3}}+\underset{\text{白い袋から白球}}{\frac{2}{6}\times\frac{1}{2}}=\frac{7}{18}$$

答え オ／カキ：$\frac{7}{18}$

(3)　2回目の操作で白球が取り出されるのは，**白い袋から取り出すときか，赤い袋から取り出すときのどちらか**だ。場合分けして考えていこう。

(i)　2回目の操作で白い袋から白球を取り出すとき，1回目の操作では白球を取り出せばいいね。したがって，

$$p\times\frac{1}{2}=\frac{1}{2}p$$

(ii)　2回目の操作で赤い袋から白球を取り出すとき，1回目の操作では赤球を取り出せばいいね。

1回目の操作で赤玉を取り出す確率は$1-p$だから，

$$(1-p)\times\frac{1}{3}$$

(i)，(ii)は**互いに排反**だから，

2回目の操作で白球が取り出される確率は，

$$\frac{1}{2}p+\frac{1}{3}(1-p)=\frac{1}{6}p+\frac{1}{3}$$

(2)より，$p=\frac{7}{18}$だから，$\frac{1}{6}p+\frac{1}{3}$に代入して，

$$\frac{1}{6}\times\frac{7}{18}+\frac{1}{3}=\frac{43}{108}$$

答え ク／ケ：$\frac{1}{6}$　コサ／シスセ：$\frac{43}{108}$

また，2回目の操作で白球を取り出す確率をqで表すと，3回目の操作で白球が取り出される確率は，(i)，(ii)と同じように考えると，pがqに変わっただけで，

$$\frac{1}{6}q+\frac{1}{3}$$

となるね！

$q=\dfrac{43}{108}$だから，3回目の操作で白球が取り出される確率は，

$$\frac{1}{6}\times\frac{43}{108}+\frac{1}{3}=\frac{259}{648}$$

答え　$\dfrac{\text{ソタチ}}{\text{ツテト}}$：$\dfrac{259}{648}$

(4)　**条件付き確率**の問題だね。

1 のように場合の数が求められるときは，いままでの確率のように，場合の数の比で$P_A(B)=\dfrac{n(A\cap B)}{n(A)}$と求めていいけど，確率によって条件付き確率を求める公式も復習しておこう！

確率によって条件付き確率を求める公式

全事象をUとして，事象Aが起こる確率を$P(A)$とすると，

$$P(A)=\frac{n(A)}{n(U)}$$

同様に，$P(A\cap B)=\dfrac{n(A\cap B)}{n(U)}$

よって，$P_A(B)=\dfrac{n(A\cap B)}{n(A)}=\dfrac{\dfrac{n(A\cap B)}{n(U)}}{\dfrac{n(A)}{n(U)}}=\dfrac{P(A\cap B)}{P(A)}$

それでは，2回目の操作で取り出した球が白球であったとき，その球を取り出した袋の色が白である条件付き確率を求めていこう。2回目の操作で白球を取り出す事象（条件）を$\boldsymbol{A}$，2回目の操作で白い袋から球を取り出す事象（条件）を$\boldsymbol{B}$とすると，求める条件付き確率は$\boldsymbol{P_A(B)}$になるね。

(3)から，2回目の操作で白球を取り出す確率$P(A)$は，

$$P(A)=\frac{43}{108}$$

3 条件付き確率

(2)および(3)(i)より，2回目の操作で白い袋から白球を取り出す確率$P(A\cap B)$は，

$$P(A\cap B)=\frac{7}{18}\times\frac{1}{2}=\frac{7}{36}$$

よって，求める条件付き確率$P_A(B)$は，

$$P_A(B)=\frac{P(A\cap B)}{P(A)}=\frac{\frac{7}{36}\times 108}{\frac{43}{108}\times 108}=\frac{21}{43}$$

答え $\frac{ナニ}{ヌネ}:\frac{21}{43}$

また，3回目の操作で白球を取り出す事象を$\boldsymbol{C}$として，1回目，2回目の操作でともに赤球を取り出す事象を$\boldsymbol{D}$とすると，

$C\cap D$は3回目の操作で取り出した球が白球かつ3回目の操作ではじめて白球が取り出す事象（条件）になるね。

よって，求める条件付き確率は$\boldsymbol{P_C(D)}$となる。

(3)から，3回目の操作で白球を取り出す確率$P(C)$は

$$P(C)=\frac{259}{648}$$

(2)より，1回目の操作で赤球を取り出し$(1-p)$，続けて2回目の操作でも赤球を取り出し

$\left((1-p)\times\frac{2}{3}\right)$，3回目の操作で白球$\left(\frac{1}{3}\right)$を取り出す確率

$P(C\cap D)$は，

$$P(C\cap D)=\left(1-\frac{7}{18}\right)\times\frac{2}{3}\times\frac{1}{3}=\frac{22}{162}$$

よって，求める条件付き確率$P_C(D)$は，

$$P_C(D)=\frac{P(C\cap D)}{P(C)}=\frac{\frac{22}{162}\times 648}{\frac{259}{648}\times 648}=\frac{88}{259}$$

答え $\frac{ノハ}{ヒフヘ}:\frac{88}{259}$

3 原因の確率と反復試行

過去問にチャレンジ

赤球4個，青球3個，白球5個，合計12個の球がある。これら12個の球を袋の中に入れ，この袋からAさんがまず1個取り出し，その球をもとに戻さずに続いてBさんが1個取り出す。

(1) AさんとBさんが取り出した2個の球のなかに，赤球か青球が少なくとも1個含まれている確率は$\dfrac{\boxed{アイ}}{\boxed{ウエ}}$である。

(2) Aさんが赤球を取り出し，かつBさんが白球を取り出す確率は$\dfrac{\boxed{オ}}{\boxed{カキ}}$である。これより，Aさんが取り出した球が赤球であったとき，Bさんが取り出した球が白球である条件付き確率は$\dfrac{\boxed{ク}}{\boxed{ケコ}}$である。

(3) Aさんは1球取り出したのち，その色を見ずにポケットの中にしまった。Bさんが取り出した球が白球であることがわかったとき，Aさんが取り出した球も白球であった条件付き確率を求めたい。
Aさんが赤球を取り出し，かつBさんが白球を取り出す確率は$\dfrac{\boxed{オ}}{\boxed{カキ}}$であり，
Aさんが青球を取り出し，かつBさんが白球を取り出す確率は$\dfrac{\boxed{サ}}{\boxed{シス}}$である。
同様に，Aさんが白球を取り出し，かつBさんが白球を取り出す確率を求めることができ，これらの事象は互いに排反で

あるから，Bさんが白球を取り出す確率は$\dfrac{\boxed{\text{セ}}}{\boxed{\text{ソタ}}}$である。

よって，求める条件付き確率は$\dfrac{\boxed{\text{チ}}}{\boxed{\text{ツテ}}}$である。

(2016年度センター本試験)

Aさんと Bさんが取り出した2個の球のなかに，
赤球か青球が少なくとも1個含まれているのは，
色々な場合があって大変ですね……。

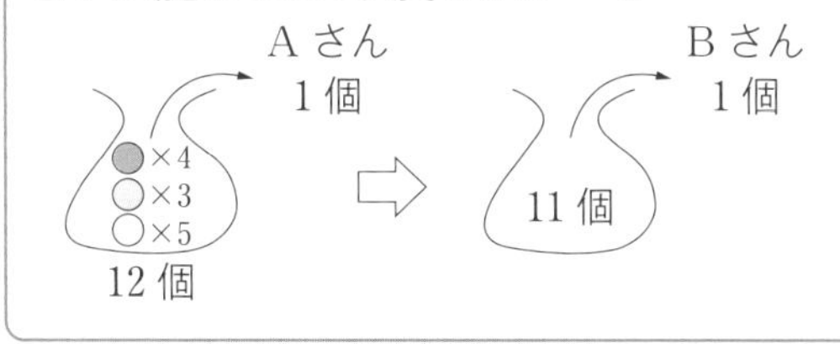

こういうときは**余事象の確率**だ！
「少なくとも1つ……」の余事象だから
「両方とも……でない」場合を調べていくよ。

(1)　AさんとBさんが取り出した2個の球のなかに，赤球も青球も含まれないのは，2人とも白球を取り出したときだ。その確率は，

$$\frac{5}{12}\times\frac{4}{11}=\frac{5}{33}$$

よって，求める確率は，

$$1-\frac{5}{33}=\frac{28}{33}$$

答え　$\dfrac{\text{アイ}}{\text{ウエ}}:\dfrac{28}{33}$

(2)　Aさんが赤球を取り出す確率は，$\dfrac{4}{12}$

この条件のもと，Bさんは11個のうち5個ある白球の中から1個を取り出せばいいから，

$$\frac{4}{12}\times\frac{5}{11}=\frac{5}{33}$$

答え　$\dfrac{\text{オ}}{\text{カキ}}:\dfrac{5}{33}$

Aさんが取り出した球が赤球であったとき，Bさんは残り11個のうち5個ある白球の中から1個を取り出せばいいから，求める条件付き確率は，$\dfrac{5}{11}$

答え $\dfrac{\text{ク}}{\text{ケコ}}$: $\dfrac{5}{11}$

(3) Bさんが取り出した球が白球であることがわかったとき，Aさんが取り出した球も白球であった確率を求めていこう。

このように，時間の流れが逆であるような場合でも**条件付き確率の公式**が使えるよ！
さっそくやってみよう！

まずは，Bさんが白球を取り出す確率を求めよう。
Aさんが青球を取り出し，かつBさんが白球を取り出す確率は，

$$\frac{3}{12}\times\frac{5}{11}=\frac{5}{44}$$

答え $\dfrac{\text{サ}}{\text{シス}}$: $\dfrac{5}{44}$

Aさんが白球を取り出し，かつBさんが白球を取り出す確率は，(1)より$\dfrac{5}{33}$だね。よって，Bさんが白球を取り出す確率は，

$$\frac{5}{33}+\frac{5}{44}+\frac{5}{33}=\frac{5}{12}$$

答え $\dfrac{\text{セ}}{\text{ソタ}}$: $\dfrac{5}{12}$

Aさんが白球を取り出す事象をA，Bさんが白球を取り出す事象をBとすると，

$P(A\cap B)=\dfrac{5}{33}$，$P(B)=\dfrac{5}{12}$だから，求める条件付き確率は，

$$P_B(A)=\frac{P(A\cap B)}{P(B)}=\frac{\frac{5}{33}\ \times(33\cdot12)}{\frac{5}{12}\ \times(33\cdot12)}=\frac{4}{11}$$

答え $\dfrac{\text{チ}}{\text{ツテ}}$: $\dfrac{4}{11}$

確率において大事なのは，**時間の流れに関係なく，手に入れた情報（条件）からわからないものの確率を考えるということなんだ！**

知っている情報から，わかっていないものの確率を常に考える……。ギャンブルの感覚ですね。

【別解】

Aさんが何を取り出したかわからないとき，（時間の流れに関係なく）Bさんは結局12個の球から1個の球を手にするから，Bさんが白球を取り出す確率は $\frac{5}{12}$

Bさんが白球を取り出したという条件では，（時間の流れに関係なく）Aさんは残り11個の球から1個の球を手にしていて，白球は残り4個だから，求める条件付き確率は，$\frac{4}{11}$

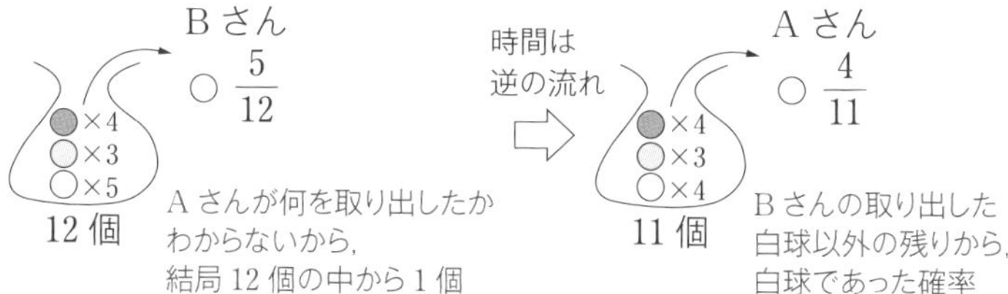

POINT

- 直接確率を求めるのが大変なときは**余事象の確率**を意識！
- **条件付き確率** $P_A(B)=\dfrac{n(A\cap B)}{n(A)}$

  （$n(A)$ は事象 A が起こる場合の数）

  ［$n(A)$，$n(A\cap B)$ より確率 $P(A)$，$P(A\cap B)$ の方が求めやすいときは，$P_A(B)=\dfrac{P(A\cap B)}{P(A)}$ ］
- 原因の確率など時間の流れが逆であるような場合でも，**手に入れた情報（条件）からわからないものの確率を考える！**

SECTION 5 場合の数と確率

THEME

4 総合問題

ここできめる！

期待値をつかって，よりよい選択がどちらかを考えられるようにしよう。

1 期待値と条件付き確率と反復試行

過去問にチャレンジ

中にくじが入っている二つの箱AとBがある。二つの箱の外見は同じであるが，箱Aでは，当たりくじを引く確率が$\frac{1}{2}$であり，箱Bでは，当たりくじを引く確率が$\frac{1}{3}$である。

(1) 各箱で，くじを1本引いてはもとに戻す試行を3回繰り返す。このとき

箱Aにおいて，3回中ちょうど1回当たる確率は

$\frac{\boxed{ア}}{\boxed{イ}}$ …①

箱Bにおいて，3回中ちょうど1回当たる確率は

$\frac{\boxed{ウ}}{\boxed{エ}}$ …②

である。箱Aにおいて，3回引いたときに当たりくじを引く回数の期待値は$\frac{\boxed{オ}}{\boxed{カ}}$であり，箱Bにおいて，3回引いたときに当たりくじを引く回数の期待値は$\boxed{キ}$である。

(2) 太郎さんと花子さんは，それぞれくじを引くことにした。ただし，二人は，箱A，箱Bでの当たりくじを引く確率は知っ

ているが，二つの箱のどちらがAで，どちらがBであるかはわからないものとする。
まず，太郎さんが二つの箱のうちの一方をでたらめに選ぶ。そして，その選んだ箱において，くじを1本引いてはもとに戻す試行を3回繰り返したところ，3回中ちょうど1回当たった。このとき，選ばれた箱がAである事象をA，選ばれた箱がBである事象をB，3回中ちょうど1回当たる事象をWとする。
①，②に注意すると

$$P(A\cap W)=\frac{1}{2}\times\frac{\boxed{\text{ア}}}{\boxed{\text{イ}}},\quad P(B\cap W)=\frac{1}{2}\times\frac{\boxed{\text{ウ}}}{\boxed{\text{エ}}}$$

である。$P(W)=P(A\cap W)+P(B\cap W)$であるから，3回中ちょうど1回当たったとき，選んだ箱がAである条件付き確率$P_W(A)$は$\dfrac{\boxed{\text{クケ}}}{\boxed{\text{コサ}}}$となる。また，条件付き確率$P_W(B)$は$1-P_W(A)$で求められる。
次に，花子さんが箱を選ぶ。その選んだ箱において，くじを1本引いてはもとに戻す試行を3回繰り返す。花子さんは，当たりくじをより多く引きたいので，太郎さんのくじの結果をもとに，次の(X)，(Y)のどちらの場合がよいかを考えている。

(X)　太郎さんが選んだ箱と同じ箱を選ぶ。

(Y)　太郎さんが選んだ箱と異なる箱を選ぶ。

花子さんがくじを引くときに起こりうる事象の場合の数は，選んだ箱がA，Bのいずれかの2通りと，3回のうち当たりくじを引く回数が0，1，2，3回のいずれかの4通りの組合せで全部で8通りある。

花子：当たりくじを引く回数の期待値が大きい方の箱を選ぶといいかな。

太郎：当たりくじを引く回数の期待値を求めるには，この8通りについて，それぞれの起こる確率と当たりくじを引く回数との積を考えればいいね。

花子さんは当たりくじを引く回数の期待値が大きい方の箱を選ぶことにした。

(X)の場合について考える。箱Aにおいて3回引いてちょうど1回当たる事象をA_1，箱Bにおいて3回引いてちょうど1回当たる事象をB_1と表す。

太郎さんが選んだ箱がAである確率$P_W(A)$を用いると，花子さんが選んだ箱がAで，かつ，花子さんが3回引いてちょうど1回当たる事象の起こる確率は$P_W(A)\times P(A_1)$と表せる。

このことと同様に考えると，花子さんが選んだ箱がBで，かつ，花子さんが3回引いてちょうど1回当たる事象の起こる確率は［シ］と表せる。

花子：残りの6通りも同じように計算すれば，この場合の当たりくじを引く回数の期待値を計算できるね。

太郎：期待値を計算する式は，選んだ箱がAである事象に対する式とBである事象に対する式に分けて整理できそうだよ。

残りの6通りについても同じように考えると，(X)の場合の当たりくじを引く回数の期待値を計算する式は

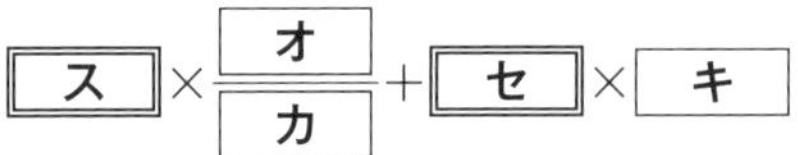

$$\boxed{ス}\times\frac{\boxed{オ}}{\boxed{カ}}+\boxed{セ}\times\boxed{キ}$$

となる。

(Y)の場合についても同様に考えて計算すると，(Y)の場合の当たりくじを引く回数の期待値は$\dfrac{\boxed{ソタ}}{\boxed{チツ}}$である。よって，当たりくじを引く回数の期待値が大きい方の箱を選ぶという方針に基づくと，花子さんは，太郎さんが選んだ箱と［テ］。

［シ］の解答群

⓪ $P_W(A)\times P(A_1)$	① $P_W(A)\times P(B_1)$
② $P_W(B)\times P(A_1)$	③ $P_W(B)\times P(B_1)$

4 総合問題

ス, セ の解答群（同じものを繰り返し選んでもよい。）

⓪ $\frac{1}{2}$　① $\frac{1}{4}$　② $P_W(A)$　③ $P_W(B)$

④ $\frac{1}{2}P_W(A)$　⑤ $\frac{1}{2}P_W(B)$

⑥ $P_W(A)-P_W(B)$　⑦ $P_W(B)-P_W(A)$

⑧ $\frac{P_W(A)-P_W(B)}{2}$　⑨ $\frac{P_W(B)-P_W(A)}{2}$

テ の解答群

⓪ 同じ箱を選ぶ方がよい　① 異なる箱を選ぶ方がよい

（2025年度共通テスト試作問題）

(1)　箱Aにおいて，3回中1回当たって，2回はずれる確率は**反復試行**の確率だから，

$${}_3C_1\left(\frac{1}{2}\right)^1\left(\frac{1}{2}\right)^2=\frac{3}{8}$$

答え　$\frac{ア}{イ}$：$\frac{3}{8}$

箱Bにおいても同じように，

$${}_3C_1\left(\frac{1}{3}\right)^1\left(\frac{2}{3}\right)^2=\frac{4}{9}$$

答え　$\frac{ウ}{エ}$：$\frac{4}{9}$

3回引いたとき，当たりくじを引く回数は0回から3回だね。

期待値を求めるには，このすべての確率が必要だけど，0回のときは確率を求めても0をかけて消えてしまうから，1回から3回のそれぞれの確率を求めればいい。

箱Aにおいて，

当たりくじを1回引くときは $\frac{ア}{イ}$ から，$\frac{3}{8}$

当たりくじを2回引くときは，${}_3C_2\left(\frac{1}{2}\right)^2\left(\frac{1}{2}\right)^1=\frac{3}{8}$

当たりくじを3回引くときは，$\left(\frac{1}{2}\right)^3=\frac{1}{8}$

したがって，求める期待値は，

$$1\cdot\frac{3}{8}+2\cdot\frac{3}{8}+3\cdot\frac{1}{8}=\frac{3+6+3}{8}=\frac{3}{2}$$

答え オ/カ：3/2

箱Bにおいても同じように，

当たりくじを1回引くときは ウ/エ から，$\frac{4}{9}$

当たりくじを2回引くときは，${}_3C_2\left(\frac{1}{3}\right)^2\left(\frac{2}{3}\right)^1=\frac{2}{9}$

当たりくじを3回引くときは，$\left(\frac{1}{3}\right)^3=\frac{1}{27}$

したがって，求める期待値は，

$$1\cdot\frac{4}{9}+2\cdot\frac{2}{9}+3\cdot\frac{1}{27}=\frac{12+12+3}{27}=1$$

答え キ：1

(2) 問題文が長くて大変だけど，理解しながら進んでいこう！

$P(A\cap W)$ は箱Aを選んで3回中1回当たりくじを引く確率だから，

$$P(A\cap W)=\frac{1}{2}\times\frac{3}{8}=\frac{3}{16}$$

$P(B\cap W)$ は箱Bを選んで3回中1回当たりくじを引く確率だから，

$$P(B\cap W)=\frac{1}{2}\times\frac{4}{9}=\frac{2}{9}$$

3回中1回当たりくじを引く確率 $P(W)$ は，箱Aで引くか箱Bで引くかのどちらかで，これは排反だから，

$$\boldsymbol{P(W)=P(A\cap W)+P(B\cap W)}$$

が成り立つね。

したがって，$P(W)=\frac{3}{16}+\frac{2}{9}=\frac{27+32}{16\times 9}=\frac{59}{16\times 9}$

さぁ，$P_W(A)$ を求めていくよ！

$$P_W(A)=\frac{P(A\cap W)}{P(W)}=\frac{\frac{3}{16}\times(16\cdot 9)}{\frac{59}{16\times 9}\times(16\cdot 9)}=\frac{27}{59}$$

答え クケ/コサ：27/59

条件付き確率$P_W(B)$については，

$P(W)=P(A\cap W)+P(B\cap W)$より，両辺を$P(W)$で割れば，

$$1=\frac{P(A\cap W)}{P(W)}+\frac{P(B\cap W)}{P(W)}$$

よって，$1=P_W(A)+P_W(B)$だから，$\boldsymbol{P_W(B)=1-P_W(A)}$

この式は問題文にあるけど，導出も含めて理解しておこう。

実際に$P_W(B)$も求めておくと，$P_W(B)=1-\frac{27}{59}=\frac{32}{59}$

では，当たりくじをたくさん引きたい花子さんのために，太郎さんのくじの結果からどの箱を選択したらいいかを導いていこう！

(X)　太郎さんが選んだ箱と同じ箱を選ぶ

花子さんが箱Aを選び当たりくじを3回中1回引く確率は$P(A_1)$，

同じように当たりくじを3回中2回引く確率は$P(A_2)$，

3回中3回引く確率は$P(A_3)$

箱Bも同じように，$P(B_1)$，$P(B_2)$，$P(B_3)$とおくことができる。

太郎さんが選んだ箱がAで，花子さんが同じ箱で当たりくじを3回中1回引く確率は，$\boldsymbol{P_W(A)\times P(A_1)}$

同じように太郎さんが選んだ箱がBで，花子さんが同じ箱Bで当たりくじを3回中1回引く確率は，$\boldsymbol{P_W(B)\times P(B_1)}$

答え　シ：③

花子さんが当たりくじを3回中2回引くときと3回引くときも同様に考えると，作戦Xのときの期待値は，

$$\begin{aligned}&1\cdot P_W(A)P(A_1)+2\cdot P_W(A)P(A_2)+3\cdot P_W(A)P(A_3)\\&\qquad+1\cdot P_W(B)P(B_1)+2\cdot P_W(B)P(B_2)+3\cdot P_W(B)P(B_3)\\&=P_W(A)\{P(A_1)+2P(A_2)+3P(A_3)\}\\&\qquad+P_W(B)\{P(B_1)+2P(B_2)+3P(B_3)\}\end{aligned}$$

ここで，$\boldsymbol{P(A_1)+2P(A_2)+3P(A_3)}$はAにおいて，3回引いたときに当たりくじを引く回数の期待値だから，

(1)より，$P(A_1)+2P(A_2)+3P(A_3)=\frac{3}{2}$

同様に，$\boldsymbol{P(B_1)+2P(B_2)+3P(B_3)}$ はBにおいて，3回引いたときに当たりくじを引く回数の期待値だから，

(1)より，$P(B_1)+2P(B_2)+3P(B_3)=1$

よって，期待値は，

$$P_W(A)\{\boldsymbol{P(A_1)+2P(A_2)+3P(A_3)}\}$$
$$+P_W(B)\{\boldsymbol{P(B_1)+2P(B_2)+3P(B_3)}\}$$
$$=P_W(A)\times\frac{3}{2}+P_W(B)\times 1$$

実際に期待値を計算をすると，

$$\frac{27}{59}\times\frac{3}{2}+\frac{32}{59}\times 1=\frac{145}{118}$$

答え ス：② セ：③

(Y) 太郎さんが選んだ箱と異なる箱を選ぶ

同じように考えると，期待値は，

$$1\cdot P_W(A)P(B_1)+2\cdot P_W(A)P(B_2)+3\cdot P_W(A)P(B_3)$$

太郎さんがAのとき花子さんはB

$$+1\cdot P_W(B)P(A_1)+2\cdot P_W(B)P(A_2)+3\cdot P_W(B)P(A_3)$$

太郎さんがBのとき花子さんはA

$$=P_W(A)\{1\cdot P(B_1)+2\cdot P(B_2)+3\cdot P(B_3)\}$$
$$+P_W(B)\{1\cdot P(A_1)+2\cdot P(A_2)+3\cdot P(A_3)\}$$
$$=P_W(A)\times 1+P_W(B)\times\frac{3}{2}$$
$$=\frac{27}{59}+\frac{32}{59}\times\frac{3}{2}=\frac{75}{59}$$

答え $\frac{ソタ}{チツ}$：$\frac{75}{59}$

よって，作戦Yの期待値は，$\frac{75}{59}=\frac{150}{118}$ であり，$\frac{150}{118}>\frac{145}{118}$ だから，

花子さんは太郎さんが選んだ箱と

答え テ：①異なる箱を選ぶほうがよいということがわかるね。

POINT

- **期待値の大小で損得や有利・不利を判断することができる！**

SECTION

図形の性質

THEME

SECTION 6で学ぶこと

この単元の攻略に必要な第一の心得は，「図をキレイに書くこと」。丁寧な作図は「図形と計量」の単元と比較しても非常に重要。問題を解く過程で，相似する三角形を見つける，合同の三角形を見つける，二等辺三角形を見つけるといった作業が必要なため，図をキレイに書きながら解くことを意識するだけで，人によっては，5～10点アップが期待できるくらいだ。問題自体は大半が中学数学に基づく内容。苦手意識がある人は，演習量が足りない。中学の図形に関する単元を総復習するつもりで取り組んでほしい。

図形に関するさまざまな条件，全部言える？

「三角形の合同条件」の3つをすべて言える？「平行四辺形の成立条件」の5つは？　どちらも中学校で習う内容だが，完答できる人は意外と少ない。このような曖昧さが，問題を難しく感じさせている部分が多いのが，この単元。そういう人は，薄いものでよいので，中学数学の図形問題集を一冊やり直すくらいの気持ちがほしい。「公式を知っているのに使えない」という人も演習量が足りない。使うタイミングを知るために，**基礎に戻ってやり直そう。**

三角形の性質を熟知しよう！

三角形の五心は，すべて言える？　その定義は？
重心・内心・外心・垂心・傍心の5つだけど，理解は完璧に

して，作図もキレイにできるようにしておきたい。図が与えられず，これらの言葉を用いた文章だけの問題もよく出題されるので，きちんと覚えていないとどうにもならないことがある。逆に作図さえできれば，問題自体は難しくないことが多いぞ。

共円に関する条件は必ずマスター！

円は描かれていないけれど，複数の点が同一円周上にある。この「見えない円（共円）」を見つける問題は，ほぼ毎年出題されている。**共円条件の３つ「円周角の定理の逆」「四角形の対角の和が180°」「方べきの定理の逆」については，確実に押さえておこう。**方べきの定理の逆は，作図に“円とトンガリ”があったら「“方べき”が使えるかも？」，“三角形に線一本”なら「“円周角”が使えるかも？」のように，定理を使うタイミングにもアンテナを張りつつ，演習を重ねよう。円と接線が絡む問題も多いぞ。「ということは，直角が出てくるな？」と，勘が働き出したらしめたものだ！

「図形問題はセンスがいるからな～」と思い込んでいる人が多いけれど，特に共通テストにおいては，まったくの誤解。論理的なアプローチさえ駆使していれば必ず正解に辿り着けるようにできており，**図形問題こそセンスは不要**なのだ。中学入試問題にはセンスが必要な図形問題が出題されやすいが，大学入試の図形問題はむしろパターン化されており，補助線の引き方すら決まり切っている。ひらめきや発想力は不要。これほど積み重ねが生きる単元はないと断言する。だから頑張れ！

他の単元の問題を解く道具になっている単元なので，スピーディにこなせるようにしておこう。

THEME

1 面積

ここできめる！

- 基本的な面積の求め方や，面積比の考え方をマスターしよう。
- 定番のパターンを覚えておこう。
- 辺の比や長さの比と面積比の関係を押さえておこう。

1 三角形の面積比

対策問題にチャレンジ

次の(1)〜(3)の図において，△OABの面積をS，△OPQをTとするとき，

$$\frac{T}{S}=\frac{\mathrm{OP}\cdot\mathrm{OQ}}{\mathrm{OA}\cdot\mathrm{OB}}$$

が成り立つことを示せ。

(1)

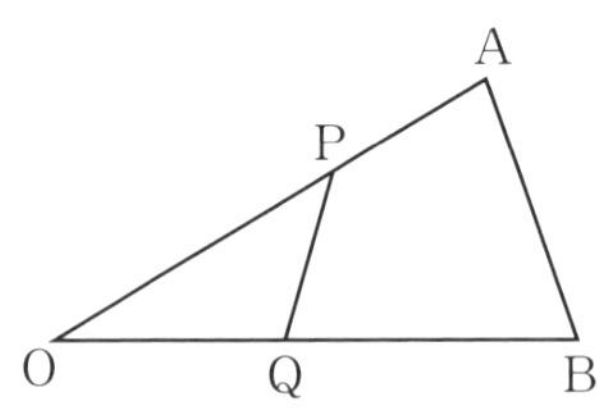

(2)

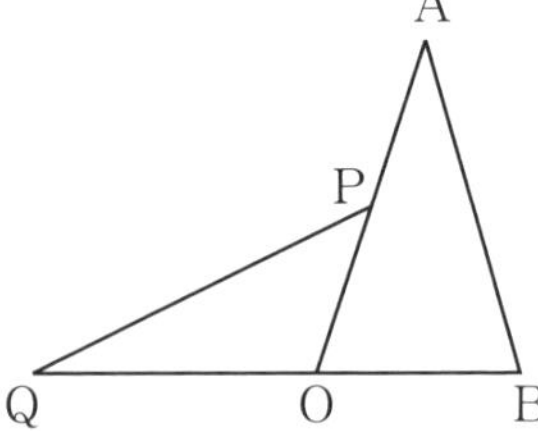

(3)

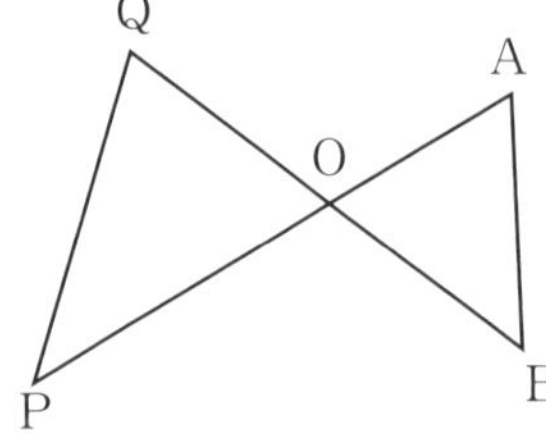

（オリジナル）

まずは，面積比について，少しずつ理解を深めていこう！
各図において，次のように**補助線**を引いてみよう。

(1)

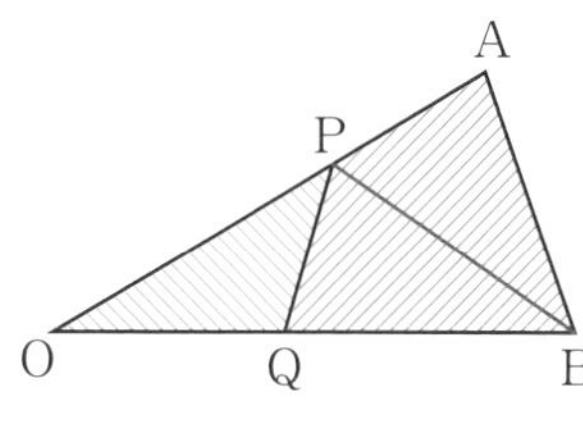

(2)

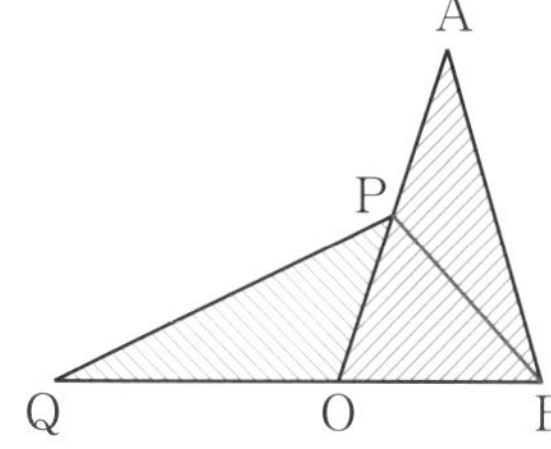

(3)

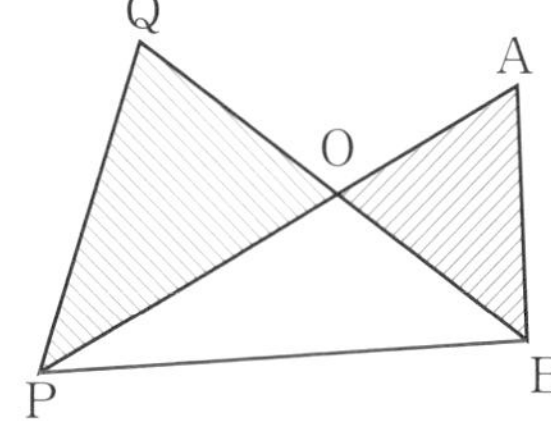

すると，すべての図において以下の式が成り立つね！

$$\triangle \mathrm{OPB} = \triangle \mathrm{OAB} \times \frac{\mathrm{OP}}{\mathrm{OA}} = S \times \frac{\mathrm{OP}}{\mathrm{OA}}$$

$$\triangle \mathrm{OPQ} = \triangle \mathrm{OPB} \times \frac{\mathrm{OQ}}{\mathrm{OB}} = S \times \frac{\mathrm{OP}}{\mathrm{OA}} \times \frac{\mathrm{OQ}}{\mathrm{OB}}$$

より，

$$T = S \times \frac{\mathrm{OP} \cdot \mathrm{OQ}}{\mathrm{OA} \cdot \mathrm{OB}}$$

よって，

$$\frac{T}{S} = \frac{\mathrm{OP} \cdot \mathrm{OQ}}{\mathrm{OA} \cdot \mathrm{OB}}$$

この3パターンの図はよく出てくるので，
ぜひ覚えておこう！

2 辺を共有する三角形の面積比

対策問題にチャレンジ

次の各図において，◯=S，◯=Tとするとき，
$S:T=a:b$が成り立つことを示せ。

(1)

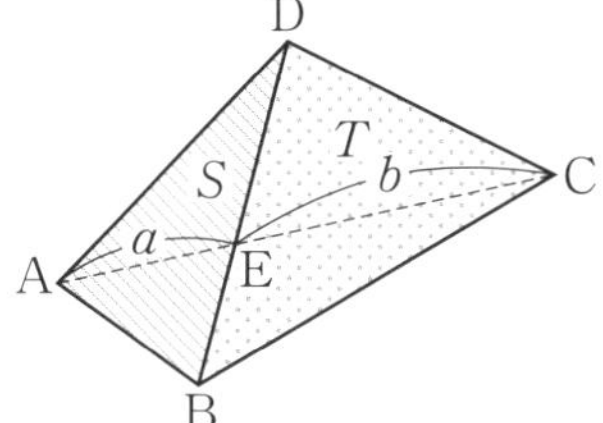

(2)

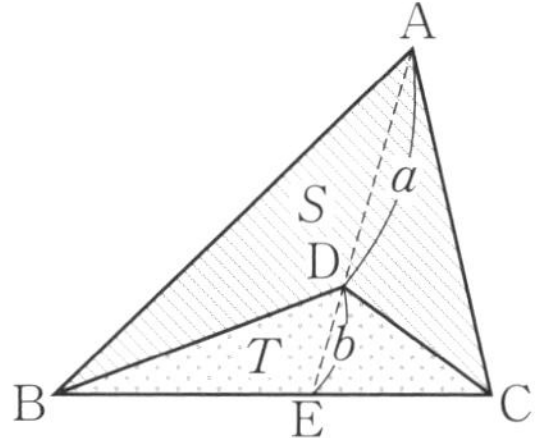

(3)

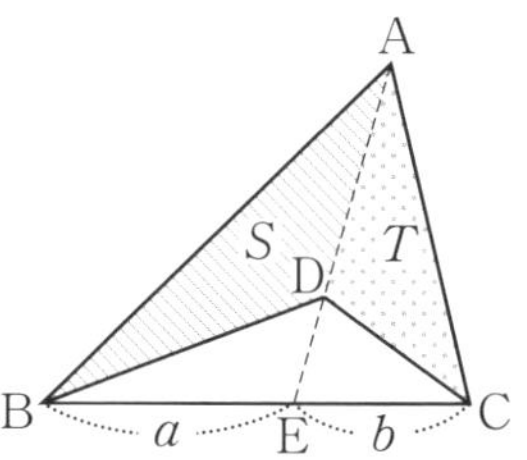

（オリジナル）

(1) △ABDと△CBDは底辺BDを共有しているね。
図のように，点A，CからBDに下した垂線の足をそれぞれH，Iとして，底辺BDとみると，面積比は高さの比になるね。
したがって，

$S:T=\mathrm{AH}:\mathrm{CI}$

であることがわかるんだ。
ここで，△AEH∽△CEIより，

$\mathrm{AH}:\mathrm{CI}=a:b$

であることがわかるから，

$S:T=a:b$

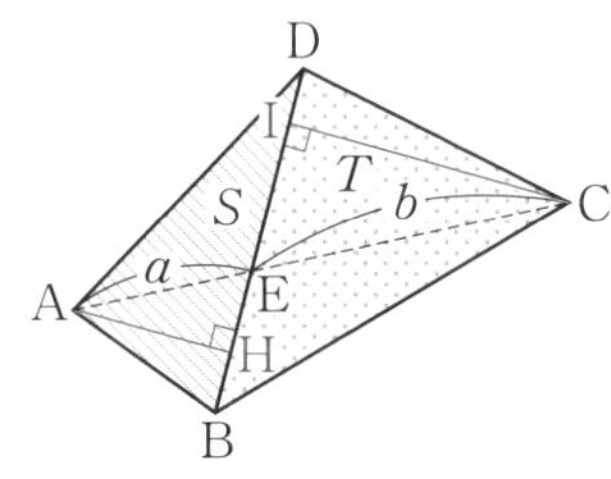

(2)　$S=\triangle\mathrm{ABD}+\triangle\mathrm{ACD}$,

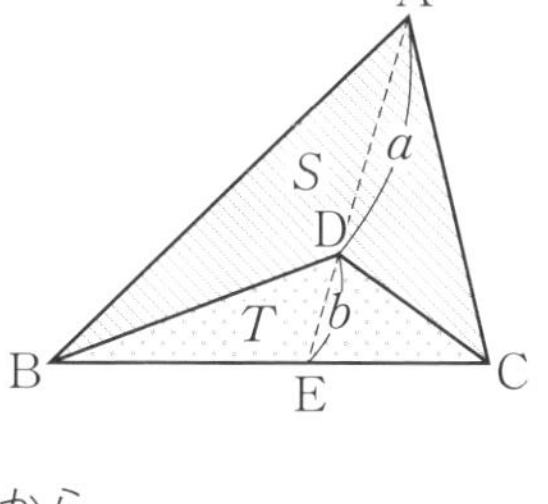

$T=\triangle\mathrm{EBD}+\triangle\mathrm{ECD}$

と考えていこう。

$\triangle\mathrm{ABD}:\triangle\mathrm{EBD}=a:b$であるから,

$\triangle\mathrm{ABD}=ax$, $\triangle\mathrm{EBD}=bx(x>0)$ と

おけるね。

同様に, $\triangle\mathrm{ACD}:\triangle\mathrm{ECD}=a:b$であるから,

$\triangle\mathrm{ACD}=ay$, $\triangle\mathrm{ECD}=by(y>0)$とおける。

すると,

$$S=\triangle\mathrm{ABD}+\triangle\mathrm{ACD}=ax+ay=a(x+y)$$

$$T=\triangle\mathrm{EBD}+\triangle\mathrm{ECD}=bx+by=b(x+y)$$

が成り立つから,

$$S:T=a(x+y):b(x+y)=a:b$$

(3)　$S=\triangle\mathrm{ABE}-\triangle\mathrm{EBD}$,

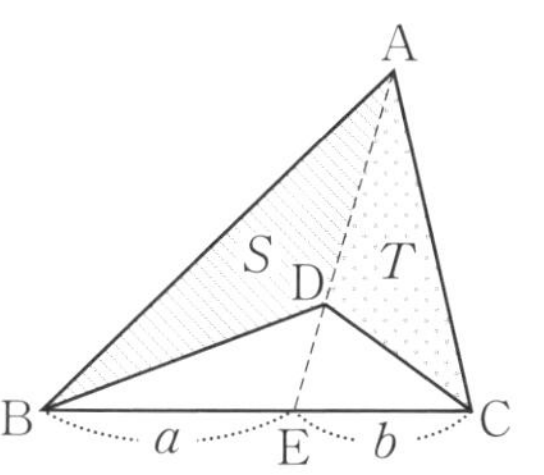

$T=\triangle\mathrm{ACE}-\triangle\mathrm{ECD}$

と考えていこう。

$\triangle\mathrm{ABE}:\triangle\mathrm{ACE}=a:b$であるから,

$\triangle\mathrm{ABE}=ax$, $\triangle\mathrm{ACE}=bx(x>0)$ と

おけるね。

同様に, $\triangle\mathrm{EBD}:\triangle\mathrm{ECD}=a:b$であるから,

$\triangle\mathrm{EBD}=ay$, $\triangle\mathrm{ECD}=by(y>0)$とおける。

すると,

$$S=\triangle\mathrm{ABE}-\triangle\mathrm{EBD}=ax-ay=a(x-y)$$

$$T=\triangle\mathrm{ACE}-\triangle\mathrm{ECD}=bx-by=b(x-y)$$

が成り立つから,

$$S:T=a(x-y):b(x-y)=a:b$$

3 円と三角形の面積比

対策問題にチャレンジ

四角形ABCDは円に内接していて，
AB＝5，BC＝8，CD＝3，DA＝5
である。ACとBDの交点をE，
△ABCの面積をS，△ACDの面積をTとするとき，

S：T＝ ア ： イ

BE：ED＝ ウ ： エ

である。

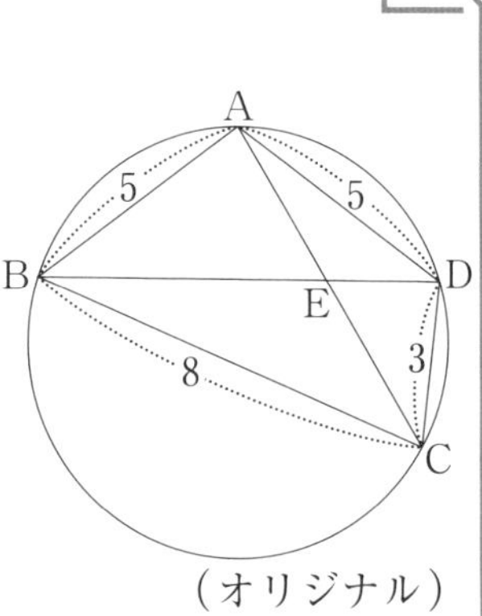

（オリジナル）

この問題は実際に面積を求めるのは大変だけど，面積比だけなら簡単に出せるんだ！

∠ABC＝θとすると，

$$S=\frac{1}{2}\mathrm{AB}\cdot\mathrm{BC}\sin\theta$$

$$T=\frac{1}{2}\mathrm{CD}\cdot\mathrm{DA}\sin(180^\circ-\theta)$$

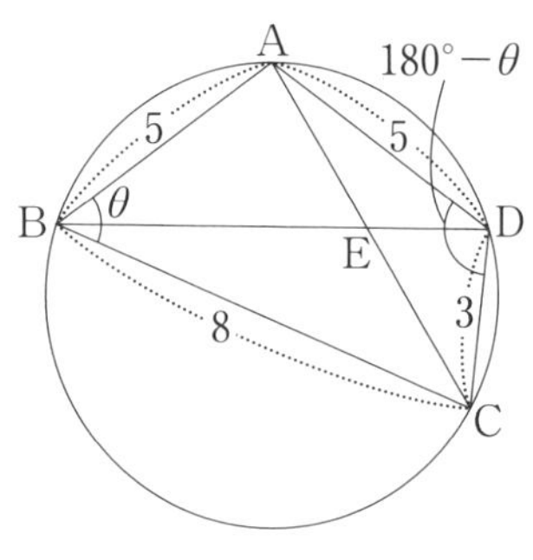

だね。

$\sin\theta=\sin(180^\circ-\theta)$だから，

$$S:T=\frac{1}{2}\mathrm{AB}\cdot\mathrm{BC}\sin\theta:\frac{1}{2}\mathrm{CD}\cdot\mathrm{DA}\sin(180^\circ-\theta)$$

$$=\mathrm{AB}\cdot\mathrm{BC}:\mathrm{CD}\cdot\mathrm{DA}$$

$$=(5\cdot8):(3\cdot5)$$

$$=8:3$$

答え ア：8　イ：3

1 面積

円に内接する四角形の場合，次の式が成り立つことは知っておいて良いね！

$S:T=\mathrm{AB}\cdot\mathrm{BC}:\mathrm{CD}\cdot\mathrm{DA}$

前の問題 **2** (1)で示した考え方がそのまま使えるね！

BE：ED＝S：Tより，

BE：ED＝8：3

答え ウ：8　エ：3

一般に，円に内接する四角形ABCDについて，次のことが成り立つよ。

BE：ED＝AB·BC：CD·DA

【別解】

AB＝ADより，∠ABD＝∠ADB

$\overset{\frown}{\mathrm{AB}}$の円周角より，∠ACB＝∠ADB

$\overset{\frown}{\mathrm{AD}}$の円周角より，∠ACD＝∠ABD

よって，∠ACB＝∠ACDであるから，

直線CEは∠BCDの二等分線になっているね。

よって，

BE：ED＝BC：CD＝8：3

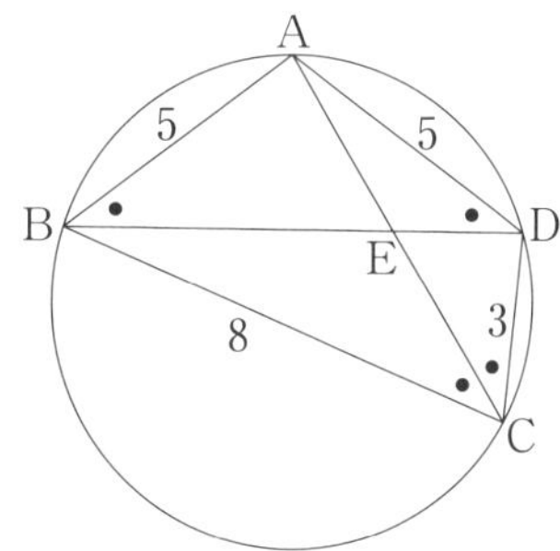

POINT

- ほとんどの面積比は，**1**や**2**のタイプなので，すぐに見抜けるようになろう。
- 辺の比や長さの比と面積比の関係を問う問題は共通テストでよく出るよ！
- 三角比を使う場合もあるので気をつけよう。

THEME 2

基本定理と公式

ここで 覚きめる!

チェバの定理，メネラウスの定理，方べきの定理を証明しよう。これらの定理を利用して，線分の長さや比を求めよう。

1 チェバの定理

対策問題にチャレンジ

図のように，三角形ABCの内部に点Oがあり，直線COと辺ABの交点をP，直線AOと辺BCの交点をQ，直線BOと辺CAの交点をRとする。

このとき，

$$\frac{AP}{PB}\cdot\frac{BQ}{QC}\cdot\frac{CR}{RA}=1$$

（チェバの定理）

が成り立つ。

(1) チェバの定理が成り立つことを，次のように示した。

△OAB，△OBC，△OCAの面積をそれぞれS_1，S_2，S_3とすると，

$$\frac{AP}{PB}=\frac{\boxed{ア}}{\boxed{イ}},\quad \frac{BQ}{QC}=\frac{\boxed{ウ}}{\boxed{エ}},\quad \frac{CR}{RA}=\frac{\boxed{オ}}{\boxed{カ}}$$

であるから，

$$\frac{AP}{PB}\cdot\frac{BQ}{QC}\cdot\frac{CR}{RA}=\frac{\boxed{ア}}{\boxed{イ}}\cdot\frac{\boxed{ウ}}{\boxed{エ}}\cdot\frac{\boxed{オ}}{\boxed{カ}}$$

$$=1$$

ア ～ カ の解答群（同じものを繰り返し選んでもよい。）

⓪ S_1　① S_2　② S_3

(2) チェバの定理を用いると，右図について，AR：RC を最も簡単な整数の比で表すと，

AR：RC＝ キ ： クケ

である。

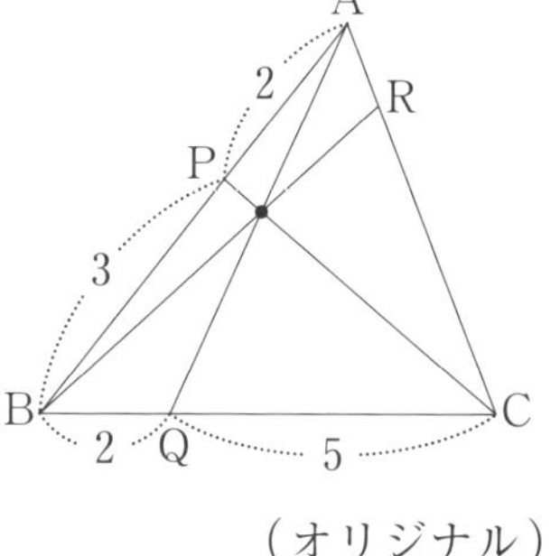

（オリジナル）

非常に重要な**チェバの定理**についてまとめておこう！

チェバの定理

△ABC の頂点A，B，Cと，三角形の内部の点Oを結ぶ直線CO，AO，BOが，辺AB，BC，CAと，それぞれ点P，Q，Rで交わるとき，

$$\frac{AP}{PB}\cdot\frac{BQ}{QC}\cdot\frac{CR}{RA}=1$$

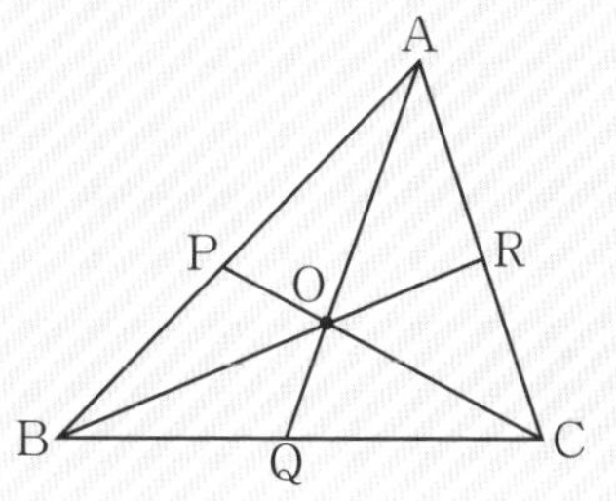

頂点Aを出発して，矢印の順に1周してAに戻ると考えよう。順番に番号を記入すると，番号順に，

$$\frac{\boxed{1}}{\boxed{2}}\cdot\frac{\boxed{3}}{\boxed{4}}\cdot\frac{\boxed{5}}{\boxed{6}}=1$$

が成り立っているわけだね。

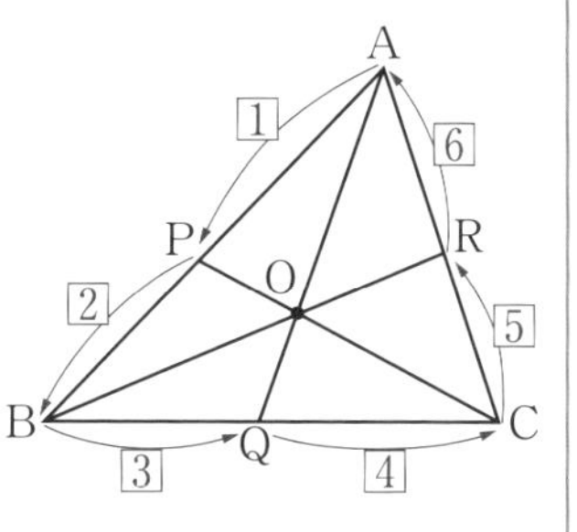

SECTION 6 図形の性質

(1)　誘導にしたがって，チェバの定理が成り立つことを示そう！

△OAB，△OBC，△OCAの面積をそれぞれS_1，S_2，S_3とすると，

$$\frac{AP}{PB}=\frac{S_3}{S_2}$$

が成り立つね。これは，**THEME 1** の **2** (3)で紹介したものだ。

同様に考えると，

$$\frac{BQ}{QC}=\frac{S_1}{S_3},\quad \frac{CR}{RA}=\frac{S_2}{S_1}$$

が成り立つから，

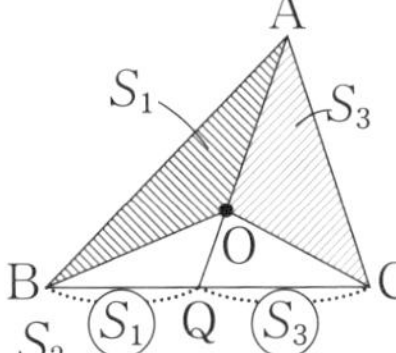

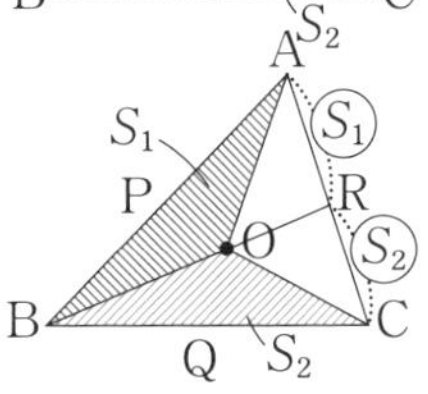

$$\frac{AP}{PB}\cdot\frac{BQ}{QC}\cdot\frac{CR}{RA}=\frac{S_3}{S_2}\cdot\frac{S_1}{S_3}\cdot\frac{S_2}{S_1}$$
$$=1$$

答え　ア：②　イ：①　ウ：⓪　エ：②　オ：①　カ：⓪

(2)　**チェバの定理**を用いれば，

$$\frac{2}{3}\cdot\frac{2}{5}\cdot\frac{CR}{RA}=1 \text{ より，} \frac{CR}{RA}=\frac{15}{4}$$

よって，AR：RC＝4：15

答え　キ：4　クケ：15

2　メネラウスの定理

対策問題にチャレンジ

図のように，三角形ABCと直線lがあり，lと直線AB，BC，CAの交点をそれぞれP，Q，Rとする。このとき，

$$\frac{AP}{PB}\cdot\frac{BQ}{QC}\cdot\frac{CR}{RA}=1$$

（メネラウスの定理）

が成り立つ。

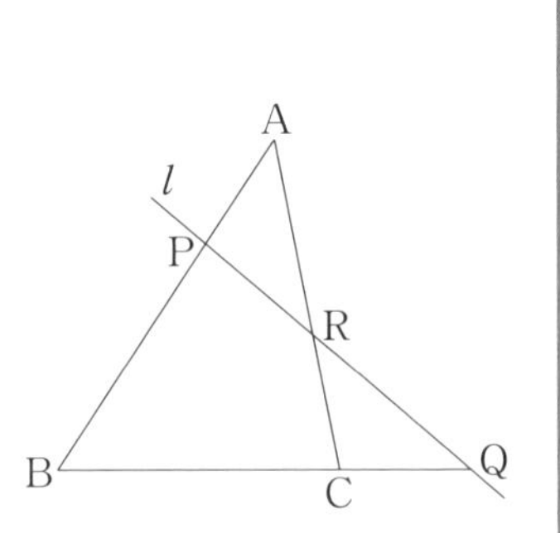

(1) メネラウスの定理が成り立つことを，次のように示した。

点Cを通り，直線lと平行な直線と直線ABとの交点をDとすると，

$$\frac{BQ}{QC}=\frac{\boxed{ア}}{\boxed{イ}},\quad \frac{CR}{RA}=\frac{\boxed{ウ}}{\boxed{エ}}$$

よって，

$$\frac{AP}{PB}\cdot\frac{BQ}{QC}\cdot\frac{CR}{RA}=\frac{AP}{PB}\cdot\frac{\boxed{ア}}{\boxed{イ}}\cdot\frac{\boxed{ウ}}{\boxed{エ}}=1$$

が成り立つ。

ア ～ エ の解答群（同じものを繰り返し選んでもよい。）

⓪ AP	① PD	② DB	③ BC
④ CQ	⑤ CR	⑥ RA	⑦ BP

(2) メネラウスの定理を用いると，右図について，

AR：RCを最も簡単な整数の比で表すと，

AR：RC＝ オ ： カ

である。

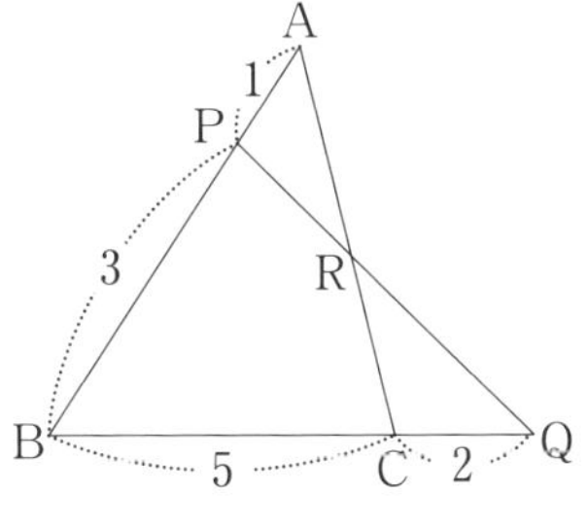

（オリジナル）

こちらも有名な**メネラウスの定理**だね！

メネラウスの定理

△ABCの辺AB，BC，CAまたはその延長が，三角形の頂点を通らない1つの直線lと，それぞれ点P，Q，Rで交わるとき，

$$\frac{AP}{PB}\cdot\frac{BQ}{QC}\cdot\frac{CR}{RA}=1$$

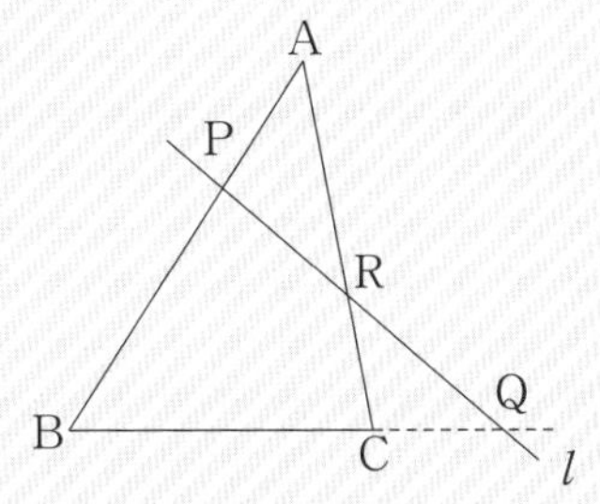

メネラウスの定理は，下記のように覚えると使いやすいよ！

ステップ❶ **キツネの形を見つける。**

ステップ❷ 耳の先からスタートし，顔の周りに矢印を順番にかく。そのとき，一**箇所だけ耳の内部を通る。**（耳を一枚cut♪）

ステップ❸ 順番に番号を記入し，

$\frac{\boxed{1}}{\boxed{2}}\cdot\frac{\boxed{3}}{\boxed{4}}\cdot\frac{\boxed{5}}{\boxed{6}}=1$ で完成！

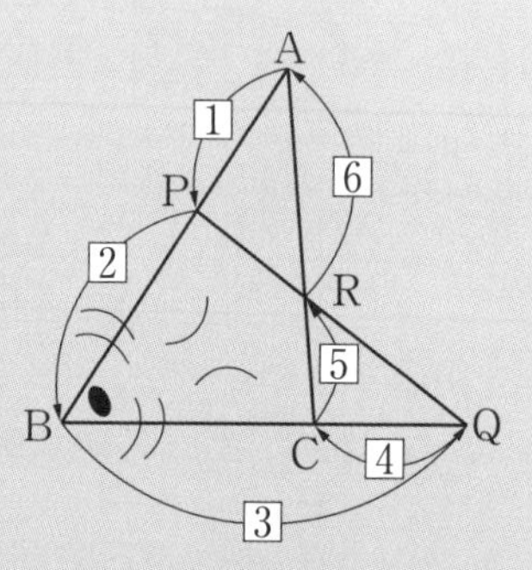

※メネラウスの定理では，直線AC上か直線PQ上を矢印が通過する。通過させたい方の耳の先から矢印をスタートさせるのがポイント。

(1) 点Cを通り，直線lと平行な直線と直線ABとの交点をDとすると，右図のようになるね。よって，

$$\frac{BQ}{QC}=\frac{BP}{PD},\quad \frac{CR}{RA}=\frac{DP}{PA}$$

が成り立つ。これを用いると，

$$\frac{AP}{PB}\cdot\frac{BQ}{QC}\cdot\frac{CR}{RA}=\frac{AP}{PB}\cdot\frac{BP}{PD}\cdot\frac{DP}{PA}$$

$$=1$$

となり，メネラウスの定理が成り立つことが証明できたぞ！

答え ア：⑦　イ：①　ウ：①　エ：⓪

(2) **メネラウスの定理**を用いれば，

$$\frac{1}{3}\cdot\frac{7}{2}\cdot\frac{CR}{RA}=1$$

$$\frac{CR}{RA}=\frac{6}{7}$$

よって，AR：RC＝7：6

答え オ：7　カ：6

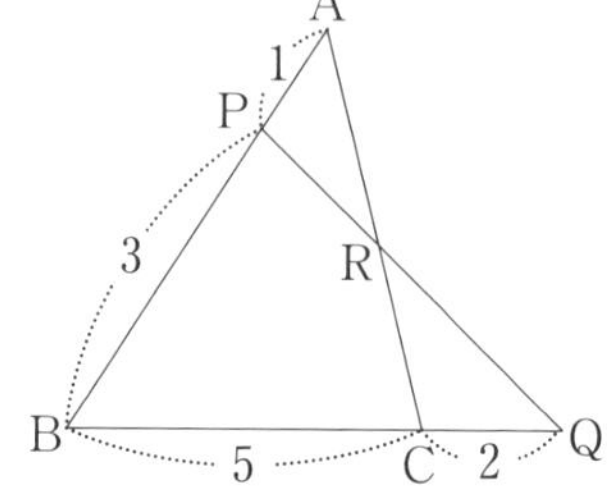

3 方べきの定理

対策問題にチャレンジ

次の問いに答えよ。

(1) 図1～3において，方べきの定理(①～③)が成り立つことを次のように示した。

図1

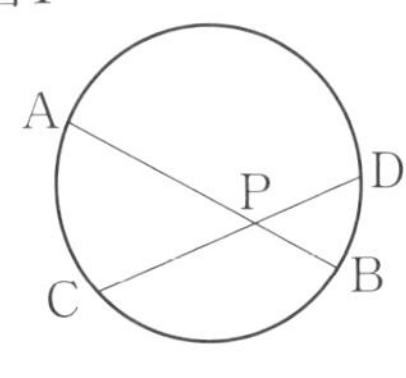

図2

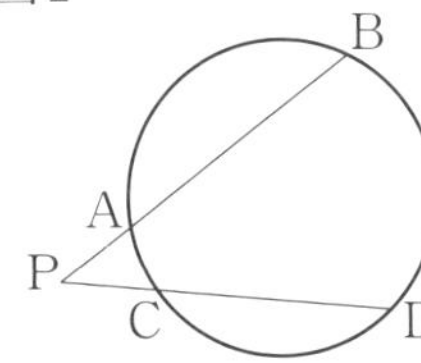

図3

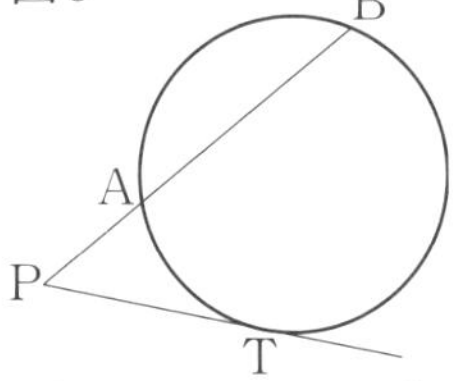

B A P T

①PA・PB＝PC・PD ②PA・PB＝PC・PD ③$PA \cdot PB = PT^2$

図1の，△PACと△PDBにおいて，

$\overset{\frown}{BC}$の円周角から，∠BAC＝ ア ，

$\overset{\frown}{AD}$の円周角から，∠ACD＝ イ ，

したがって，2組の角が等しいから，△PAC∽△PDB

よって，PA：PC＝ ウ ： エ が成り立つので，

PA・PB＝PC・PD

が成り立つ。

図2の，△PACと△PDRにおいて，∠APC−∠DPB

四角形ACDBは円に内接しているから，∠PAC＝∠PDB

したがって，2組の角が等しいから，△PAC∽△PDB

よって，PA：PC＝ オ ： カ

が成り立つので，

PA・PB＝PC・PD

が成り立つ。

図3の△PATと△PTBにおいて，∠APT＝∠TPB

SECTION 6 図形の性質

接弦定理より，∠ATP＝∠TBP
したがって，2組の角が等しいから，△PAT∽△PTB
よって，PA：PT＝［キ］：［ク］が成り立つので，

$$PA \cdot PB = PT^2$$

が成り立つ。

(2) 図1において，PA＝4，PB＝2，PC＝3，PD＝xのとき，

x＝［ケ］/［コ］

(3) 図2において，PA＝2，AB＝7，PC＝3，CD＝xのとき，

x＝［サ］

(4) 図3において，PA＝2，AB＝6，PT＝xのとき，x＝［シ］

（オリジナル）

こちらも頻出の**方べきの定理**だね！
証明自体は簡単だからサクッとやっていこう。

(1) 図1の△PACと△PDBにおいて，
$\overset{\frown}{BC}$の円周角から，∠BAC＝∠BDC
$\overset{\frown}{AD}$の円周角から，∠ACD＝∠ABD
したがって，2組の角が等しいから，
△PAC∽△PDB
よって，PA：PC＝PD：PBが成り立つので，
PA·PB＝PC·PD
が成り立つね！

図1

答え **ア：∠BDC　イ：∠ABD　ウ：PD　エ：PB**

どんどんいこう！
図2の△PACと△PDBにおいて，
∠APC＝∠DPB
四角形ACDBは円に内接しているから，
∠PAC＝∠PDB

図2

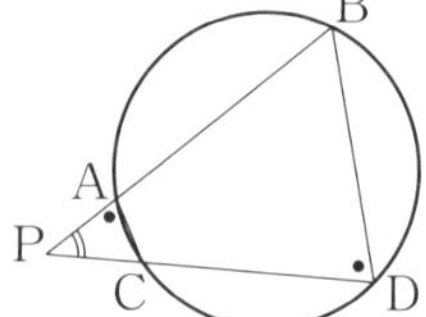

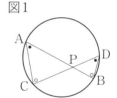

したがって，2組の角が等しいから，

△PAC∽△PDB

よって，PA：PC＝PD：PBが成り立つので，

PA·PB＝PC·PD

が成り立つね！

答え オ：PD　カ：PB

ラストだ！

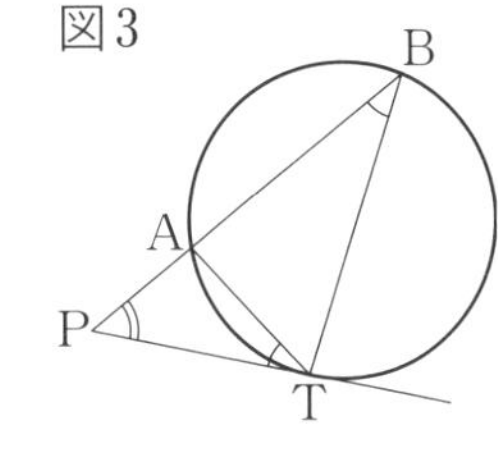

図3の△PATと△PTBにおいて，

∠APT＝∠TPB

接弦定理より，∠ATP＝∠TBP

したがって，2組の角が等しいから，

△PAT∽△PTB

よって，PA：PT＝PT：PBが成り立つので，

PA·PB＝PT^2

が成り立つんだね！

答え キ：PT　ク：PB

接弦定理

右図で∠BTPが鋭角のとき，TCが円Oの直径になるように点Cをとると，

∠BTP＝90°－∠BTC，

∠TCB＝90°－∠BTC

よって，

∠BTP＝∠TCB＝∠TAB（円周角の定理から）

方べきの定理は，この3パターンの形があるんだけど，結局は**ただの三角形の相似**から導かれているだけなんだ。

むしろ，この相似を見抜くことが大切なんですね。証明を通して相似の関係をしっかり理解しておきたいと思います。

方べきの定理

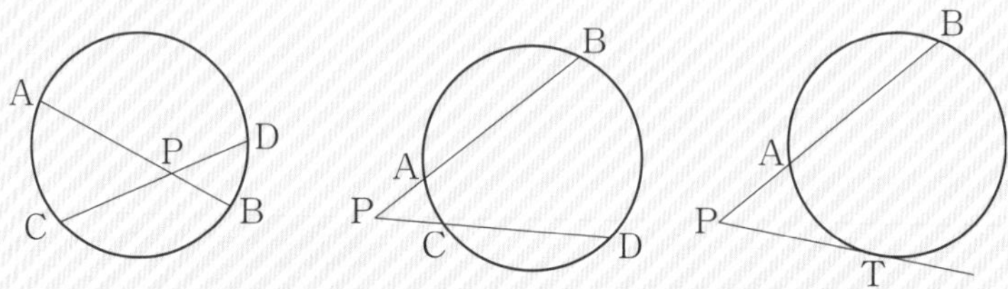

①PA·PB＝PC·PD　②PA·PB＝PC·PD　③PA·PB＝PT^2

2

基本定理と公式

(2)　4×2＝3×x より，$x=\dfrac{8}{3}$

答え　ケ/コ：$\dfrac{8}{3}$

(3)　PA＝2，AB＝7より，PB＝9であることに注意しよう！

2×9＝3×PDより，PD＝6

CD＝PD－PCだから，$x=6-3=3$

答え　サ：3

(4)　PA＝2，AB＝6より，PB＝8であることに注意しよう！

$2\times8=x^2$ より，$x^2=16$

$x>0$ より，$x=4$

答え　シ：4

4　定理の利用

過去問にチャレンジ

円に内接する四角形ABCDの辺ABの端点Aの側の延長と辺CDの端点Dの側の延長が点Pで交わるとする。さらに，PA＝x，PB＝$\sqrt{10}$ およびPD＝1とする。このとき

CD＝$\sqrt{\boxed{\text{アイ}}}\,x-\boxed{\text{ウ}}$ である。

対角線ACとBDの交点をQ，直線PQと辺BCの交点をRとし

$\dfrac{\mathrm{RC}}{\mathrm{BR}}=2$ とする。このとき，$x=\dfrac{\boxed{\text{エ}}\sqrt{\boxed{\text{オカ}}}}{\boxed{\text{キ}}}$ である。

(2018年度センター追試験)

実践形式で各定理に慣れていこう！

まず，**方べきの定理**より，$PA \cdot PB = PD \cdot PC$ が成り立つから，

$$x \cdot \sqrt{10} = 1 \cdot PC$$

よって，$PC = \sqrt{10}x$

したがって，

$$CD = PC - PD$$
$$= \sqrt{10}x - 1$$

答え **アイ：10　ウ：1**

次に $\frac{RC}{BR} = 2$ がわかっているから，**チェ**

バの定理より，

$$\frac{PA}{AB} \cdot \frac{BR}{RC} \cdot \frac{CD}{DP} = 1$$

という式が立てられるね。わかっている値を代入すると，

$$\frac{x}{\sqrt{10} - x} \cdot \frac{1}{2} \cdot \frac{\sqrt{10}x - 1}{1} = 1$$

分母を払って式を整理すると，

$$\sqrt{10}x^2 + x - 2\sqrt{10} = 0$$
$$10x^2 + \sqrt{10}x - 20 = 0$$

すなわち，$(\sqrt{10}x - 4)(\sqrt{10}x + 5) = 0$

$x > 0$ であるから，$x = \frac{4}{\sqrt{10}} = \frac{2\sqrt{10}}{5}$

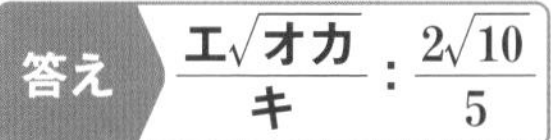

答え **$\frac{エ\sqrt{オカ}}{キ}$：$\frac{2\sqrt{10}}{5}$**

方べきの定理やチェバの定理を知らなくても解けるんだけど，知っているだけで解く時間がかなり短縮できるから，定理に慣れておこうね！

POINT

- 各定理は「どのような形のときに使えるのか」を意識！
- 定理の結論だけではなく，**証明の過程**もしっかり押さえておこう！

THEME 3

三角形の五心

ここで固める！

三角形の五心の特徴とそれに関連する公式をしっかり覚えよう。特に，重心，内心，外心は頻出。典型的な問題を通して性質を理解しよう。

1 五心の定義

対策問題にチャレンジ

三角形の五心について，次のようにまとめた。

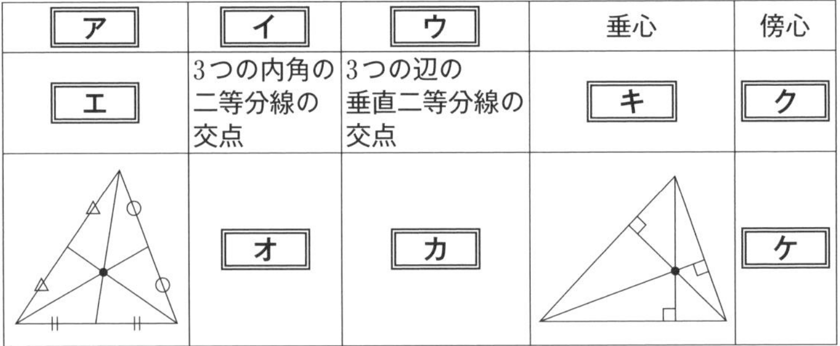

ア	イ	ウ	垂心	傍心
エ	3つの内角の二等分線の交点	3つの辺の垂直二等分線の交点	キ	ク
	オ	カ		ケ

ア ～ ウ の解答群

⓪ 外心　① 内心　② 重心

エ キ ク の解答群

⓪ 2つの外角の二等分線の交点

① 各頂点から向かい合う辺に下ろした垂線の交点

② 中線（頂点と対辺の中点を結ぶ線分）の交点

オ　カ　ケ　の解答群

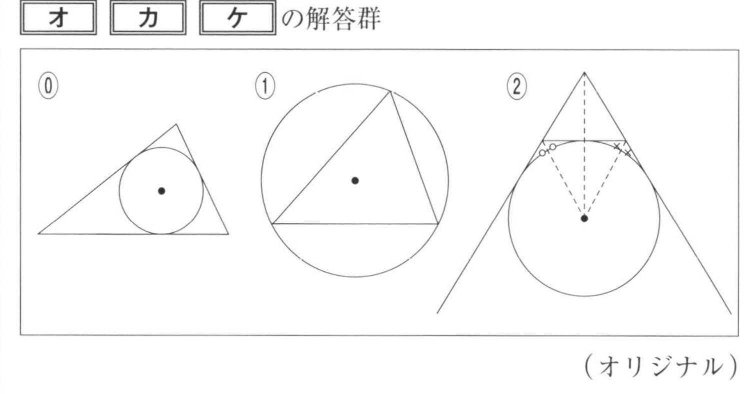

（オリジナル）

三角形の五心とその特徴について，1つずつまとめていくね！　レッツゴー！

〈重心〉

三角形の3本の中線（頂点と対辺の中点を結んだ線）は1点で交わり，その交点を**重心**という。重心には**中線を2：1に内分する**という特徴がある。

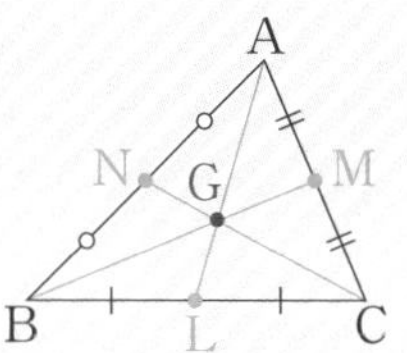

図でいうと，

AG：GL＝BG：GM＝CG：GN
＝2：1

メネラウスの定理（の証明法である平行線を引く方法）などで示すことができるから，ぜひトライしてみてね！

また，3本の中線によって6個の三角形が内部に作られ，これらの面積はすべて等しくなる。

この字から連想できると思うけど，例えば均質な板で三角形を作った場合，重心の位置で支えればバランスを取って水平になるような点だよ。

〈内心〉

三角形のすべての辺に接する円を**内接円**といい，この内接円の中心を**内心**という。内心は，角の二等分線の交点になっている。

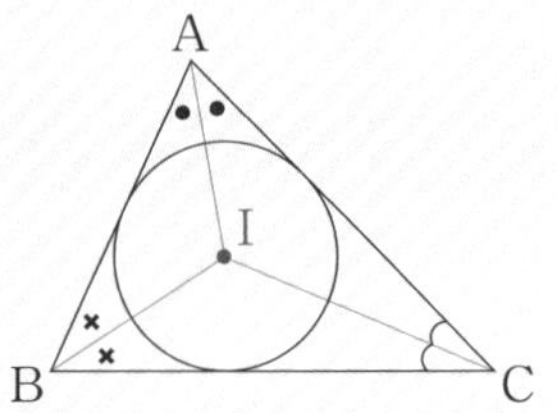

〈外心〉

三角形のすべての頂点を通る円はただ1つ存在していて，その円を**外接円**といい，その中心を**外心**という。外心は，各辺の垂直二等分線の交点になっている。

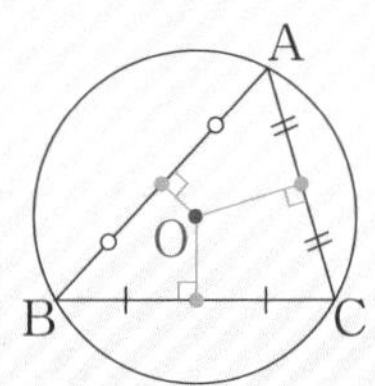

〈垂心〉

三角形の各頂点から向かい合う辺に垂線を下ろすと，これも1点で交わる。この交点を**垂心**という。

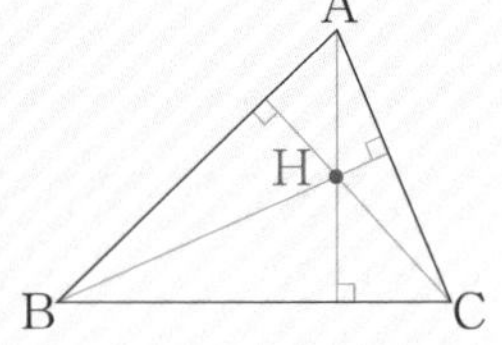

〈傍心〉

三角形の2つの外角の二等分線の交点を**傍心**という。傍心は外角の選び方によって**3つ**現れる。また，傍心を中心に3直線に接する円を描くことができ，この円を**傍接円**という。例えば，図の傍接円I_1は直線AB，AC，BCに接している。直線AB，ACに接していることから，直線AI_1は∠BACの二等分線にもなっている。

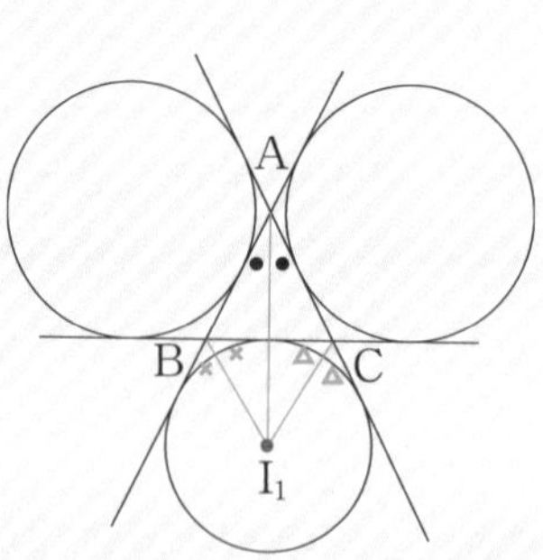

答え	
	ア：② イ：① ウ：⓪ エ：②
	オ：⓪ カ：① キ：① ク：⓪ ケ：②

2 内心と重心

過去問にチャレンジ

△ABCにおいて，AB＝AC＝3，BC＝2であるとき，
△ABCの面積は $\boxed{ア}\sqrt{\boxed{イ}}$，△ABCの内接円Iの半径は
$\dfrac{\sqrt{\boxed{ウ}}}{\boxed{エ}}$ である。

また，円I上に点Eと点Fを，3点C，E，Fが一直線上にこの順に並び，かつ，$CF=\sqrt{2}$ となるようにとる。このとき，
$CE=\dfrac{\sqrt{\boxed{オ}}}{\boxed{カ}}$，$\dfrac{EF}{CE}=\boxed{キ}$ である。さらに，円Iと辺BCとの接点をD，線分BEと線分DFとの交点をG，線分CGの延長と線分BFとの交点をMとする。このとき，$\dfrac{GM}{CG}=\dfrac{\boxed{ク}}{\boxed{ケ}}$ である。

（2012年度センター本試験・改）

まずは与えられた条件から，図を描いてみよう。

図のような△ABCで，点Aから線分BCに垂線AHを下ろしてみよう。
△ABCはAB＝AC＝3，BC＝2の二等辺三角形だから，BH＝CH＝1

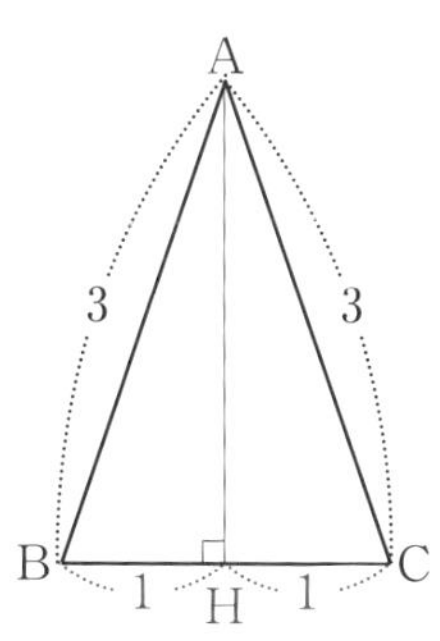

三平方の定理より，

$$AH=\sqrt{AB^2-BH^2}$$
$$=\sqrt{3^2-1^2}$$
$$=2\sqrt{2}$$

△ABCの面積は，

$$\frac{1}{2}BC\cdot AH=\frac{1}{2}\cdot 2\cdot 2\sqrt{2}=2\sqrt{2}$$

答え $ア\sqrt{イ}$：$2\sqrt{2}$

SECTION 6 図形の性質

また，図のように△ABCの内接円Iを描いてみると，この円の半径はIHの長さに等しいことがわかるね。

BIは∠ABHの二等分線になっているから，

$$\begin{aligned} \mathrm{AI}:\mathrm{IH} &= \mathrm{AB}:\mathrm{BH} \\ &= 3:1 \end{aligned}$$

よって，円の半径IHはAHを4等分したうちのひとつということだ。△ABCの内接円の半径をrとすると，

$$r=\mathrm{IH}=\mathrm{AH}\times\frac{1}{3+1}$$

が成り立つね。したがって，

$$r=2\sqrt{2}\times\frac{1}{4}=\frac{\sqrt{2}}{2}$$

答え $\dfrac{\sqrt{ウ}}{エ}$: $\dfrac{\sqrt{2}}{2}$

【別解】

△IAB＋△IBC＋△ICA＝△ABCと考えると，

$$\frac{1}{2}r(\mathrm{AB}+\mathrm{BC}+\mathrm{AC})=2\sqrt{2}$$

が成り立つから，

$$\frac{1}{2}r(3+2+3)=2\sqrt{2}$$

よって，$r=\dfrac{\sqrt{2}}{2}$

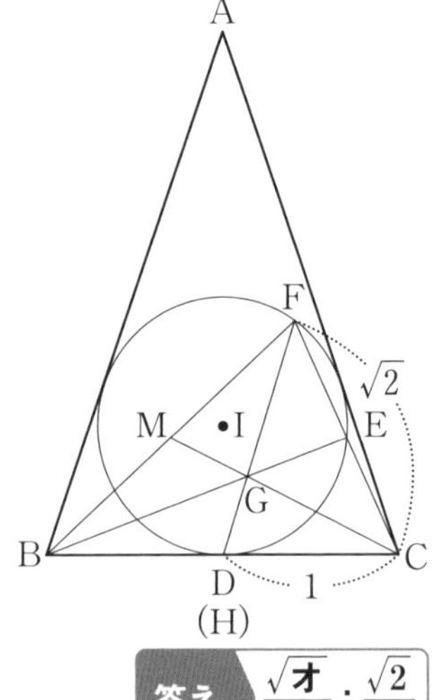

方べきの定理より，$\mathrm{CE}\cdot\mathrm{CF}=\mathrm{CD}^2$が成り立つから，

$$\mathrm{CE}\cdot\sqrt{2}=1^2$$

よって，$\mathrm{CE}=\dfrac{\sqrt{2}}{2}$

答え $\dfrac{\sqrt{オ}}{カ}$: $\dfrac{\sqrt{2}}{2}$

$$\begin{aligned} \mathrm{EF} &= \mathrm{CF}-\mathrm{CE} \\ &= \sqrt{2}-\frac{\sqrt{2}}{2}=\frac{\sqrt{2}}{2} \end{aligned}$$

だから，CE＝EFが成り立つので，$\dfrac{\mathrm{EF}}{\mathrm{CE}}=1$

答え キ : 1

これにより，点Eは線分CFの**中点**であることがわかるね。

さらに！　円Iと辺BCの接点Dは点Hと一致しているから，点Dは線分BCの**中点**だったね。ということは，△BCFにおいて，点Gは中線の交点になっているから，**重心**であることがわかる。

ということは，点Gは線分CMを2：1に内分するので，

$$\frac{GM}{CG}=\frac{1}{2}$$

答え　クケ：$\frac{1}{2}$

重心や内心の特徴をとらえることで，スムーズに問題が解けるようになるんですね！

3　三角形の外心と垂心

過去問にチャレンジ

△ABCの外心をO，直線BOと外接円の交点をDとする。また，垂心をH，直線AHと直線BCの交点をEとする。

AH∥［ア］，CH∥［イ］であるから，四角形AH［ウ］は平行四辺形である。

［ア］～［ウ］の解答群（同じものを繰り返し選んでもよい。）

⓪	AB	①	AC	②	AD	③	AE	④	BC
⑤	BD	⑥	BE	⑦	CD	⑧	CE	⑨	DE

（1997年度センター本試験・改）

外心と垂心についての面白い性質だ。
まず，Hが**垂心**であることから，

AH⊥BC　…①

また，BDは円の直径であるから，

∠BCD＝90°

すなわち，

CD⊥BC　…②

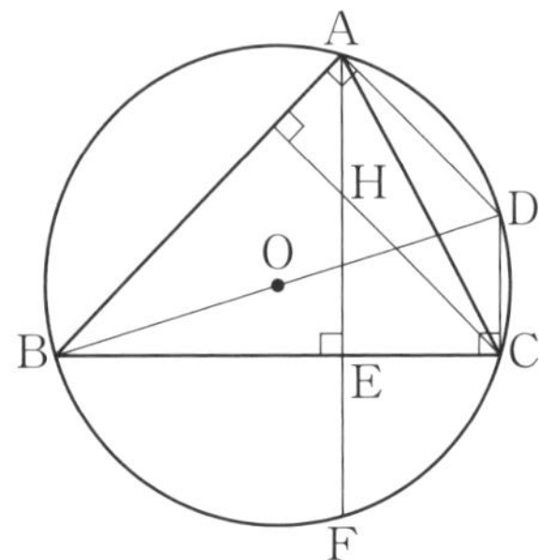

①，②より，AH∥CDが成り立つ。
同様に考えて，CH⊥AB，AD⊥ABからCH∥ADが成り立つ。
2組の対辺が互いに平行なので，四角形AHCDは平行四辺形であるといえるんだね。

答え ア：⑦　イ：②　ウ：⑦

3
三角形の五心

4 三角形の傍心と傍接円

過去問にチャレンジ

△ABCにおいて，AB＝5，BC＝7，CA＝6であり，△ABCの面積は$6\sqrt{6}$である。△ABCの内接円の中心をIとする。

(1) 内接円Iの半径は$\dfrac{\boxed{ア}\sqrt{\boxed{イ}}}{\boxed{ウ}}$である。

円Iと辺ABとの接点をTとすると，AT＝$\boxed{エ}$である。

(2) 線分AIの延長上に点Pをとる。ただし，点Pは△ABCの外部にあるとし，点Pから辺BCに垂線PLを下ろし，さらに，点Pから辺ABの延長とACの延長にそれぞれ垂線PMとPNを下ろしたとき，PL＝PM＝PNが満たされているとする。このとき，BM＝$\boxed{オ}$，CL＝$\boxed{カ}$，AN＝$\boxed{キ}$である。したがって，AI：AP＝$\boxed{ク}$：$\boxed{ケ}$，
PM＝$\boxed{コ}\sqrt{\boxed{サ}}$である。

（2011年度センター追試験・改）

(1) 内接円Iの半径をrとすると，
△ABCの面積について，
△IAB＋△IBC＋△ICA＝△ABC
だから，

$$\frac{1}{2}r\cdot5+\frac{1}{2}r\cdot7+\frac{1}{2}r\cdot6=6\sqrt{6}$$

$$\frac{1}{2}r(5+7+6)=6\sqrt{6}$$

が成り立つから，これを解いて，

$$r=\frac{2\sqrt{6}}{3}$$

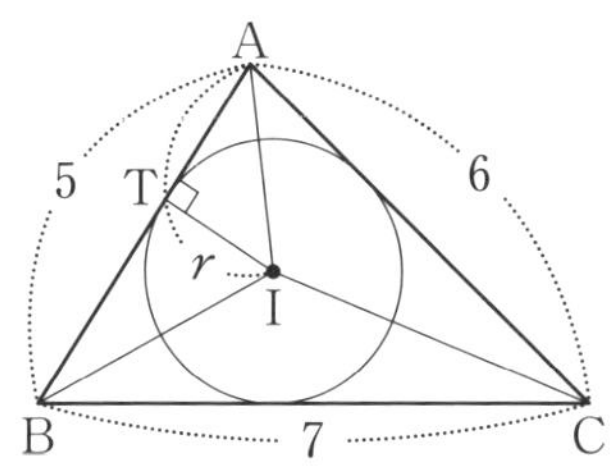

答え $\frac{\text{ア}\sqrt{\text{イ}}}{\text{ウ}}$：$\frac{2\sqrt{6}}{3}$

次の内接円と接線の長さの問題は，非常に有名だ。

内接円と接線の長さ

円の外部の1点からその円に引いた2本の接線について，外部の1点から2つの接点までの長さは等しい。
さらに，

$$2a=(\overset{\text{AB}}{a+b})+(\overset{\text{AC}}{a+c})-(\overset{\text{BC}}{b+c})$$

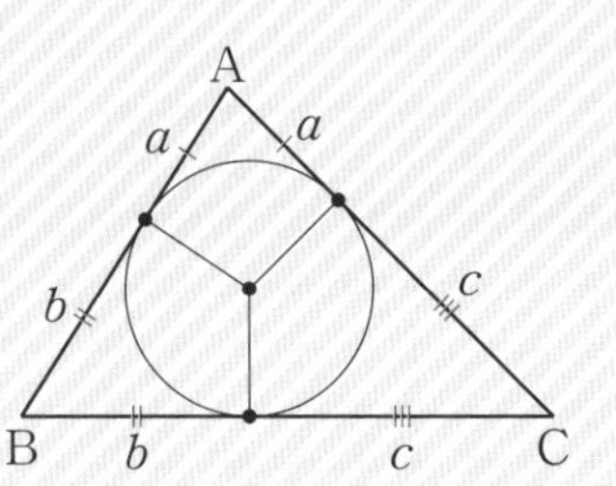

AT＝aとすると，右の図のようになるから，

$$BC=(5-a)+(6-a)=11-2a$$

BC＝7だから，

$$11-2a=7$$

$$a=2$$

答え エ：2

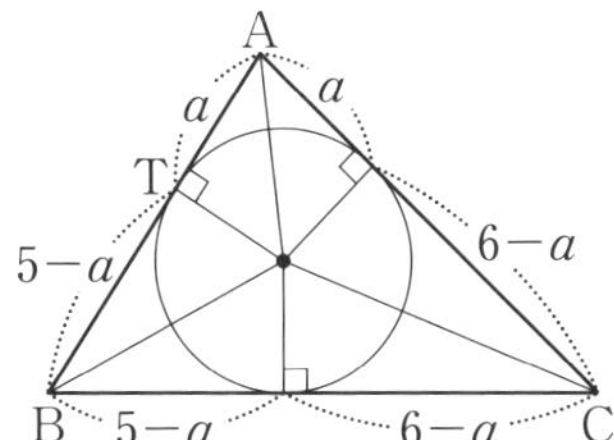

この考え方はよく使うので，
理解して覚えておこう！

(2) 問題文の条件を整理して図を描くと次のようになるね。

仮定より，PL＝PM＝PNだから，点Pは3点L，M，Nを通る円の中心になっているね。これはまさに**傍接円**，つまり点Pは△ABCの**傍心**になっていたんだ！

傍接円の特徴を捉えながら，問題を解き進めていこう。

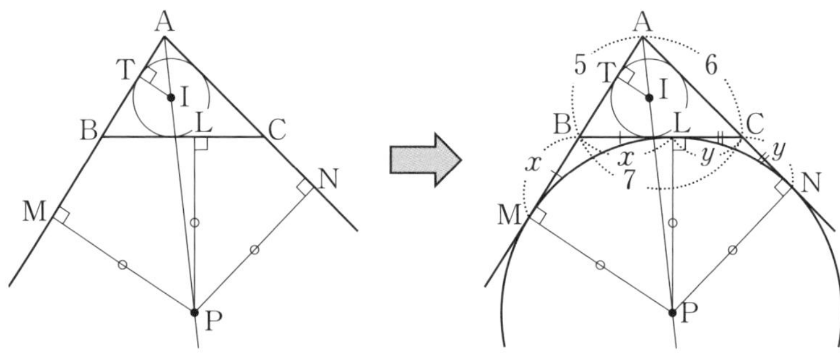

BM＝x，CL＝yとおいてみよう。

BL＝BM＝x，CN＝CL＝y

となり，BL＋CL＝BCが成り立つから，

$x+y=7$ ……①

さらに，AM＝ANより，

$5+x=6+y$

つまり，

$x-y=1$ ……②

が成り立つね。

①，②より，$x=4$，$y=3$

だから，BM＝4，　CL＝3

が求められる。さらに，

AN＝6＋y＝6＋3＝9

とANも求めることができたよ！

答え オ：4　カ：3　キ：9

さらに，△ATIと△AMPにおいて，

∠ATI＝∠AMP＝90°，∠TAI＝∠MAP　（共通）

が成り立つから，2組の角がそれぞれ等しいので，

$\triangle ATI \backsim \triangle AMP$

よって,

$AI : AP = AT : AM = 2 : (5+4) = 2 : 9$

答え ク：2　ケ：9

これが，△ATIと△AMPの相似比になっているから，

$IT : PM = AT : AM = 2 : 9$

(1)より，$IT = r = \dfrac{2\sqrt{6}}{3}$ だから，

$$PM = \frac{2\sqrt{6}}{3} \times \frac{9}{2} = 3\sqrt{6}$$

答え コ$\sqrt{\text{サ}}$：$3\sqrt{6}$

傍接円の性質から，接線の長さや三角形の相似などを考える問題は盲点になりやすい。
図の特徴とともにしっかり押さえておこうね！

【別解】

問題文の流れとは異なるけど，次のような流れで解いてもいいね。

BM＝BL，CL＝CNより

$BC = BM + CN$

だから，

$AM + AN = AB + BC + AC$

AM＝ANだから，

$2AN = 5 + 7 + 6$

よって，AN＝9

こうして，先にAM＝AN＝9を求めてから，

$BM = AM - AB = 9 - 5 = 4$

$CL = CN = AN - AC = 9 - 6 = 3$

と考えることもできるよ！

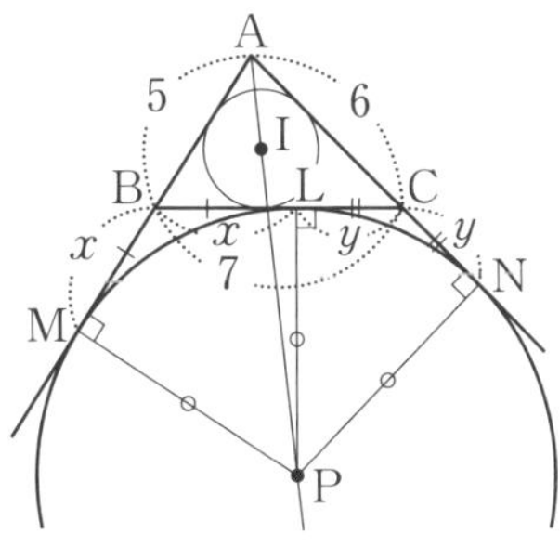

POINT

- 円と五心はほぼセットで出てくる。それぞれの特徴を正確につかんでおこう。
- 円と接線が出てきたら，円の中心と接点を結んで直角を作ろう。複数の円が出てきたら，中心どうしを結ぼう。

THEME 4

円の扱い

ここで 差をつける!

- 2つの円の共通接線について理解しよう。
- 共円条件を理解して，4点が同一円周上にあることを説明しよう。

1 円と共通接線の長さ

対策問題にチャレンジ

平面上に2点A，Bがあり，Aを中心として半径が4の円とBを中心として半径が3の円がある。また，AB=9である。

(1) 図1のように，2つの円に接する直線があり，接線と円A，Bの接点をそれぞれP，Qとする。このとき，

PQ= ア $\sqrt{\text{イ}}$

である。

図1

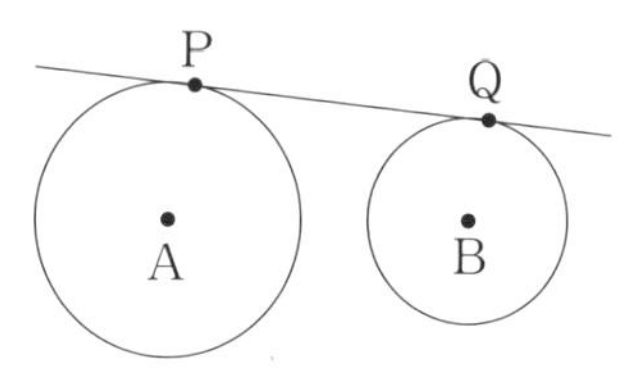

(2) 図2のように，2つの円に接する直線があり，接線と円A，Bの接点をそれぞれR，Sとする。このとき，

RS= ウ $\sqrt{\text{エ}}$

である。

図2

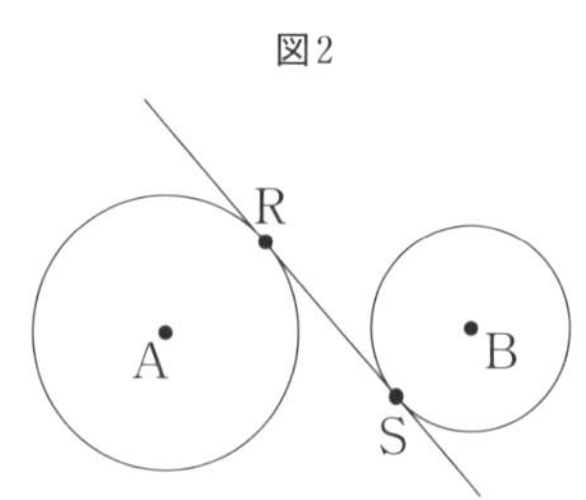

（オリジナル）

複数の円と共通接線に関する問題だね。
このような問題を解くうえでのポイントは,
・円の中心どうしを結ぶこと
・円の中心と接点を結ぶこと
・長方形を作ること
だよ！

(1)　ポイントを踏まえると，線分AB，AP，BQが現れるよ。そしてさらに，図のように長方形CBQPを作ってみよう。

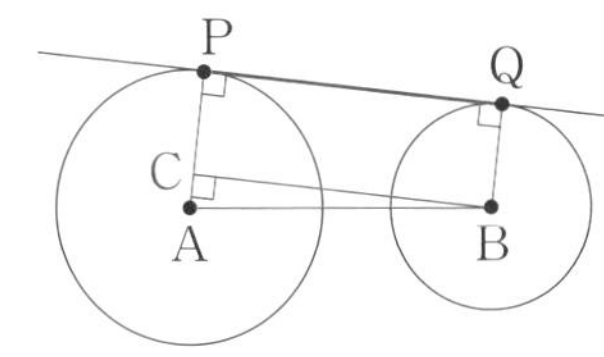

求めるPQの長さはCBの長さと等しく，またCBの長さは直角三角形ABCで**三平方の定理**を用いて求めることができるね。AB＝9であり，2つの円の半径の差から,

$$AC=AP-BQ=4-3=1$$

となるから,

$$PQ=CB=\sqrt{9^2-1^2}=\sqrt{80}=4\sqrt{5}$$

(2)　同じくポイントを踏まえると，線分AB，AR，BSが現れるよ。さらに，点Aから直線BSに垂線を下ろし，その交点をDとすると，長方形ARSDを作ることができるね！

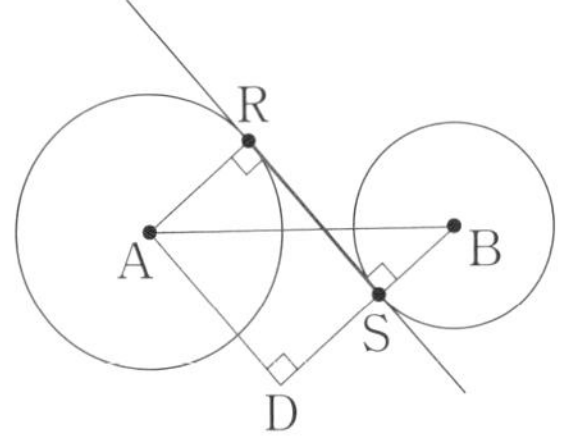

RSの長さはADの長さと等しいから,
直角二角形ABDで**三平方の定理**が使えるね。DB−DS＋SB，DS＝ARより，DBは2つの円の半径の和だから,

$$DB=AR+SB=4+3=7$$

よって，$RS=AD=\sqrt{9^2-7^2}=\sqrt{32}=4\sqrt{2}$

答え **ウ√エ**：$4\sqrt{2}$

基本的な問題ではあるけど，様々な問題に応用できるからしっかりと復習しておこう！

2 4点が同一円周上の点である条件

過去問にチャレンジ

円Oに対して，次の**手順**で作図を行う。

手順

ステップ1 円Oと異なる2点で交わり，中心Oを通らない直線lを引く。円Oと直線lとの交点をA，Bとし，線分ABの中点Cをとる。

ステップ2 円Oの周上に，点Dを∠CODが鈍角となるようにとる。直線CDを引き，円Oとの交点でDとは異なる点をEとする。

ステップ3 点Dを通り直線OCに垂直な直線を引き，直線OCとの交点をFとし，円Oとの交点でDとは異なる点をGとする。

ステップ4 点Gにおける円Oの接線を引き，直線lとの交点をHとする。

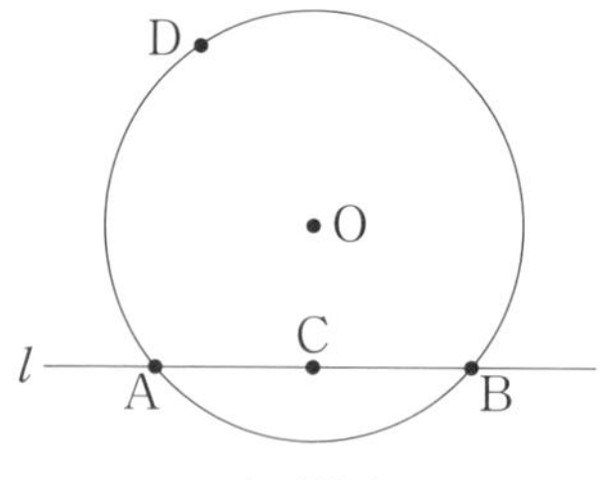

参考図

このとき，直線lと点Dの位置によらず，直線EHは円Oの接線である。このことは，次の**構想**に基づいて，後のように説明できる。

4 円の扱い

構想
直線EHが円Oの接線であることを証明するためには,
∠OEH= アイ °であることを示せばよい。

手順のステップ1とステップ4により，4点C，G，H， ウ は同一円周上にあることがわかる。よって，∠CHG= エ である。一方，点Eは円Oの周上にあることから，
エ = オ がわかる。よって，∠CHG= オ であるので，4点C，G，H， カ は同一円周上にある。この円が点 ウ を通ることにより，∠OEH= アイ °を示すことができる。

ウ の解答群

⓪ B　① D　② F　③ O

エ の解答群

⓪ ∠AFC　① ∠CDF　② ∠CGH
③ ∠CBO　④ ∠FOG

オ の解答群

⓪ ∠AED　① ∠ADE　② ∠BOE
③ ∠DEG　④ ∠EOH

カ の解答群

⓪ A　① D　② E　③ F

（2023年度共通テスト本試験・略）

SECTION 6 図形の性質

自分で文章を読んでいきながら，正しい図をかいていく必要があるね。このように**「自分で図をかく」**というのは，共通テストでは非常に大切になってくるので，丁寧にかいていこう。

ステップ2の**「円Oの周上に，点Dを∠CODが鈍角となるようにとる」**というところまでは，参考図があるので，これをもとに続きの図をかいていこう。

ステップ2後半の**「直線CDを引き，円Oとの交点でDとは異なる点をEとする」**で，右のような図になるね。

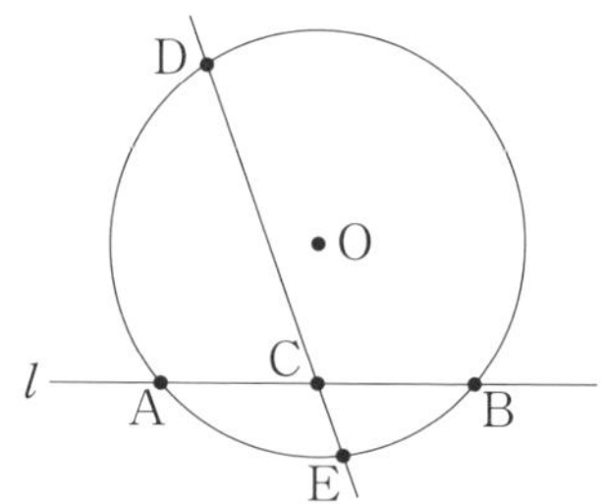

さらにステップ3**「点Dを通り直線OCに垂直な直線を引き，直線OCとの交点をFとし，円Oとの交点でDとは異なる点をGとする」**までを考えると，右のようになる。

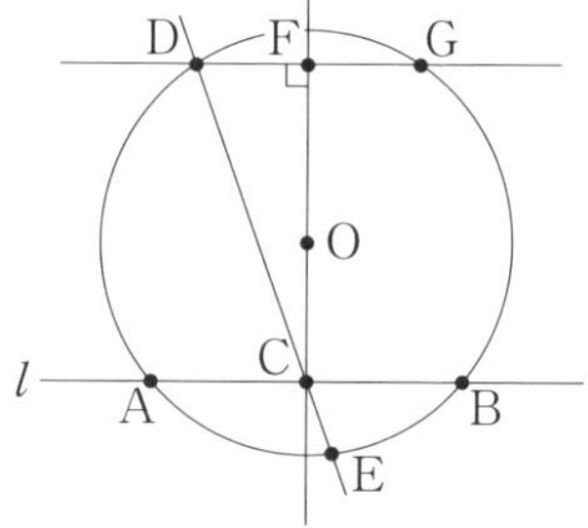

最後のステップ4で**「点Gにおける円Oの接線を引き，直線lとの交点をHとする」**まで反映させたら完成だ！

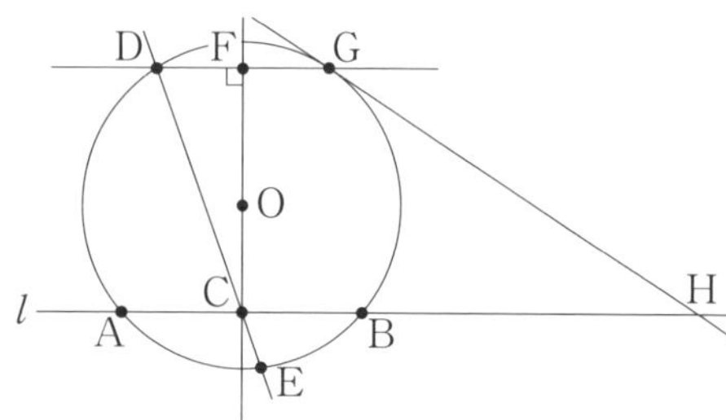

さて，ここから問題を解き進めていこう。

構想にあるように，直線EHが円Oの接線であるということは，**∠OEH＝90°**が示せれば良いよね！（右図参考）

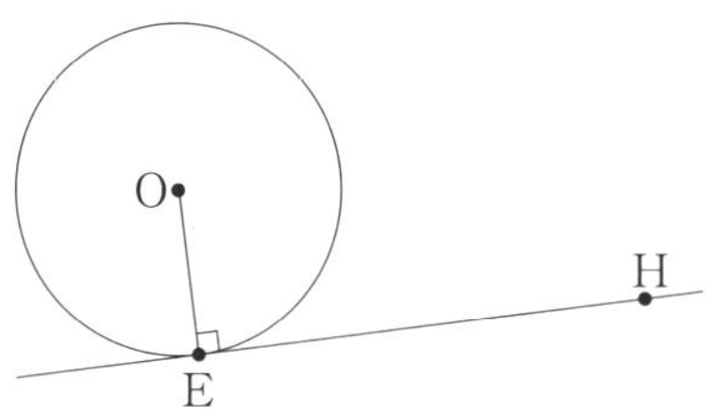

答え **アイ：90**

これを示すために必要な条件を集めていくんだけど，**いろいろな点が「同一円周上にある」ということ**に気づく必要があるんだ。

ここで平面上の異なる4点が同一円周上にあるための条件（共円条件）をまとめておくので確認しておこう。

4点A，B，C，Dが同一円周上にある条件（共円条件）

① 円周角の定理の逆

直線ABに対して同じ側にある2点C，Dについて，

∠ACB＝∠ADB

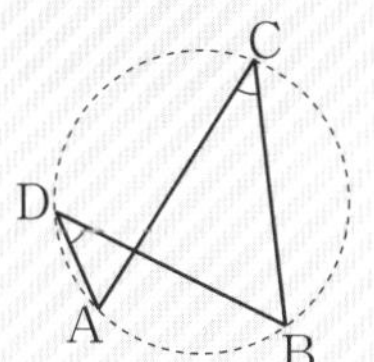

② 四角形の対角の和が180°

四角形ABCDに対して，

1組の対角の和が180°

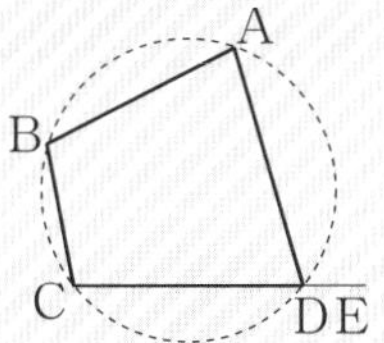

③ 方べきの定理の逆

直線ABと直線CDの交点をPとするとき，

PA·PB＝PC·PDが成り立つ

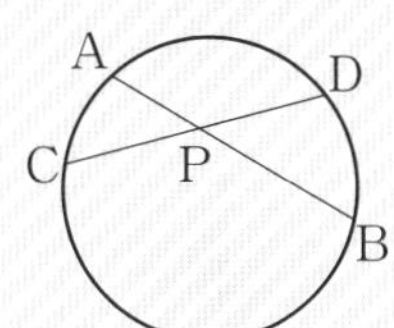

これを踏まえた上で，図を確認していこう。**問題文のステップ1とステップ4により**とあるから，これをヒントにしよう。

点Cは弦ABの中点だから，

$\angle \mathrm{OCB}=90°$

直線GHは円Oの接線だから，

$\angle \mathrm{OGH}=90°$

このことから，四角形OCHGにおいて，

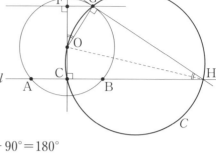

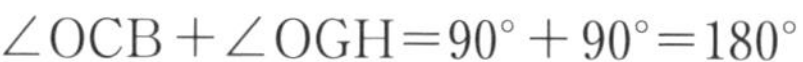

$\angle \mathrm{OCB}+\angle \mathrm{OGH}=90°+90°=180°$

なので，共円条件②により，4点C，G，H，Oは同一円周上にあることがわかる。この円をCとしておこう。

$\angle \mathrm{OCB}=90°$や$\angle \mathrm{OGH}=90°$から，OHは円Cの直径になっているね。

答え ウ：③

円に内接する四角形の**内角は，その対角の外角に等しい**から，

$\angle \mathrm{CHG}=\angle \mathrm{FOG}$ …①

がいえるね。

> $\underline{\angle \mathrm{GHC}}+\angle \mathrm{GOC}=180°$
> $\underline{\angle \mathrm{FOG}}+\angle \mathrm{GOC}=180°$
> **だから，**$\angle \mathrm{GHC}=\angle \mathrm{FOG}$

答え エ：④

一方，点Eは円Oの周上にあるから，$\overset{\frown}{\mathrm{DG}}$に対する**円周角と中心角の関係**により，

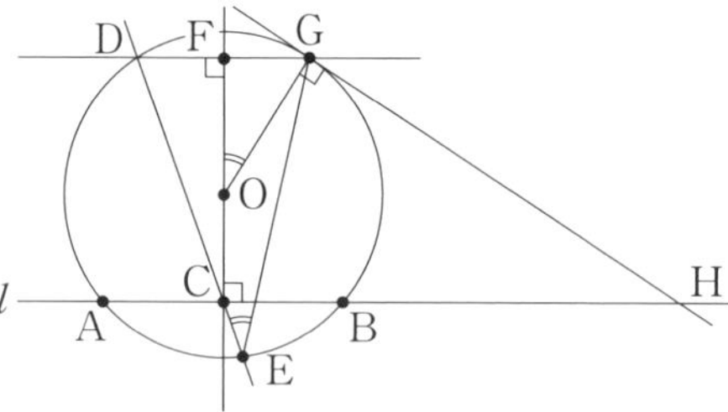

$\angle \mathrm{DEG}$

$=\dfrac{1}{2}\angle \mathrm{DOG}$ …②

がいえて，さらに

$\dfrac{1}{2}\angle \mathrm{DOG}=\angle \mathrm{FOG}$ …③

がいえるね。

②，③より，

$\angle \mathrm{FOG}=\angle \mathrm{DEG}$ …④

答え オ：③

①，④より，

$\angle CHG = \angle DEG$ すなわち$\angle CHG = \angle CEG$

であるから，共円条件の①より，**4点C，G，H，Eが同一円周上にある**ことがわかったね！

答え カ：②

そして，この円は3点C，G，Hを通っていることから，先に出てきた円Cと同一のものであることがわかるんだ。

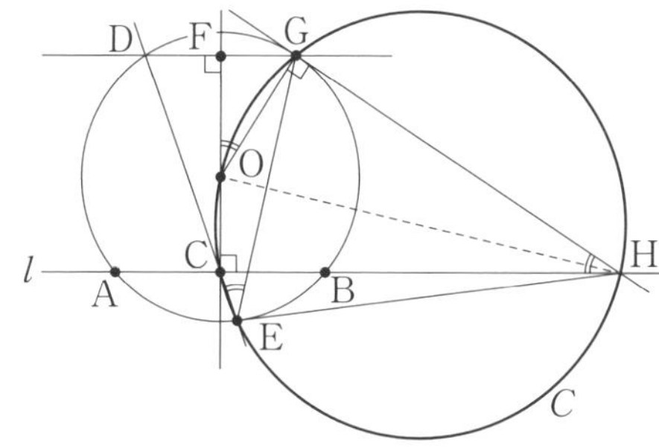

円CはOHを直径としていたから，$\angle OEH = 90°$であることがわかり，めでたく「構想」にあったことが示せたね！

共円条件は共通テストでは非常によく狙われるところなので，注意しておこう！

POINT

- 共通接線が出てきたら，**長方形を作って三平方の定理**！
- 複数の点が同一円周上にあることを見抜く問題は，共通テストで頻出。**共円条件**をしっかり覚えておこう。

THEME 5

オイラーの多面体定理

ここで 攻める!

オイラーの多面体定理について理解を深めよう！

1 オイラーの多面体定理

過去問にチャレンジ

一般の凸多面体（へこみのない多面体）の頂点の数v，辺の数e，面の数fについて$v-e+f$の値を考える。例えば，立方体の場合で考えると，この値は［ア］である。

以下では$v:e=2:5$かつ$f=38$であるような凸多面体について考える。オイラーの多面体定理により$v-e+f=$［ア］であることがわかるので，$v=$［イウ］，$e=$［エオ］である。

さらに，この凸多面体はx個の正三角形の面とy個の正方形の面で構成されていて，各頂点に集まる辺の数はすべて同じlであるとする。このとき$3x+4y=$［カキク］であることから$x=$［ケコ］であり，さらに$l=$［サ］である。

（2018年度センター追試験）

立方体で考えると，頂点の数は$v=8$，辺の数は$e=12$，面の数は$f=6$だから，

$$v-e+f=8-12+6=2$$

となるね！

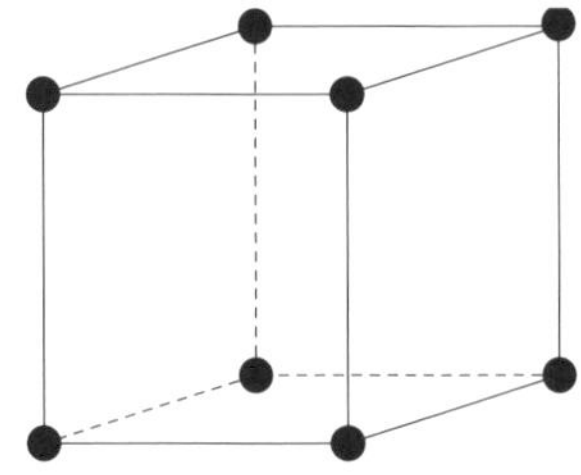

答え ア：2

オイラーの多面体定理

凸多面体の頂点（vertex）の数をv,
辺（edge）の数をe,
面（face）の数をfとすると,

$$v-e+f=2$$

が成り立つ。

このv−e+f=2は凸多面体であれば常に成り立つんだ。
(頂点)−(辺)+(面)=2
（ちょー・変ナ・お面が2つ）
と覚えよう！

ちょー変ナお面が2つ……。

今度は，$v:e=2:5$かつ$f=38$であるような凸多面体を考えるよ！

$v:e=2:5$より，$e=\frac{5}{2}v$だから，$v-e+f=2$に$e=\frac{5}{2}v$，$f=38$を代入すると，

$$v-\frac{5}{2}v+38=2$$

$$\frac{3}{2}v=36$$

$$v=24$$

$e=\frac{5}{2}v$に$v=24$を代入すると，

$$e=\frac{5}{2}\cdot 24=60$$

答え イウ：24　エオ：60

この凸多面体がx個の正三角形の面とy個の正方形の面で構成されているとすると，

$f=38$より，$x+y=38$　…①

次に，辺の数に注目してみると，正三角形はx枚だから正三角形の辺は$3x$本，正方形はy枚だから正方形の辺の数は$4y$本だね。

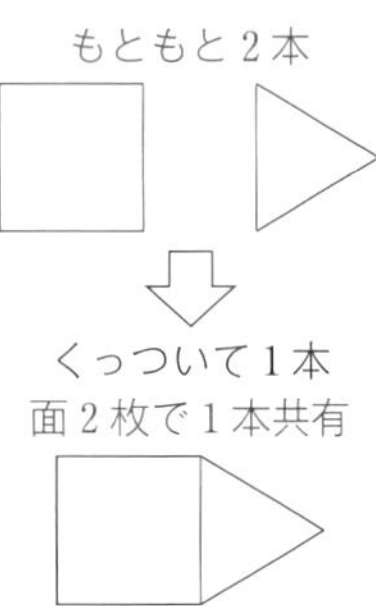

よって，辺の数は$3x+4y$としたいけど**面２枚で１本の辺を共有してる**から，**これを２で割る必要がある**んだ！

よって，$e=\dfrac{3x+4y}{2}$

$e=60$だから，$\dfrac{3x+4y}{2}=60$

したがって，$3x+4y=120$　…②

答え　カキク：120

①，②を解くと　$x=32$，$y=6$

答え　ケコ：32

各頂点に集まる辺の数はすべてl本だから，頂点の数$v=24$より，24個の頂点からl本ずつ辺があると思えば$24l$としたいね。でも，これも辺には２つの頂点があるから（右端点と左端点）これを２で割る必要があるんだ！

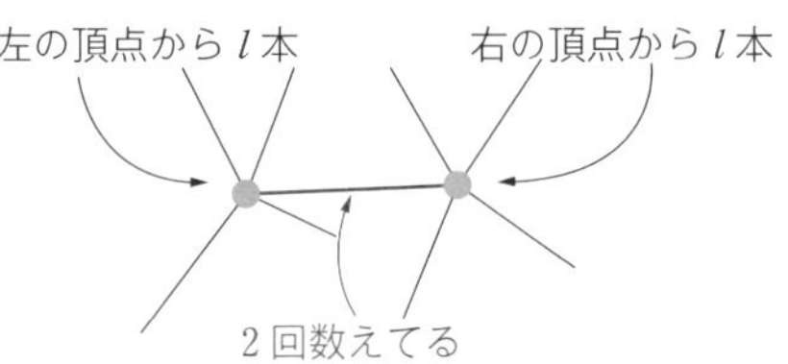

したがって，凸多面体の辺の数は$\dfrac{24l}{2}$と表されるから

$e=60$より，$\dfrac{24l}{2}=60$

よって，$l=5$　だね！

答え　サ：5

オイラーの多面体定理は問題自体がとても少なくて，今までに扱ったことがない人も多いかもしれないね。（はじめて名前を聞いた人もいるかも？）でも実際に過去に出題されたことがあるから，今後も出る可能性があるよ！
今回の問題のように誘導があると嬉しいけど，覚えた方が確実だ。

試験直前の覚えることリストにいれておきます！

POINT

ちょー変ナお面が2つ

- **オイラーの多面体定理は** (頂点)−(辺)+(面)=2 と覚えよう！
- 面が共有している辺や，頂点から出ている辺の本数などに注目しよう。重複して数えたものは**割ることで重複を消す**のも忘れずに！

THEME 6

総合問題

ここで 押さえる!

総合問題を通して，図形問題の注目ポイントをおさえていこう。

1 辺の比と面積比

過去問にチャレンジ

△ABCにおいて辺ABを2：3に内分する点をPとする。辺AC上に2点A，Cのいずれとも異なる点Qをとる。線分BQと線分CPとの交点をRとし，直線ARと辺BCとの交点をSとする。

(1) 点Qは辺ACを1：2に内分する点とする。このとき，点Sは辺BCを［ア］：［イ］に内分する点である。

AB＝5とし，△ABCの内接円が辺AB，辺ACとそれぞれ点P，点Qで接しているとする。AQ＝［ウ］であることに注意すると，BC＝［エ］であり，［オ］であることがわかる。

［オ］の解答群

⓪ 点Rは△ABCの内心
① 点Rは△ABCの重心
② 点Sは△ABCの内接円と辺BCとの接点
③ 点Sは点Aから辺BCに下ろした垂線と辺BCとの交点

(2) △BPRと△CQRの面積比について考察する。

(i) 点Qは辺ACを1：4に内分する点とする。このとき，点Rは，線分BQを［カキ］：［ク］に内分し，線分CPを［ケコ］：［サ］に内分する。

したがって

$$\frac{\triangle CQRの面積}{\triangle BPRの面積}=\frac{\boxed{シス}}{\boxed{セ}}$$

である。

(ii) $\frac{\triangle CQRの面積}{\triangle BPRの面積}=\frac{1}{4}$ のとき，点Qは辺ACを

$\boxed{ソ}$：$\boxed{タ}$ に内分する点である。

(2023年度共通テスト追試験)

(1) △ABCで**チェバの定理**を使うと，

$\frac{AP}{PB}\cdot\frac{BS}{SC}\cdot\frac{CQ}{QA}=1$ だから，

$$\frac{2}{3}\cdot\frac{BS}{SC}\cdot\frac{2}{1}=1$$

$$\frac{BS}{SC}=\frac{3}{4}$$

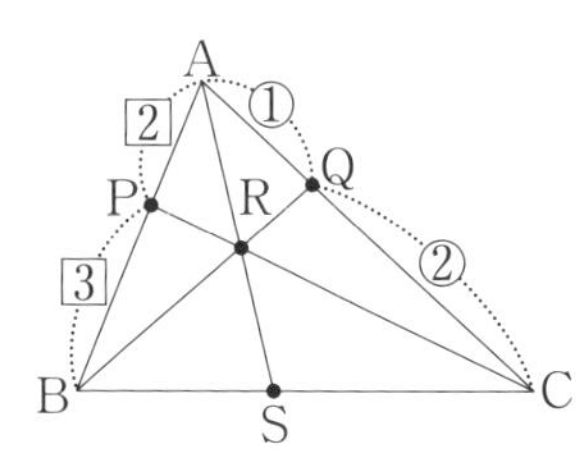

したがって，BS：SC＝3：4だから，
点Sは辺BCを3：4に内分する点だね！

答え ア：3　イ：4

続けて，内接円の接点と頂点までの長さを出していこう。

AB＝5，AP：PB＝2：3より，

$AP=5\cdot\frac{2}{5}=2$，PB＝3

円の外部の1点からその円に引いた2つの接線の長さは等しいから，

AQ＝AP＝2

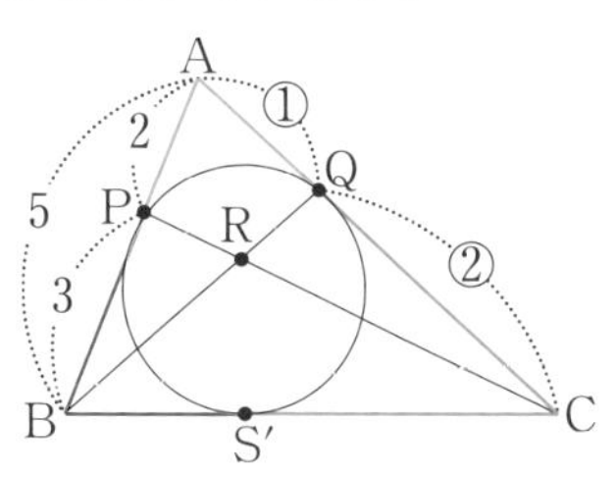

答え ウ：2

AQ：QC＝1：2だから，QC＝4
内接円とBCの接点をS′とすると，
BS′＝BP＝3，CS′＝CQ＝4だから，BC＝3＋4＝7

答え エ：7

BS′：S′C＝3：4だから，S′はBCを3：4に内分する点となって点Sと一致することがわかるね。
したがって，**点Sは△ABCの内接円と辺BCとの接点**だ！

答え オ：②

(2) 次は面積比の問題だ！

(i) まずはBR：RQを求めていくよ。
わかっている辺の比と求めたい辺の比に注目すると，
A，P，B，R，Cで**メネラウスの定理**が使えるね。

$$\frac{BP}{PA}\cdot\frac{AC}{CQ}\cdot\frac{QR}{RB}=1$$

$$\frac{3}{2}\cdot\frac{5}{4}\cdot\frac{RQ}{BR}=1$$

$$\frac{RQ}{BR}=\frac{8}{15}$$

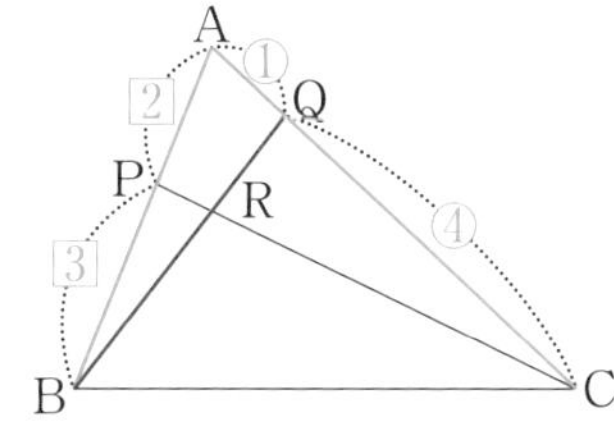

BR：RQ＝15：8だから，点Rは線分BQを15：8に内分するね！

答え カキ：15 ク：8

CR：RPはA，Q，C，R，P，Bで**メネラウスの定理**を使えば，

$$\frac{CQ}{QA}\cdot\frac{AB}{BP}\cdot\frac{PR}{RC}=1$$

$$\frac{4}{1}\cdot\frac{5}{3}\cdot\frac{RP}{CR}=1$$

$$\frac{RR}{CP}=\frac{3}{20}$$

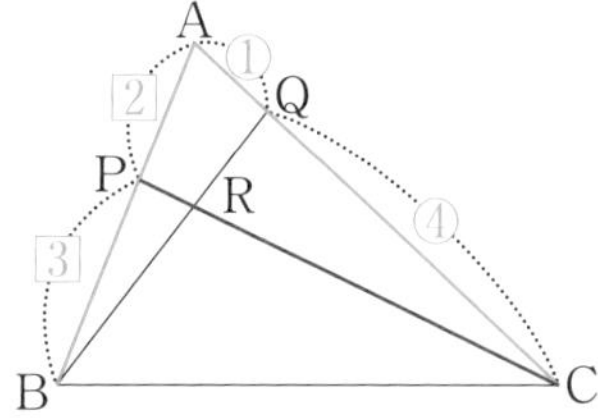

CR：RP＝20：3だから，点Rは線分CPを20：3に内分するね！

答え ケコ：20 サ：3

面積どうしや線分どうしの分数は**比**を表すんだったね。
CPとBQと点Rの線分の比に注目すれば，**辺の比と面積比の関係**から，

$$\frac{\triangle CQR\text{の面積}}{\triangle BPR\text{の面積}}=\frac{CR\cdot QR}{BR\cdot PR}$$

$$=\frac{20\cdot 8}{15\cdot 3}=\frac{32}{9}$$

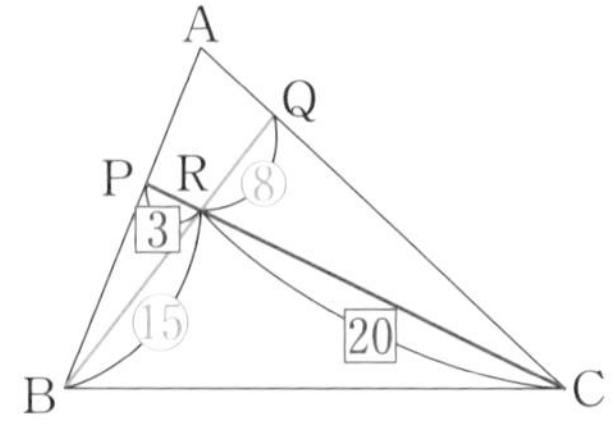

(ii)　(i)と逆で，面積比から線分の比を求める問題だ。

(i)の流れで考えていこう。まずは，AQ：QC$=m:n$とおいて，BR：RQ，CR：RPを求めていくよ。

まずはBR：RQについて，**メネラウスの定理**より，

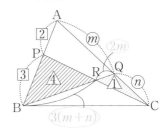

$$\frac{BP}{PA}\cdot\frac{AC}{CQ}\cdot\frac{QR}{RB}=1$$

$$\frac{3}{2}\cdot\frac{m+n}{n}\cdot\frac{RQ}{BR}=1$$

$$\frac{BR}{RQ}=\frac{3(m+n)}{2n}$$

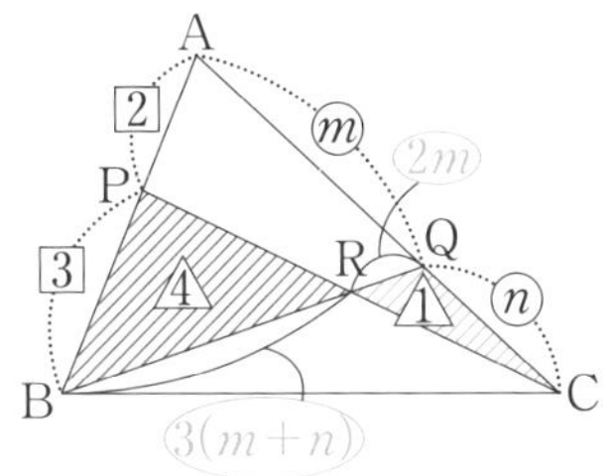

つまり，BR：RQ$=3(m+n):2n$

また，CR：RPについて，**メネラウスの定理**より，

$$\frac{CQ}{QA}\cdot\frac{AB}{BP}\cdot\frac{PR}{RC}=1$$

$$\frac{n}{m}\cdot\frac{5}{3}\cdot\frac{RP}{CR}=1$$

$$\frac{RP}{CR}=\frac{3m}{5n}$$

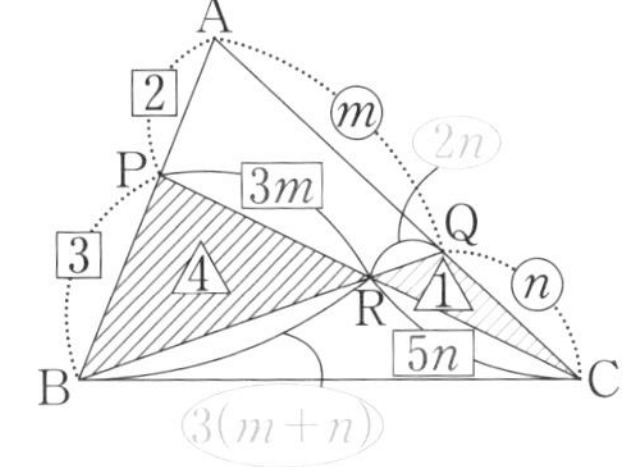

つまり，CR：RP$=5n:3m$

よって，

$$\frac{\triangle CQR\text{の面積}}{\triangle BPR\text{の面積}}=\frac{CR\cdot QR}{BR\cdot PR}$$

$$=\frac{5n\cdot 2n}{3(m+n)\cdot 3m}=\frac{10n^2}{9m^2+9mn}$$

いま，$\dfrac{\triangle CQR\text{の面積}}{\triangle BPR\text{の面積}}=\dfrac{1}{4}$だから，

$$\frac{10n^2}{9m^2+9mn}=\frac{1}{4}$$

$$40n^2=9m^2+9mn$$

$$9m^2+9mn-40n^2=0$$

$$(3m-5n)(3m+8n)=0$$

$3m=5n$ または $3m=-8n$

m，nは正の数だから，$3m=5n$

$m:n$を求めたいから，$\dfrac{m}{n}$の値を求めよう。

$3m=5n$より，$\dfrac{m}{n}=\dfrac{5}{3}$

したがって，AQ：QC$=m:n=5:3$だから，

点Qは辺ACを5：3に内分する点だね！

答え ソ：5　タ：3

2 五心の判定

過去問にチャレンジ

△ABCにおいて，AB＝2，AC＝1，∠A＝90°とする。

∠Aの二等分線と辺BCとの交点をDとすると，

BD＝$\dfrac{\boxed{ア}\sqrt{\boxed{イ}}}{\boxed{ウ}}$である。

点Aを通り点Dで辺BCに接する円と辺ABとの交点でAと異なるものをEとすると，AB・BE＝$\dfrac{\boxed{エオ}}{\boxed{カ}}$であるから，

BE＝$\dfrac{\boxed{キク}}{\boxed{ケ}}$である。

$\dfrac{BE}{BD}\boxed{コ}\dfrac{AB}{BC}$であるから，直線ACと直線DEの交点は辺ACの端点$\boxed{サ}$の側の延長上にある。

$\boxed{コ}$の解答群

⓪ <	① ＝	② >

$\boxed{サ}$の解答群

⓪ A	① C

その交点をFとすると，$\frac{\text{CF}}{\text{AF}}=\frac{\boxed{シ}}{\boxed{ス}}$であるから，

$\text{CF}=\frac{\boxed{セ}}{\boxed{ソ}}$である。

したがって，BFの長さが求まり，$\frac{\text{CF}}{\text{AC}}=\frac{\text{BF}}{\text{AB}}$であることがわかる。

点Dは△ABFの［タ］。

［タ］の解答群

⓪　外心である　①　内心である　②　重心である
③　外心，内心，重心のいずれでもない

(2018年度センター本試験)

まずは，図をかいていこう。
直角三角形の図をかくときは，直角の角を右下（または左下）にしよう！

直角三角形だから，とりあえず**三平方の定理**！

$$\text{BC}=\sqrt{\text{AB}^2+\text{AC}^2}=\sqrt{2^2+1^2}=\sqrt{5}$$

ADは∠Aの二等分線だから，

$$\text{BD}:\text{CD}=\text{AB}:\text{AC}=2:1$$

DはBCを2：1に内分する点だから，BDの長さは，BCを3等分したうちの2つ分の長さだね。

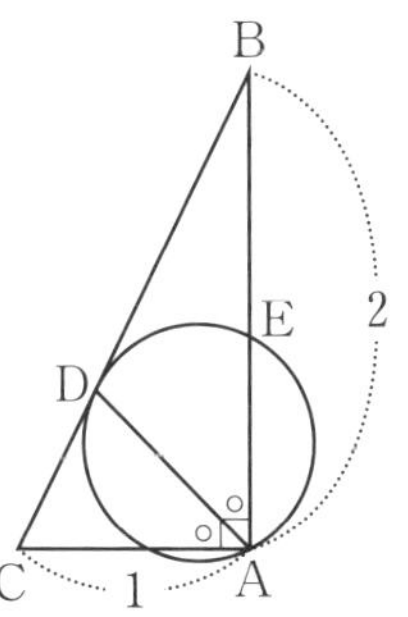

よって，　$\text{BD}=\frac{2}{3}\text{BC}=\frac{2\sqrt{5}}{3}$

答え　$\frac{\boxed{ア}\sqrt{\boxed{イ}}}{\boxed{ウ}}$：$\frac{2\sqrt{5}}{3}$

SECTION 6 図形の性質

次は，AB·BEを求めよう。**円と△BADに注目**すれば，**方べきの定理**が使えるね。

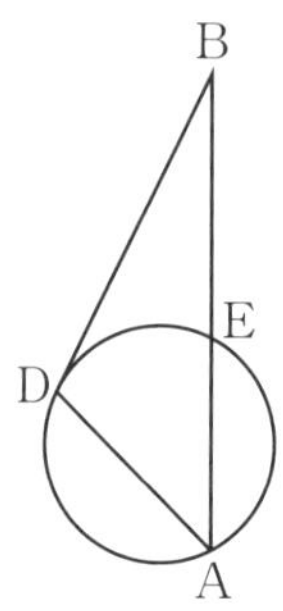

$$\mathrm{AB}\cdot\mathrm{BE}=\mathrm{BD}^2=\left(\frac{2\sqrt{5}}{3}\right)^2=\frac{20}{9}$$

AB＝2をAB·BE＝$\frac{20}{9}$に代入すれば，

$$2\mathrm{BE}=\frac{20}{9}$$

したがって，BE＝$\frac{10}{9}$

答え $\frac{\text{エオ}}{\text{カ}}$：$\frac{20}{9}$　$\frac{\text{キク}}{\text{ケ}}$：$\frac{10}{9}$

続いて，$\frac{\mathrm{BE}}{\mathrm{BD}}$と$\frac{\mathrm{AB}}{\mathrm{BC}}$の大小を求めよう。

図形の性質の問題では，辺の長さの分数は比を考えるのが鉄則だ。今回はBE，BD，AB，BCの長さが全部わかってるから代入しよう！

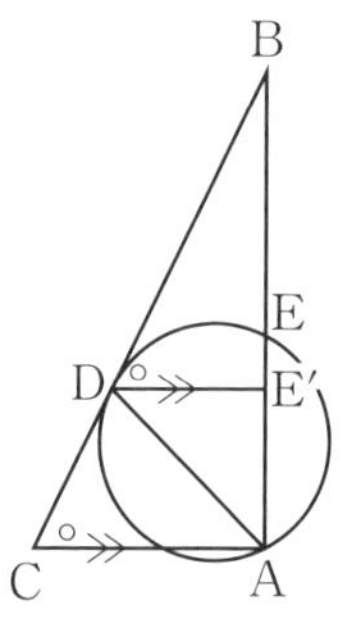

$$\frac{\mathrm{BE}}{\mathrm{BD}}=\frac{\frac{10}{9}}{\frac{2\sqrt{5}}{3}}=\frac{5}{3\sqrt{5}}$$

$$\frac{\mathrm{AB}}{\mathrm{BC}}=\frac{2}{\sqrt{5}}$$

$$\frac{5}{3\sqrt{5}}=\frac{1}{\sqrt{5}}\times\frac{5}{3},\quad \frac{2}{\sqrt{5}}=\frac{1}{\sqrt{5}}\times 2$$

$\frac{1}{\sqrt{5}}$が共通で，$\frac{5}{3}<2$だから，$\frac{5}{3\sqrt{5}}<\frac{2}{\sqrt{5}}$

つまり，$\frac{\mathrm{BE}}{\mathrm{BD}}<\frac{\mathrm{AB}}{\mathrm{BC}}$　……①

答え コ：⓪

さて，ここからが少し難しいよ！

［サ］を選ぶということは，直線ACと直線DEの交点が端点A，Cのどちら側にあるか，直線ACについて**直線DEがどちら側に傾いてるか**を判断する問題になるね。例えば，次の図で左下がりならC側で交わって，右下がりならA側で交わるよ。

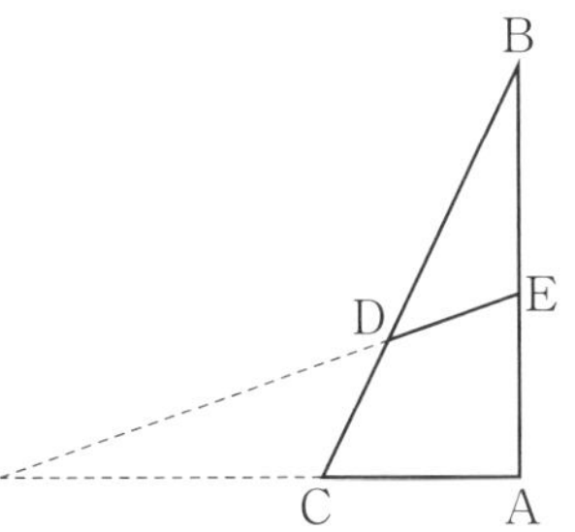

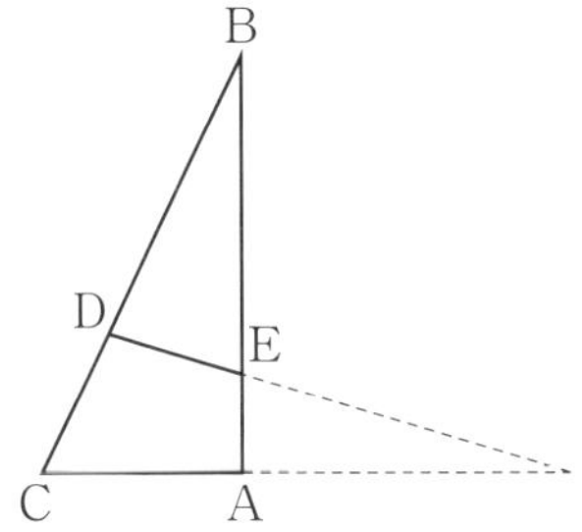

ここで，まずDE′∥CAとなる点E′（DE′がどちらにも傾いてない点E′）をAB上にとる。

$\dfrac{\mathbf{BE}}{\mathbf{BD}}<\dfrac{\mathbf{AB}}{\mathbf{BC}}$ を利用して $\dfrac{\mathbf{BE}}{\mathbf{BD}}$ **と** $\dfrac{\mathbf{BE'}}{\mathbf{BD}}$ **の大小**を比較しよう。

△BDE′∽△BCAだから，まず，$\dfrac{\mathrm{AB}}{\mathrm{BC}}$ と $\dfrac{\mathrm{BE'}}{\mathrm{BD}}$ の関係を調べるよ。

$$\frac{\mathrm{BE'}}{\mathrm{BD}}=\frac{\mathrm{AB}}{\mathrm{BC}}$$

したがって，$\dfrac{\mathrm{BE}}{\mathrm{BD}}<\dfrac{\mathrm{AB}}{\mathrm{BC}}=\dfrac{\mathrm{BE'}}{\mathrm{BD}}$

結局，$\dfrac{\mathrm{BE}}{\mathrm{BD}}<\dfrac{\mathrm{BE'}}{\mathrm{BD}}$ だから，BE＜BE′

つまり，EはE′より点Bに近い側にあるから，直線ACと直線DEの交点は辺ACの端点Cの側の延長上にあることがわかるね！

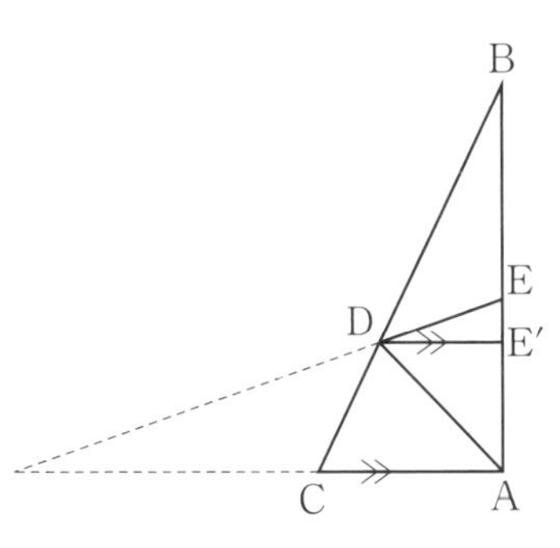

$\dfrac{CF}{AF}$を求めるよ。

BD：CD＝2：1と最初に求めたね。

AB＝2でBE＝$\dfrac{10}{9}$と求めたから，AE＝$\dfrac{8}{9}$だ。

これでAE：EBとBD：DCがわかるから，

△BACと直線EFに**メネラウスの定理**を使おう！

$$\frac{BE}{EA}\cdot\frac{AF}{FC}\cdot\frac{CD}{DB}=1$$

$$\frac{\frac{10}{9}}{\frac{8}{9}}\cdot\frac{AF}{CF}\cdot\frac{1}{2}=1$$

よって，$\dfrac{AF}{CF}=\dfrac{8}{5}$

したがって，AC＝1より，

$$CF=\frac{5}{3}AC=\frac{5}{3}$$

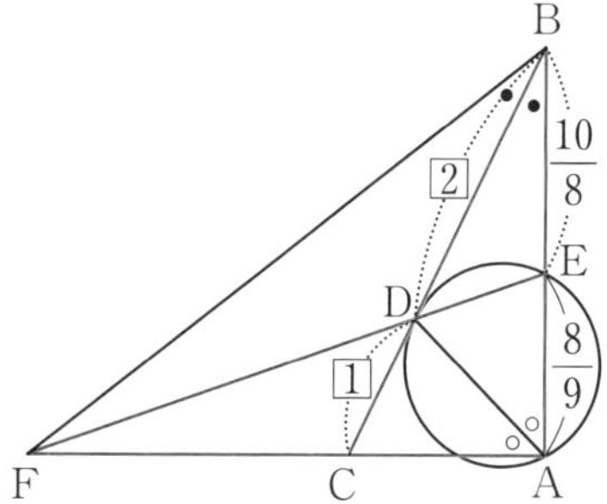

答え シ/ス：$\dfrac{5}{8}$　セ/ソ：$\dfrac{5}{3}$

BFの長さは，直角三角形ABFで**三平方の定理**を使えば，

$$BF=\sqrt{AB^2+AF^2}=\sqrt{2^2+\left(1+\frac{5}{3}\right)^2}=\frac{10}{3}$$

と求めることができるから，

$$\frac{BF}{AB}=\frac{10}{3}\div 2=\frac{5}{3}$$

つまり，$\dfrac{CF}{AC}=\dfrac{BF}{AB}$　が成り立つ。

線分の分数は比を表すから，BF：AB＝CF：ACとなる。

角の二等分線と線分の比の関係から，直線BCは∠FBAの二等分線であることがわかるよ。

直線ADは∠FABの二等分線であるから，点Dは△ABFの角の二等分線の交点になっていて，内心であることがわかるね！

答え タ：①

3 共円条件の利用

過去問にチャレンジ

△ABCにおいて，AB=3，BC=4，AC=5とする。

∠BACの二等分線と辺BCとの交点をDとすると

$$BD=\frac{\boxed{ア}}{\boxed{イ}},\quad AD=\frac{\boxed{ウ}\sqrt{\boxed{エ}}}{\boxed{オ}}$$

である。

また，∠BACの二等分線と△ABCの外接円Oとの交点で点Aとは異なる点をEとする。△AECに着目すると

$$AE=\boxed{カ}\sqrt{\boxed{キ}}$$

である。

△ABCの2辺ABとACの両方に接し，外接円Oに内接する円の中心をPとする。円Pの半径をrとする。さらに，円Pと外接円Oとの接点をFとし，直線PFと外接円Oとの交点で点Fとは異なる点をGとする。このとき

$$AP=\sqrt{\boxed{ク}}\,r,\quad PG=\boxed{ケ}-r$$

と表せる。したがって，方べきの定理により$r=\frac{\boxed{コ}}{\boxed{サ}}$である。

△ABCの内心をQとする。内接円Qの半径は$\boxed{シ}$で，$AQ=\sqrt{\boxed{ス}}$である。また，円Pと辺ABとの接点をHとすると，$AH=\frac{\boxed{セ}}{\boxed{ソ}}$である。

以上から，点Hに関する次の(a)，(b)の正誤の組合せとして正しいものは$\boxed{タ}$である。

(a) 点Hは3点B，D，Qを通る円の周上にある。

(b) 点Hは3点B，E，Qを通る円の周上にある。

タ の解答群

	⓪	①	②	③
(a)	正	正	誤	誤
(b)	正	誤	正	誤

(2021年度共通テスト本試験)

3辺の長さが3, 4, 5だから，△ABCは∠B＝90°の直角三角形だ！

ADは∠Aの二等分線だから，

$$BD : DC = AB : AC = 3 : 5$$

したがって，BDはBCを8等分したうちの3つ分の長さだから，

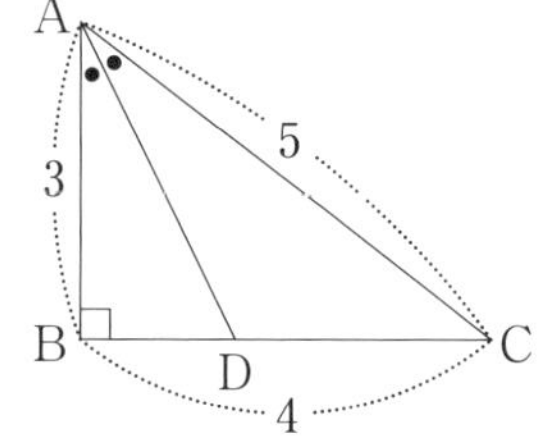

$$BD = 4\times\frac{3}{8} = \frac{3}{2}$$

次はADだ！

ADは直角三角形ABDの斜辺だから，**三平方の定理**より，

$$AD^2 = AB^2 + BD^2$$
$$= 3^2 + \left(\frac{3}{2}\right)^2 = \frac{45}{4}$$

AD＞0より，$AD = \frac{3\sqrt{5}}{2}$

答え $\frac{ウ\sqrt{エ}}{オ}$: $\frac{3\sqrt{5}}{2}$

続いて，外接円Oの登場だ！

円Oは直角三角形ABCの外接円だから，∠ABC＝90°より**外接円Oの直径はAC**になるね。問題文に「△AECに注目して」とヒントがあるから，これを使ってAEの長さを求めていくよ！

∠AECも**直径ACに対する円周角**だから，∠AEC＝90°だ。

AEは∠BACの二等分線だから，図のようになるね。**△AECは直角三角形だから三平方の定理を使いたくなる**けど，**ECの長さがわからない**から別の方法を考えるよ。

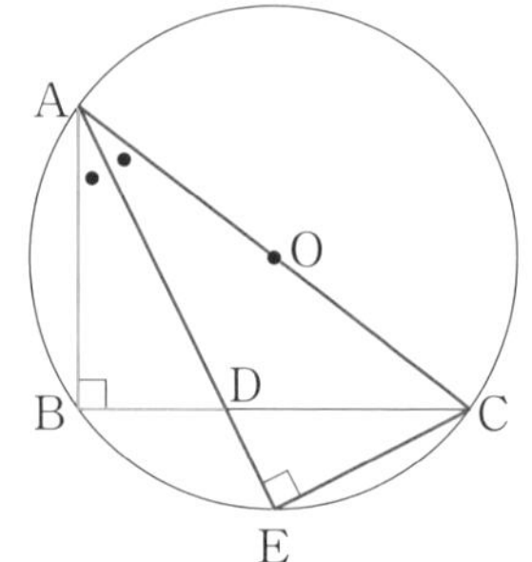

AEは∠BACの二等分線であることを使うと，∠BAD＝∠EACより，△ABDと△AECは2角が等しいから相似になるね！

よって，対応する辺の比は等しいから，

$$\mathrm{AD}:\mathrm{AC}=\mathrm{AB}:\mathrm{AE}$$

$$\frac{3\sqrt{5}}{2}:5=3:\mathrm{AE}$$

$$\frac{3\sqrt{5}}{2}\mathrm{AE}=15$$

$$\mathrm{AE}=2\sqrt{5}$$

答え カ$\sqrt{\text{キ}}$：$2\sqrt{5}$

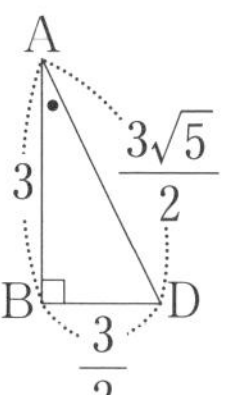

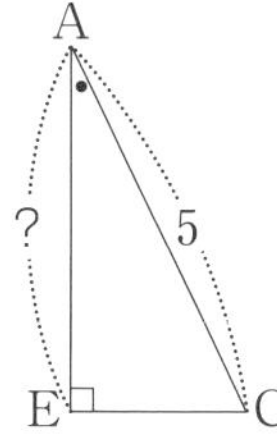

相似な三角形は抜き出して向きをそろえよう！

円Oと辺AB，辺ACに接する円Pについてどんどん調べていくよ！

まず，2つの円が接してるとき，**接点と2円の中心は一直線上に並ぶ**ね。したがって，F，P，O，Gは一直線上にある。円Pは辺ACと接してるから，接点はOだとわかる。

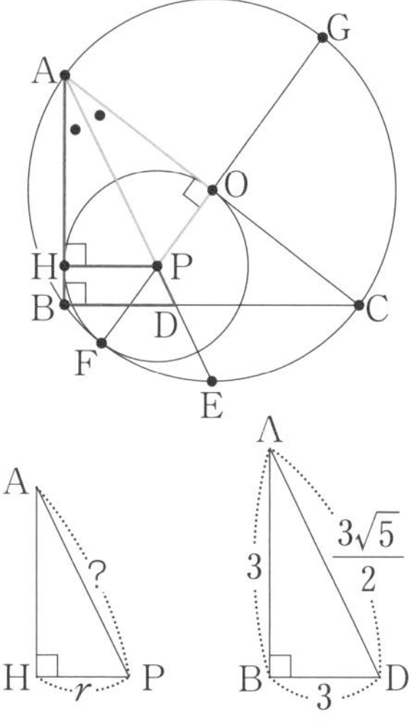

次に，円Pと辺ABの接点をHとすると，円と2本の接線の性質からAPは∠HAOの二等分線ということがわかる。つまり，A，P，Dは一直線上にあるんだ。

APを円Pの半径rを使って表そう。

PH∥DBより，△AHP∽△ABDだから，

$$\mathrm{HP}:\mathrm{BD}=\mathrm{AP}:\mathrm{AD}$$

$$r:\frac{3}{2}=\mathrm{AP}:\frac{3\sqrt{5}}{2}$$

$$\frac{3}{2}\mathrm{AP}=\frac{3\sqrt{5}}{2}r$$

$$\mathrm{AP}=\sqrt{5}r$$

答え ク：5

次に，F，O，Gは一直線にあるから，
FGは円Oの直径だね！
ACも円Oの直径だから，

$FG=AC=5$

FPは円Pの半径になるから，

$PG=FG-FP=5-r$

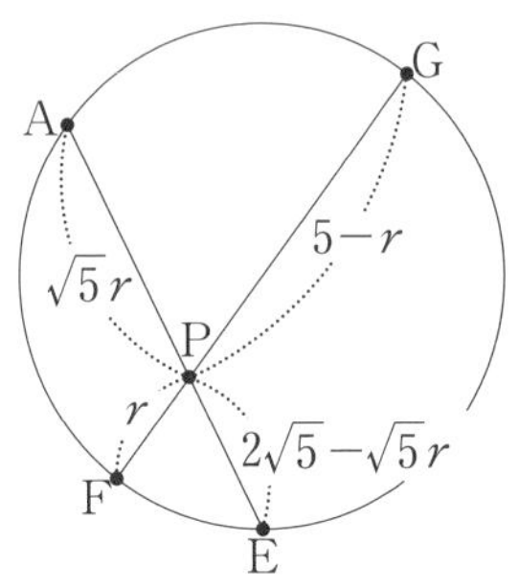

答え ケ：5

6

総合問題

問題文にヒントで「方べきの定理」と書いてあるね。ここまで求めたものを考えると，AEとFGで**方べきの定理**が使えそうだ！

$$AP\cdot PE=FP\cdot PG$$

$$\sqrt{5}r(2\sqrt{5}-\sqrt{5}r)=r\cdot(5-r)$$

$r>0$より，rで両辺を割ると，

$$10-5r=5-r$$

$$r=\frac{5}{4}$$

答え $\frac{コ}{サ}$：$\frac{5}{4}$

次に△ABCの内接円Qの半径を求めよう！
右の図のように接点をQ_a，Q_b，Q_c，内接円の半径qとすると，四角形Q_cBQ_aQは正方形だから，

$Q_cB=BQ_a=q$

$AQ_c=3-q$，$CQ_a=4-q$

$AC=AQ_b+CQ_b=7-2q$

したがって，$7-2q=5$だから，$q=1$

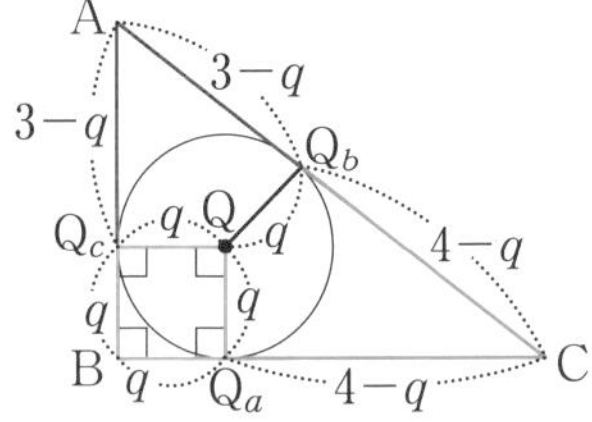

答え シ：1

【別解】

△ABCが直角三角形であることと，内接円の半径を求めたいことから，「面積」というキーワードを思いうかべることができたら素晴らしいよ！

△ABCの面積は直角三角形だから簡単にでて，$\frac{1}{2}\cdot 3\cdot 4=6$

内接円Qの半径をqとすると，△ABCの面積は$\frac{1}{2}q(3+4+5)=6q$となるね！

したがって，$6q=6$だから，$q=1$

$q=1$ より，$AQ_c=3-1=2$
だから，直角三角形 AQQ_c で
三平方の定理より，

$$AQ=\sqrt{2^2+1^2}=\sqrt{5}$$

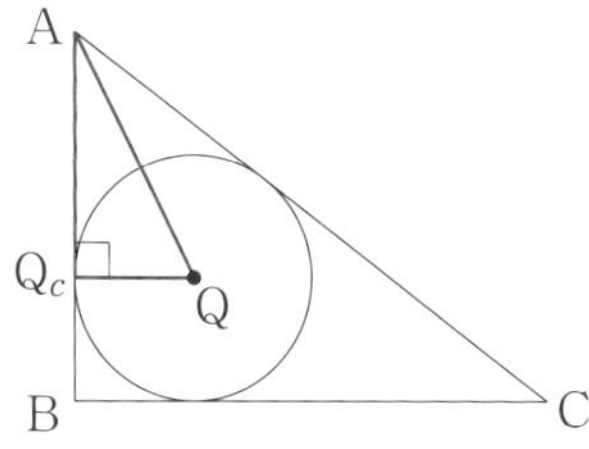

答え ス：5

AHの長さは△AHP∽△ABDを利用しよう！

AH：HP＝AB：BDだから，

$$AH:\frac{5}{4}=3:\frac{3}{2}$$

$$\frac{3}{2}AH=\frac{15}{4}$$

$$AH=\frac{5}{2}$$

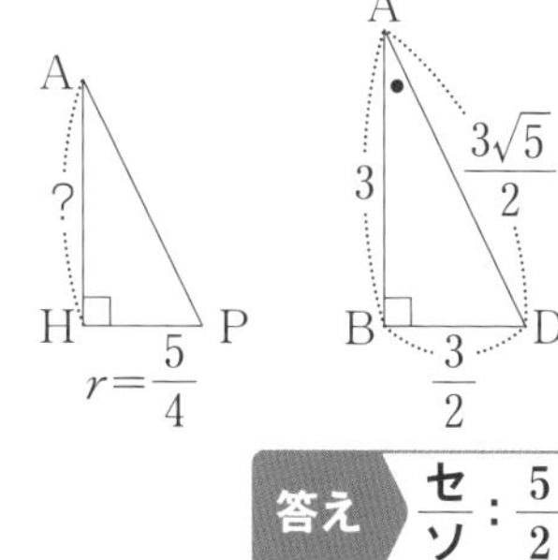

答え セ/ソ：$\frac{5}{2}$

よし，ついに最後の問題だ。
ここまでで色々な辺の長さを求めたから，**方べきの定理の逆**が使えそうだ。まず，(a)について考えてみるよ。
AH·AB＝AQ·ADが成り立てば，H，B，D，Qは同一円周上だね！

$$AH\cdot AB=\frac{5}{2}\cdot 3=\frac{15}{2}$$

$$AQ\cdot AD=\sqrt{5}\cdot\frac{3\sqrt{5}}{2}=\frac{15}{2}$$

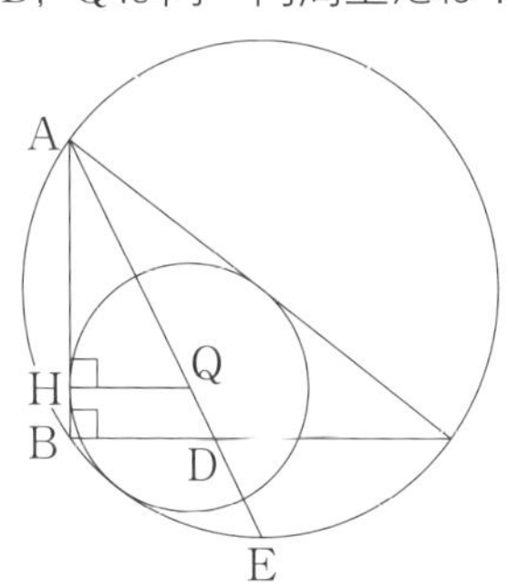

したがって，AH·AB＝AQ·AD
よって，(a)は**正しい**ね！
次に，(b)について考えるよ。
AH·AB＝AQ·AEが成り立てば，H，B，E，Qは同一円周上だね！

$$AQ\cdot AE=\sqrt{5}\cdot 2\sqrt{5}=10$$

したがって，AH·AB≠AQ·AE
よって，(b)は**誤り**だ！

答え タ：①

SECTION 6 図形の性質

4 方べきの値

過去問にチャレンジ

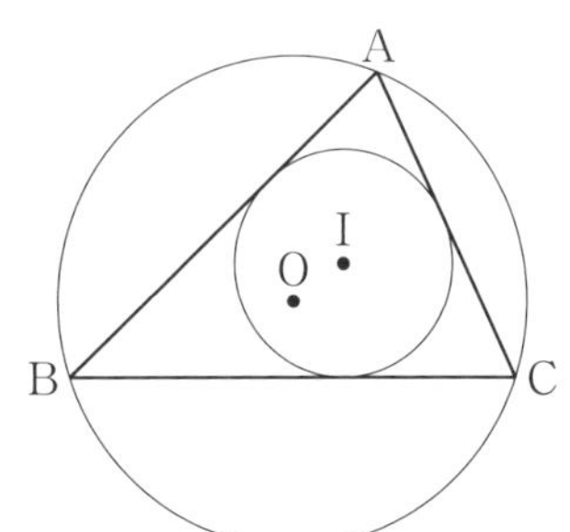

三角形ABCの外心をO，内心をI，また，外接円の半径をR，内接円の半径をrとする。OとIが一致しない場合にR，rとOIの関係を調べよう。

AIの延長と外接円の交点をDとし，DOの延長と外接円の交点をEとする。また直線OIと外接円の交点をF，GとしF，O，I，Gがこの順に並ぶものとする。IからACへ垂線をひき，交点をHとする。

△AHIと△EBDは，

$\angle$HAI＝$\angle$［ア］＝$\angle$BED

$\angle$AHI＝$\angle$EBD＝90°

であるから相似で，ED：［イ］＝［ウ］：HIが成り立ち

［イ］・［ウ］＝$2rR$　……①

次に△DBIにおいて

$\angle$DIB＝$\angle$［エ］＋$\angle$IBA

$\angle$DBI＝$\angle$DBC＋$\angle$IBC

$\angle$IBA＝$\angle$IBC

$\angle$［エ］＝$\angle$DAC＝$\angle$DBC

であるから，［オ］で，△DBIは二等辺三角形となり

［カ］　……②

△IFDと△IAGにおいて　$\angle$IFD＝$\angle$GFD＝$\angle$IAG

$\angle$FID＝$\angle$AIG

したがって，△IFDと△IAGは相似であり

6 総合問題

$AI \cdot$ [キ] $=$ [ク] $\cdot GI$

$= ($[ケ]$)(GO-OI)$

$= R^2 - OI^2$ ……③

①, ②, ③から $OI^2 = R^2 -$ [コ] が成り立つ。

[ア] の解答群

⓪ BAI	① CBA	② HAG	③ HIA

[イ], [ウ] の解答群（解答の順序は問わない。）

⓪ AH	① AI	② BD	③ BE

[エ] の解答群

⓪ AIH	① IAB	② IBC	③ IDC

[オ] の解答群

⓪ ∠DBI＝∠CBA　① ∠DIB＝∠DBA
② ∠DIB＝∠DBI　③ ∠DIB＝∠IDB
④ ∠IBD＝∠IDB

[カ] の解答群

⓪ BD＝ID	① BI＝DI	② ID＝BI

[キ], [ク] の解答群

⓪ AG	① AI	② DI	③ FI	④ GI

[ケ] の解答群

⓪ AO−OI	① DA−AI	② FO＋OI	③ GO−OI

[コ] の解答群

⓪ r	① R	② r^2	③ rR	④ $2rR$	⑤ $4rR$

（2002年度センター本試験・改）

問題の誘導に乗って丁寧に解いていこう！

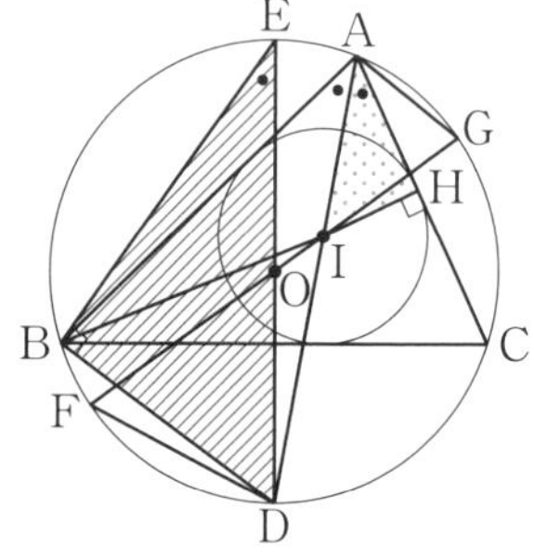

まず，はじめの問題文を読んでいくと図のように点D，E，F，G，Hを取ることができるよ。ここで間違えてしまうと問題が解けなくなっちゃうから，注意して図をかいていこうね！

△AHIと△EBDについて，

Iが内心であることから，ADは∠BACの二等分線であり，円周角の性質から，∠HAI＝∠BAI＝∠BED

DEは外接円Oの直径であり，BからACに引いた垂線がBHだから，

$\angle \mathrm{AHI}=\angle \mathrm{EBD}=90^\circ$

したがって，△AHIと△EBDは相似であり，対応する辺の比が等しいから，ED：BD＝AI：HIが成り立つね。

よって，$\mathrm{BD}\cdot\mathrm{AI}=\mathrm{ED}\cdot\mathrm{HI}=2R\cdot r$

$=2rR$ ……①

答え ア：⓪　イ：②　ウ：①

次がちょっと複雑だから，図をしっかり見ながら確認してね！

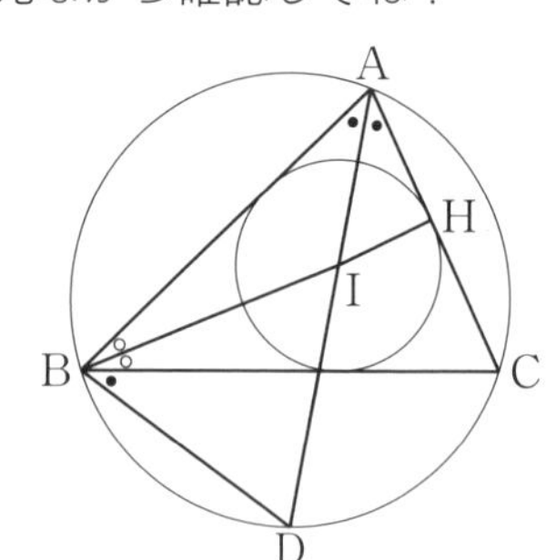

△DBIにおいて，

$\angle \mathrm{DIB}=\angle \mathrm{IAB}+\angle \mathrm{IBA}$

$\angle \mathrm{DBI}=\angle \mathrm{DBC}+\angle \mathrm{IBC}$

BIは∠ABCの二等分線だから，

$\angle \mathrm{IBA}=\angle \mathrm{IBC}$

$\angle \mathrm{IAB}=\angle \mathrm{DAC}=\angle \mathrm{DBC}$

であるから，∠DIB＝∠DBIで，

△DBIはDB＝DIの二等辺三角形であり，

$\mathrm{BD}=\mathrm{ID}$ ……②

が成り立つね。

答え エ：①　オ：②　カ：⓪

△IFDと△IAGにおいて，

右の図から，∠DFIと∠IAGは$\overset{\frown}{DG}$に対する円周角だから，

∠IFD＝∠GFD＝∠IAG

∠FID＝∠AIG（対頂角）

したがって，△IFDと△IAGは相似であり，FI：AI＝DI：GIが成り立つ。

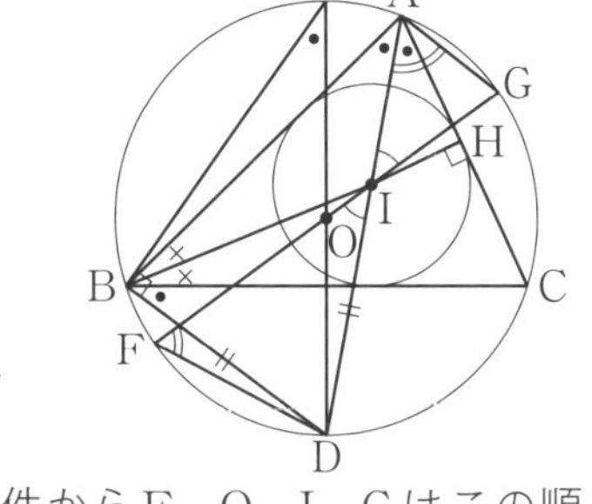

一方で，FGは円Oの直径であり，条件からF，O，I，Gはこの順に並ぶから，

$$\begin{aligned}AI\cdot DI&=FI\cdot GI\\&=(FO+OI)(GO-OI)=(R+OI)(R-OI)\\&=(R+OI)(R-OI)\\&=R^2-OI^2 \quad \cdots\cdots③\end{aligned}$$

答え キ：②　ク：③　ケ：②

①，②から，$AI\cdot DI=AI\cdot BD=2rR$

③から，$2rR=R^2-OI^2$

したがって，$OI^2=R^2-2rR$が成り立つことがわかったね！

答え コ：④

長かったね，お疲れさま！

POINT

- 辺の比を求めるときは，**チェバの定理・メネラウスの定理・方べきの定理**などが利用できる場合があるよ。簡単に求められそうにないときには，これらを疑おう！
- **複数の点が同一円周上にある場合を見抜く**ことが大事。「ひょっとして隠れている円があるんじゃないか？」と考え，共円条件が成り立たないかを疑ってみよう。

迫田 昂輝　Sakoda Koki

河合塾・スタディサプリ講師，教員研修-先生が星-代表。早稲田大学理工学部数理科学科（現基幹理工学部数学科）卒業。「数学が苦手な生徒に，まず数学を好きにさせる」「子どもたちの真なる当事者意識に火をつける」をモットーに，これまで多くの受験生を指導。学習塾では講師の授業研修を担当。また教員向けのセミナー，講演登壇多数。全国の中学・高校教員の指導相談や授業技術の相談に乗りながら，自身も子ども達にとって最高の授業を追究するべく研鑽する毎日。受験生とともに共通テストを受験しており，どこよりも早くわかりやすい「解説授業」のLIVE配信が大好評。自身のYouTubeチャンネル「数学・英語のトリセツ！」は登録者数20万人以上，合計再生回数5500万回以上。

田井 智暁　Tai Tomoaki

京都大学大学院人間・環境学研究科卒業。若くして集団，個別，オンライン指導と豊富な指導経験を持ち，専門的な学術知識をもとに噛み砕いた丁寧な解説と明るいキャラクターが魅力。解答に至るまでのプロセスや生徒の直感を大事にした「できる」を意識した数学指導によって，数々の生徒を難関大合格に導いてきた。

きめる！　共通テスト数学Ⅰ・A　改訂版

著　　者	迫田昂輝，田井智暁
カバーデザイン	野条友史（buku）
カバーイラスト	Hi there（vision track）
本文デザイン	宮嶋章文
本文イラスト	ハザマチヒロ
編集協力	有限会社 アズ，株式会社 ダブルウィング，神崎宏則，立石英夫
データ制作	株式会社 四国写研
印刷所	株式会社 リーブルテック